“十四五”职业教育国家规划教材

名校名师精品
系列教材

Network Operating System
of Windows Server

Windows Server

网络操作系统项目教程

Windows Server 2022 | 微课版 | 第 3 版

杨云 黄成良 付军◉主编

郑泽 王志梅 吴敏◉副主编

人民邮电出版社
北 京

图书在版编目（ＣＩＰ）数据

Windows Server网络操作系统项目教程：Windows Server 2022：微课版 / 杨云，黄成良，付军主编. --3版. -- 北京：人民邮电出版社，2024.9
名校名师精品系列教材
ISBN 978-7-115-64251-6

Ⅰ．①W… Ⅱ．①杨… ②黄… ③付… Ⅲ．① Windows操作系统－网络服务器－教材 Ⅳ．①TP316.86

中国国家版本馆CIP数据核字(2024)第076367号

内 容 提 要

本书采用"项目导向、任务驱动"的方式，着眼于实践应用，以企业真实案例为基础，采用"纸质教材+电子活页"的形式，全面、系统地介绍 Windows Server 2022 网络操作系统在企业中的应用。

本书包含 13 个项目，内容包括认识网络操作系统、规划与安装 Windows Server 2022、部署与管理 Active Directory 域服务、管理用户账户和组、管理文件系统与共享资源、配置与管理基本磁盘和动态磁盘、配置与管理 DNS 服务器、配置与管理 DHCP 服务器、配置与管理 Web 服务器、配置与管理 FTP 服务器、配置与管理 VPN 服务器、配置与管理 NAT 服务器、配置与管理证书服务器。

本书结构合理，知识点全面，实例丰富，语言通俗易懂，内容易教易学。本书提供知识点微课、课堂慕课和拓展视频（见电子活页），读者可以随时扫描书中的二维码学习。

本书可以作为高等院校、职业院校计算机网络技术、云计算技术与应用、大数据技术、计算机应用技术等计算机类专业理论与实践一体化教材，也可以作为 Windows Server 2022 系统管理人员和网络管理工作者的参考书。

◆ 主　　编　杨　云　黄成良　付　军
　　副主编　郑　泽　王志梅　吴　敏
　　责任编辑　马小霞
　　责任印制　王　郁　焦志炜

◆ 人民邮电出版社出版发行　　　北京市丰台区成寿寺路 11 号
　　邮编　100164　　电子邮件　315@ptpress.com.cn
　　网址　https://www.ptpress.com.cn
　　三河市君旺印务有限公司印刷

◆ 开本：787×1092　1/16
　　印张：18　　　　　　　　　　2024 年 9 月第 3 版
　　字数：508 千字　　　　　　　2025 年 1 月河北第 2 次印刷

定价：69.80 元

读者服务热线：(010)81055256　印装质量热线：(010)81055316
反盗版热线：(010)81055315
广告经营许可证：京东市监广登字 20170147 号

前言

党的二十大报告中指出"必须坚持科技是第一生产力、人才是第一资源、创新是第一动力"。大国工匠和高技能人才作为人才强国战略的重要组成部分，在现代化国家建设中起着重要的作用。

网络强国是国家的发展战略。要发展成为网络强国，不但要在网络技术上领先和创新，而且要确保网络不受国内外敌对势力的攻击，保障重大应用系统正常运行。因此，网络技能型人才的培养显得尤为重要。

1. 编写背景

本书是"十四五"职业教育国家规划教材，也是浙江省普通高校"十三五"新形态教材。鉴于目前 Windows Server 2022 相关教材比较缺乏的现状，依据教育部发布的《教育信息化 2.0 行动计划》、国家精品在线开放课程建设、"三教"改革及"金课"建设要求，结合计算机领域的发展及广大读者的反馈意见，在保留教材特色的基础上，将项目网络操作系统版本升级到 Windows Server 2022，采用"纸质教材+电子活页"的形式对教材进行全面修订。

2. 本书特点

本书包含 13 个项目，为教师和学生提供一站式课程整体解决方案和立体化教学资源，助力"易教易学"。

（1）落实立德树人根本任务

本书经过精心设计，融入了"核高基"与国产操作系统、IPv4 和 IPv6、中国计算机的主奠基者、中国国家顶级域名"CN"、图灵奖、国家最高科学技术奖、"雪人计划"、中国的超级计算机、中国的"龙芯"、国产操作系统"银河麒麟"等计算机领域发展的重要事件和重要人物，以鞭策学生努力学习，弘扬精益求精的专业精神、职业精神和工匠精神，培养学生的创新意识，激发学生的爱国热情，引导学生树立正确的世界观、人生观和价值观，努力成为德、智、体、美、劳全面发展的社会主义建设者和接班人。

（2）本书是校企深度融合、"双元"合作开发的"项目导向、任务驱动"的项目式教材

① 本书由行业专家、微软金牌讲师、教学名师、专业负责人等跨地区、跨学校联合编写。主编杨云教授是省级教学名师、微软系统工程师。

② 本书采用基于工作过程导向的"教、学、做"一体化的编写方式。

③ 本书内容对接职业标准和企业岗位需求，力求实现产教融合、书证融通、课证融通。

④ 本书项目来自企业，并由业界专家参与拍摄配套的项目视频，充分体现了校企深度融合和"双元"合作开发。

（3）遵循"三教"改革要求，创新教材形态，采用"纸质教材+电子活页"的形式

① 本书融合了互联网新技术，以嵌入二维码的纸质教材为载体，嵌入各种数字化资源，将教材、课堂、教学资源、教学方法四者融合，实现了线上、线下有机结合，是"翻转课堂"和"混合课堂"改革的理想教材。

② 利用互联网新技术扩充教材内容，在纸质教材外增加教学资源包，包含视频、音频、作业、试卷、拓展资源、主题讨论、微课、课堂慕课、电子活页等数字化资源，从而实现纸质教材三年一修订、电子活页随时修订的目标。

（4）打造"教、学、做、导、考"一体化教材，提供一站式课程整体解决方案

① 教材、微课、课堂慕课和电子活页为"教"和"学"尽可能提供最大便利。

② 授课计划、项目指导书、电子教案、课件、习题解答、课程标准、试卷、拓展提升资源、项目任务单、实训指导书、视频（微课、课堂慕课、电子活页），为教师备课、学生预习、教师授课、学生实训、课程考核提供一站式课程整体解决方案。

③ 利用 QQ 群实现 24 小时在线答疑，分享教学资源和教学心得。课件、习题解答等必备资料可登录人邮教育社区（www.ryjiaoyu.com）免费下载并使用。订购本书的读者将得到全套教学资源包（加入 QQ 群，号码为 30539076；或者添加 QQ 好友，号码为 68433059）。

3. 教学参考学时

本书的参考学时为 72 学时，其中实训为 40 学时。各项目的参考学时参见下面的学时分配表。

学时分配表

项目	课程内容	学时分配	
		讲授	实训
项目 1	认识网络操作系统	2	—
项目 2	规划与安装 Windows Server 2022	2	4
项目 3	部署与管理 Active Directory 域服务	4	4
项目 4	管理用户账户和组	2	2
项目 5	管理文件系统与共享资源	2	2
项目 6	配置与管理基本磁盘和动态磁盘	2	2
项目 7	配置与管理 DNS 服务器	2	2
项目 8	配置与管理 DHCP 服务器	2	2
项目 9	配置与管理 Web 服务器	4	4
项目 10	配置与管理 FTP 服务器	2	2
项目 11	配置与管理 VPN 服务器	2	2
项目 12	配置与管理 NAT 服务器	2	2
项目 13	配置与管理证书服务器	4	4
电子活页（微软工程师录制）		—	8
学时总计		32	40

4. 其他

本书由杨云、黄成良、付军担任主编，郑泽、王志梅、吴敏担任副主编，衷心感谢浪潮集团、山东鹏森信息科技有限公司给予的支持和帮助。

编　者
2024 年 2 月于泉城

目录

项目 11

配置与管理 VPN 服务器 ··· 226

项目 12

配置与管理 NAT 服务器 ··· 244

项目 13

配置与管理证书服务器 ······· 254

项目1
认识网络操作系统

　　某高校要组建校园网，购进了能满足需求的服务器。那么如何选择一种既安全又易于管理的网络操作系统呢？

　　在校园网的建设中，推荐使用微软公司推出的 Windows Server 2022 网络操作系统作为服务器的操作系统。Windows Server 2022 是 64 位网络操作系统，自带 Hyper-V。Hyper-V 技术先进，能够满足用户的各种需求。因此，Windows Server 2022 是中小型企业信息化建设中服务器的首选操作系统。

　　本书从需求出发，以 Windows Server 2022 网络操作系统为主线进行讲解。

学习要点

- 了解网络操作系统的概念。
- 掌握网络操作系统的功能与特性。
- 了解典型的网络操作系统。
- 掌握网络操作系统的选用原则。

素质要点

- 了解"核高基"和国产操作系统，理解自主可控于我国的重大意义，激发爱国情怀和学习动力。
- 明确操作系统在新一代信息技术中的重要地位，激发科技报国的家国情怀和使命担当。

1.1　项目基础知识

1.1.1　网络操作系统概述

　　操作系统（Operating System，OS）是计算机系统中负责提供应用程序运行环境及用户操作环境的系统软件，同时是计算机系统的核心与基石。它的职责包括对硬件的直接监管、对各种计算机资源（如内存、处理器时间等）的管理，以及提供诸如作业管理之类的面向应用程序的服务等。

1-1 微课　认识
网络操作系统

　　网络操作系统（Network Operating System，NOS）除了能实现操作系统的全部功能，还具备管理网络中的共享资源、实现用户通信，以及方便用户使用网络等功能，是网络的"心脏"和"灵魂"。所以，网络操作系统可以理解为网络用户与计算机网络之间的接口，是计算机网络中管理一台或多台主机的软件和硬件资源、支持网络通信、提供网络服务的程序集合。

通常，计算机的操作系统上会安装很多网络软件，包括网络协议软件、网络通信软件和网络操作系统等。网络协议软件主要是指物理层和数据链路层的一些接口约定，网络通信软件用于管理各计算机之间的信息传输。

计算机网络依据国际标准化组织（International Organization for Standardization，ISO）的开放系统互连（Open System Interconnection，OSI）参考模型分为7个层次。首先将网络用户的数据按应用类别打包成应用层的协议数据包，该协议数据包根据需要和协议组合成表示层的协议数据包，再依次成为会话层、传输层、网络层的协议数据包，然后封装成数据链路层的帧，并在发送端形成物理层的比特流，最后通过物理传输介质进行传输。至此，整个网络数据通信工作只完成了1/3。目的地和发送端的相似之处是，需将经过网络传输的比特流逆向解释成协议数据包，逐层向上传递、解释为各层对应的原协议数据单元，最后还原成网络用户所需并能够被最终网络用户理解的数据。而这些数据在抵达目的地之前，还需在网络中进行多次解释和封装。

可想而知，一个网络用户若要亲自处理如此复杂的细节问题，所谓的计算机网络大概只能待在实验室中，根本不可能像现在这样无处不在。为了方便网络用户，使网络用户真正用得上网络，计算机需要一个直观、简单、具有抽象功能，并能屏蔽所有通信处理细节的环境，这就是所谓的网络操作系统。

1.1.2 认识网络操作系统的功能与特性

操作系统能够协调网络中各种设备（包括打印机、传真机等外围设备）的动作，向用户提供尽量多的网络资源，并确保网络中数据和设备的安全性。

1. 网络操作系统的功能

（1）共享资源管理

网络操作系统能够对网络中的共享资源（硬件和软件）实施有效的管理，协调用户对共享资源的使用，并保证共享数据的安全性和一致性。

（2）网络通信

网络通信是网络最基本的功能之一，其任务是在源主机和目的主机之间实现无差错的数据传输。为此，网络操作系统采用标准的网络通信协议来实现以下主要功能。

- 建立或拆除通信链路：建立或拆除通信双方暂时性的通信链路。
- 传输控制：对传输过程中的数据进行必要的控制。
- 差错控制：对传输过程中的数据进行差错检测和纠正。
- 流量控制：控制传输过程中的数据流量。
- 路由选择：为所传输的数据选择一条适当的传输路径。

（3）网络服务

网络操作系统在前两个功能的基础上为用户提供了多种有效的网络服务，如电子邮件（E-mail）服务，文件传输、存取和管理服务，以及共享硬盘服务和共享打印机服务。

（4）网络管理

网络管理主要的任务是安全管理，一般通过存取控制来确保存取数据的安全性，以及通过容错技术来保证系统发生故障后数据能够安全恢复。此外，网络操作系统还能对网络性能进行监视，并对使用情况进行统计，以便为提高网络性能、进行网络维护和计费等提供必要的信息。

（5）互操作

在客户-服务器模式的局域网（Local Area Network，LAN）环境下的互操作是指连接在服务器上的多种客户机不仅能与服务器通信，还能以透明的方式访问服务器上的文件系统。在互联网环境下的互操作是指不同网络间的客户机不仅能通信，还能以透明的方式访问其他网络的文件服务器。

2．网络操作系统的特性

（1）客户-服务器模式

客户-服务器（Client/Server，C/S）模式是近年来比较流行的应用模式，它把应用划分为客户端和服务器，客户端把服务请求提交给服务器，服务器负责处理请求，并把处理结果返回至客户端。例如，Web 服务、大型数据库服务等采用的都是典型的 C/S 模式。

基于标准浏览器访问数据库时，中间往往还需加入 Web 服务器运行活动服务器页面（Active Server Pages，ASP）或 Java 服务器页面（Java Server Pages，JSP），这通常称为三层模式，也称为浏览器-服务器（Browser/Server，B/S）模式。它是 C/S 模式的特例，只是客户端基于标准浏览器，无须安装特殊软件。

（2）32 位/64 位网络操作系统

32 位网络操作系统采用 32 位内核进行系统调度和内存管理，支持 32 位设备驱动器，使得网络操作系统和设备间的通信更为迅速。随着 64 位处理器的诞生，许多厂家已推出支持 64 位处理器的网络操作系统。现在 64 位网络操作系统渐成主流。

（3）抢先式多任务

网络操作系统一般采用微内核类型结构设计。微内核始终保持对系统的控制，并给应用程序分配时间段，控制其运行。在指定的时间结束时，微内核抢先运行进程并将控制权移交给下一个进程。以微内核为基础，可以引入大量的特征和服务，如集成安全子系统、抽象的虚拟化硬件接口、多协议网络支持及集成化的图形用户界面管理工具等。

（4）支持多文件系统

有些网络操作系统还支持多文件系统，具有良好的兼容性，可实现对系统升级的平滑过渡。例如，Windows Server 2022 支持文件分配表（File Allocation Table，FAT）、高性能文件系统（High Performance File System，HPFS）及其本身的新技术文件系统（New Technology File System，NTFS）。NTFS 是 Windows 的文件系统，它支持文件的多属性连接及长文件名到短文件名的自动映射，使得 Windows Server 2022 支持大容量的硬盘空间，这样既可提高安全性，又便于管理。

（5）Internet 支持

今天，Internet 已经成为网络的总称，网络的范围（局域网或广域网）与专用性越来越模糊，专用网络与 Internet 的标准日趋统一。因此，各厂商的网络操作系统都集成了许多标准化应用，如 Web 服务、文件传送协议（File Transfer Protocol，FTP）服务、网络管理服务等，甚至包括电子邮件服务。各种类型的网络几乎都连接到了 Internet 上，对内、对外均按 Internet 标准提供服务。

（6）并行性

有的网络操作系统支持集群系统，可以实现在网络的每个节点处为用户建立虚拟处理器，使各节点并行执行。一个用户的作业被分配到不同节点上，通过网络操作系统管理这些节点，让它们共同完成用户的作业。

（7）开放性

随着 Internet 的产生与发展，不同结构、不同网络操作系统的网络需要实现互连。因此，网络操作系统必须支持标准化的通信协议，如传输控制协议/互联网协议（Transmission Control Protocol/Internet Protocol，TCP/IP）、NetBIOS 增强用户接口（NetBIOS Enhanced User Interface，NetBEUI）协议等，以及应用协议，如超文本传送协议（HyperText Transfer Protocol，HTTP）、简单邮件传送协议（Simple Mail Transfer Protocol，SMTP）、简单网络管理协议（Simple Network Management Protocol，SNMP）等，支持与多种客户端操作系统平台的连接。只有保证系统的开放性和标准性，使系统具有良好的兼容性、迁移性、可升级性、可维护性等，厂家才能在激烈的市场竞争中生存，并最大限度地保障用户的投资。

（8）可移植性和伸缩性

目前，网络操作系统一般支持许多硬件产品，不仅支持 Intel 系列处理器，还可运行在精简指令集计算机（Reduced Instruction Set Computer，RISC）芯片（如 DEC Alpha、MIPS R4400、Motorola PowerPC 等）上，具有良好的可移植性。网络操作系统往往还支持多处理器技术，如支持对称式多处理机（Symmetric Multi Processor，SMP）技术，支持的处理器个数从 1 到 32 不等，或者更多，这使得系统具有很好的伸缩性。

（9）可靠性和稳定性

网络操作系统是运行在网络核心设备（如服务器）上的用于管理网络并提供服务的关键软件。它必须具有高可靠性，能够保证系统 365 天、24 小时不间断地工作。如果由于某些情况（如访问过载），系统总是崩溃或停止服务，则用户是无法忍受的。因此，网络操作系统必须具有良好的稳定性。

（10）安全性和可用性

为了保证系统和系统资源的安全性、可用性，网络操作系统往往集成了用户权限管理、资源管理等功能。例如，为每种资源定义自己的访问控制列表（Access Control List，ACL），定义各个用户对某个资源的存取权限，且使用安全标识符（Security Identifier，SID）作为唯一用户标识。

（11）容错性

网络操作系统能提供多级系统容错能力，包括日志式的容错特征列表、可恢复文件系统、磁盘镜像、备用磁盘扇区及对不间断电源（Uninterruptible Power Supply，UPS）的支持。强大的容错性是系统可靠运行（可靠性）的保障。

（12）图形用户界面

目前，网络操作系统的研发者非常注重系统的图形用户界面（Graphical User Interface，GUI）的开发。良好的图形用户界面可以为用户提供直观、美观、便捷的操作接口。

1.1.3　认识典型的网络操作系统

网络操作系统是用于管理网络的核心软件，目前得到广泛应用的网络操作系统有 UNIX、Linux、Windows Server 等。下面介绍 UNIX 和 Linux 两种网络操作系统。

1. UNIX

UNIX 是一种通用的、具有交互作用的分时操作系统，它最早是由美国电报电话公司（AT&T）贝尔实验室的肯·汤普森（Ken Thompson）和丹尼斯·里奇（Dennis Ritchie）共同研发的，目的是在贝尔实验室内创造一种进行程序设计研究和开发的良好环境。

1969 年至 1970 年，肯·汤普森首先在 PDP-7 计算机上实现了 UNIX 网络操作系统。最初的 UNIX 是用汇编语言编写的。不久，肯·汤普森用一种较高级的 B 语言重写了该系统。1973 年，丹尼斯·里奇又用 C 语言对 UNIX 进行了重写。目前使用较多的是 1992 年发布的 UNIX SVR 4.2。

UNIX 是为多用户环境设计的，即所谓的多用户网络操作系统，其支持 TCP/IP。该协议已经成为 Internet 中通信的事实标准。UNIX 历史悠久，具有分时操作、稳定、安全等优秀的特性，适用于几乎所有的大型计算机、中型计算机、小型计算机，也可用于工作组级服务器。在我国，一些特殊企业，尤其是拥有大型计算机、中型计算机、小型计算机的企业，一直沿用 UNIX 网络操作系统。

2. Linux

Linux 是一种在个人计算机上运行的、类似 UNIX 的网络操作系统。1991 年，第一个 Linux 网络操作系统由芬兰赫尔辛基大学的年轻学生莱纳斯·托瓦兹（Linus Torvalds）发布，它是一种完全免费的网络操作系统。在遵守自由软件联盟协议的前提下，用户可以自由地获取程序及其源代码，并能自由地使用它们，包括对它们进行修改和复制等。Linux 网络操作系统提供了一个稳定、完整、多用户、多任务和多进程的运行环境。Linux 网络操作系统是网络时代的产物，在 Internet 上经过了众多技术人员的测试和调试，并不断被扩充。

Linux 具有以下特点。

- 完全遵循可移植操作系统接口（Portable Operating System Interface，POSIX）标准。
- 真正的多用户、多任务系统，内置网络支持，能与 NetWare、Windows Server、OS/2、UNIX 等无缝连接，网络效能在各种 UNIX 测试评比中速度最快，同时支持 FAT16、FAT32、NTFS、Ext2、ISO 9600 等多种文件系统。
- 可运行于多种硬件平台上，包括 Alpha、SPARC、PowerPC、MIPS 等处理器。各种新型的计算机外部设备可以在 Linux 系统中迅速得到支持。
- 对硬件要求较低，可在较低档的计算机上获得很好的性能。特别值得一提的是 Linux 出色的稳定性，其运行时间往往可以以"年"为单位进行计算。
- 有许多应用程序支持。
- 设备独立性。Linux 是具有设备独立性的网络操作系统。由于用户可以免费得到 Linux 的内核源代码，因此可以对其进行修改，以适应新增加的外围设备。
- 可靠的安全性。Linux 采取了许多安全技术措施，包括对读和写进行权限控制、带保护的子系统、审计跟踪、核心授权等，这为多用户网络环境中的用户提供了必要的安全保障。
- 良好的可移植性。Linux 是一种可移植的网络操作系统，能够在从微型计算机到大型计算机的任何环境中和任何平台上运行。

1.1.4 网络操作系统的选用原则

网络操作系统对网络的应用、性能有着至关重要的影响。选择一种合适的网络操作系统，既能实现建设网络的目标，又能省钱、省力，提高系统效率。

网络操作系统的选择要从网络应用出发，分析所设计的网络到底需要提供什么服务，然后分析各种网络操作系统在提供这些服务时的性能与特点，最后确定使用何种网络操作系统。网络操作系统的选择一般遵循以下原则。

1. 标准化

网络操作系统的设计、提供的服务应符合国际标准，尽量减少企业专用标准的使用，这有利于系统的升级和应用的迁移，做到最大限度、最长时间地保障用户的投资。采用国际标准开发的网络操作系统可以保证异构网络的兼容性，即在一个网络中存在多个操作系统时，能够充分实现资源的共享和服务的互容。

2. 可靠性

网络操作系统是保证网络核心设备——服务器正常运行、提供关键服务的软件系统。它应具有良好的健壮性、可靠性、容错性等特点，能提供 365 天、24 小时不间断的服务。选择技术先进、成熟且应用广泛的网络操作系统，可以保证系统具有良好的可靠性。

微软公司的网络操作系统一般只用在中低档服务器中，其在稳定性和可靠性方面比 UNIX 要逊色很多；而 UNIX 主要用于大型计算机、中型计算机、小型计算机上，其特点是稳定性及可靠性高。

3. 安全性

为了避免受到计算机病毒或黑客攻击的侵扰，应选择强大的、能提供各种级别安全管理（如用户管理、文件权限管理、审核管理等）的网络操作系统。

各个网络操作系统都自带安全服务。例如，UNIX、Linux 提供用户账户管理、文件系统权限和系统日志文件；Windows Server 2022 提供用户账户管理、文件系统权限、注册表（Registry）保护、审核、性能监视等基本安全机制。

从网络安全性来看，NetWare 的安全保护机制较为完善和科学；UNIX 的安全性也是有口皆碑的；Windows Server 则存在安全漏洞，主要包括服务器/工作站安全漏洞和网络浏览器安全漏洞两部分。当然，微软公司也在不断推出补丁来解决这些问题。微软底层软件对用户开放，这一方面使得在其上开发高性能的应用成为可能，另一方面也为非法访问打开了"方便之门"。

4. 网络应用服务的支持

网络操作系统应能提供全面的网络应用服务，如 Web 服务、FTP 服务、域名系统（Domain Name System，DNS）服务等，并能较好地支持第三方应用系统。

5. 易用性

用户应选择易管理、易操作的网络操作系统，提高管理效率，降低管理复杂度。

现在有些用户对新技术十分敏感和好奇，在网络建设过程中往往会忽略对实际应用的需求，一味追求新产品、新技术。计算机技术发展极快，谁都无法预测 10 年以后计算机技术、网络技术会发展成什么样。面对越来越火爆的网络市场，用户不要盲目追求新产品、新技术，一定要从自己的实际需求出发，建立一套既能真正满足当前实际应用需求，又能保证今后顺利升级的网络。

在实际的网络建设中，用户在选择网络操作系统时还应考虑以下因素。

（1）成本因素。成本因素是选择网络操作系统的一个主要因素。如果用户拥有雄厚的财力和强大的技术支持，当然可以选择安全性更高的网络操作系统。但如果不具备这些条件，就应该从实际出发，根据现有的财力、技术维护力量，选择经济、适用的网络操作系统。同时，考虑到成本因素，用户在选择网络操作系统时，结合现有的网络硬件环境，在财力有限的情况下，尽量不购买需要花费更多人力和财力进行硬件升级的网络操作系统。

在软件的购买成本上，免费的 Linux 更有优势。但对于一个网络来说，购买网络操作系统的费用只是整体成本中的一小部分，网络管理的大部分费用花在技术维护方面，人员费用在运行网络操作系统的花费中约占 70%。所以网络操作系统越容易管理和配置，其运行成本越低。一般来说，Windows Server 比较简单、易用，适合技术维护力量较薄弱的网络环境；而 UNIX 由于其命令比较难懂，易用性稍差一些。

（2）可集成性因素。可集成性是指网络操作系统对硬件及软件的容纳能力。一般在构建网络时，很多用户具有不同的硬件及软件环境，而网络操作系统作为这些不同环境集成的管理者，应该尽可能多地管理各种硬件和软件资源。例如，UNIX 一般会针对自己的专用服务器和工作站进行优化，其兼容性也较差；Linux 对中央处理器（Central Processing Unit，CPU）的支持比 Windows Server 要好得多。

（3）可扩展性因素。可扩展性是指现有系统的可扩充能力。当用户的应用需求增大时，网络处理能力也要随之增强、扩展，这样可以保障用户早期的投资，也为网络以后的发展打好基础。对对称式多处理机技术的支持表明，网络操作系统可以在有多个处理器的系统中运行，这是扩展现有网络能力所必需的。

当然，用户在选择网络操作系统时，最重要的还是要和自己的网络环境结合起来。例如，中小型企业在网站建设中，多选用 Windows Server；网站服务器和邮件服务器中，多选用 Linux；在安全性要求很高的情况下，如金融、银行、军事等领域及大型企业的网络建设中，则推荐选用 UNIX。

总之，选择网络操作系统时要充分考虑其自身的可靠性、安全性、易用性及网络应用的需求等方面。

1.2 拓展阅读 "核高基" 与国产操作系统

"核高基"就是"核心电子器件、高端通用芯片及基础软件产品"的简称，是国务院于 2006 年发布的《国家中长期科学和技术发展规划纲要（2006—2020 年）》中与载人航天、探月工程并列的 16 个重大科技专项之一。近年来，一批国产基础软件企业的强势发展给我国软件市场增添了信心，而"核高基"犹如助推器，给国产基础软件更强劲的发展提供了力量。

近年来，我国大量的计算机用户将目光转移到国产 Linux 操作系统和办公软件上，国产 Linux 操作系统和办公软件的下载量一时间以几倍的速度增长，国产 Linux 操作系统和办公软件的发展也引起了大家的关注。

随着国产软件技术的不断进步，我国的信息化建设也会朝着更安全、更可靠、更可信的方向发展。

1.3 习题

一、填空题

1. 操作系统是_____与计算机之间的接口，网络操作系统可以理解为_____与计算机网络之间的接口。

2. 网络通信是网络最基本的功能之一，其任务是在_____和_____之间实现无差错的数据传输。

3. Web 服务、大型数据库服务等采用的都是典型的_____模式。

4. 基于 Windows NT 构建的网络操作系统现在已经发展了 9 代，最新一代的网络操作系统为_____。

二、简答题

1. 网络操作系统有哪些基本的功能与特性？

2. 常用的网络操作系统有哪些？各自的特点是什么？

3. 选择网络操作系统构建计算机网络环境时应考虑哪些因素？

1.4 项目实训 熟练使用 VMware Workstation

一、实训目的

- 熟练使用 VMware Workstation（简称 VMware）。
- 掌握 VMware 的详细配置与管理方法。
- 掌握使用 VMware 安装 Windows Server 2022 网络操作系统的方法。

二、项目环境

某公司新购进一台服务器，硬盘空间为 500GB。计算机中已经安装了 Windows 10 操作系统，主机名为 Host。Windows Server 2022 的镜像文件已保存在硬盘中。拓扑结构如图 1-1 所示。

图1-1 拓扑结构

三、项目要求

本项目实训的要求如下。

1-2课堂慕课 熟练
使用VMware

在物理主机 Host（Windows 10 操作系统）上安装 VMware，并在 VMware 中安装虚拟机 GW1，其网络操作系统为 Windows Server 2022 标准版，服务器的硬盘空间为 500GB。安装要求如下。

① 主磁盘分区 C 为 300GB，主磁盘分区 D 为 100GB，主磁盘分区 E 为 100GB。

② 要求 GW1 的安装分区大小为 60GB，文件系统格式为 NTFS，主机名为 GW1，管理员密码为 P@ssw0rd254，IP 地址为 192.168.10.254，子网掩码为 255.255.255.0，DNS 服务器的 IP 地址为 192.168.10.1，工作组名为 COMP。

③ 安装 VMware Tools。对 GW1 使用快照进行备份，后续项目会用到该虚拟机。

④ 设置虚拟机的不同网络连接模式，测试物理主机与虚拟机之间的通信状况。

⑤ 为 GW1 添加第 2 块网卡和第 2 块硬盘，设置第 2 块网卡的 IP 地址为 192.168.20.254/24。

⑥ 将 GW1 的第 1 块网卡禁用，将第 2 块网卡的网络连接模式设置为 VMnet8，将 Host 的 VMnet8 网卡的 IP 地址设置为 192.168.20.200，测试 Host 与 GW1 的连通性。

四、做一做

独立完成项目实训，检查学习效果。

项目2
规划与安装Windows Server 2022

02

　　某高校要组建校园网，需要架设一台具有 DNS、DHCP、Web、FTP 等功能的服务器来为校园网用户提供服务，现需要选择一种既安全又易于管理的网络操作系统。

　　在完成该项目之前，首先应选定网络中计算机的组织方式；然后根据微软操作系统的要求确定每台计算机应当安装的版本；再对安装方式、安装磁盘的文件系统格式、安装启动方式等进行选择；最后才能开始系统的安装。

学习要点

- 了解不同版本的 Windows Server 2022 的安装要求。
- 了解并掌握安装 Windows Server 2022 的方法。

- 掌握配置 Windows Server 2022 的方法。

素质要点

- 了解为什么会推出 IPv6。在接下来的"IPv6 时代"，我国面临巨大机遇，让我们拭目以待。

- "路漫漫其修远兮，吾将上下而求索。"国产化之路"道阻且长，行则将至，行而不辍，未来可期"。

2.1 项目基础知识

　　Windows Server 2022 是微软公司于 2021 年 11 月 5 日正式发布的网络操作系统。它在整体的设计风格与功能上更加接近 Windows 10 操作系统。

2.1.1 系统版本

2-1 微课
Windows Server
2022 概述

Windows Server 2022 包括 3 个许可版本。

- Essentials Edition（基本版）：适用于最多有 25 个用户或最多有 50 台设备的小型企业。该版本基于插槽授予许可证，在物理或虚拟环境中仅允许运行一个 Windows

Server 实例。在系统中，用户和设备客户端许可证既非必需，系统也不提供。

- Standard Edition（标准版）：适用于物理或最低限度虚拟环境。对于中小型企业而言，这是性价比极高的版本，而且可在购买之时或购买之后额外获得虚拟许可证，从而灵活地按需扩展。该版本使用基于处理器核心的许可方式，两台虚拟机需要 16 个核心基础许可证。基础许可证允许在获得许可的服务器的虚拟环境中使用两个 Windows Server Standard 实例，其中一个实例在裸机上运行。裸机上的实例在与虚拟机中的两个实例配合使用时，只能用于服务器管理。用户可以另行购买额外的标准许可证。

- Datacenter Edition（数据中心版）：适用于高虚拟化数据中心和云环境。它允许用户在物理和虚拟环境（包括容器）中，在服务器上运行不限数量的 Windows Server 实例。它包含标准版的所有功能，此外还支持加密虚拟机、软件定义的网络和软件定义的存储。该版本依然使用基于处理器核心的许可方式，每台服务器至少需要 16 个核心基础许可证，每个处理器至少需要 8 个核心基础许可证。

标准版和数据中心版的区别如表 2-1 所示。

表 2-1　标准版和数据中心版的区别

功能	标准版	数据中心版
Windows Server 的核心功能	每个许可证允许运行两台虚拟机以及一台 Hyper-V 主机	每个许可证允许运行无限台虚拟机和一台 Hyper-V 主机
Hyper-V 混合集成	支持	支持
Windows Server 容器	不受限	不受限
嵌入式操作系统（Operating System Embedded，OSE）/ Hyper-V 隔离容器	许可证包括两个 OSE 或虚拟机的权限	不受限
主机保护对 Hyper-V 支持	不支持	支持
存储副本	许可证仅限于 2TB 以内的单存储副本容量	支持，无限制
软件定义的网络	不支持	支持，无限制
软件定义的存储	不支持	支持，无限制

2.1.2　硬件要求

Windows Server 2022 的最低配置要求如表 2-2 所示。

表 2-2　Windows Server 2022 的最低配置要求

硬件	最低配置要求
处理器	1.4GHz 64 位处理器
	与 x64 指令集兼容
	支持 NX 和 DEP
	支持 CMPXCHG16B、LAHF/SAHF 和 PrefetchW
	支持二级地址转换（EPT 或 NPT）
RAM	512MB（对于带桌面体验的服务器安装选项为 2GB）
	用于物理主机部署的纠错代码（Error Correction Code，ECC）类型或类似技术

续表

硬件	最低配置要求
存储控制器	符合 PCI Express 体系结构规范
	硬盘驱动器的永久存储设备不能为 PATA
	不允许将 ATA/PATA/IDE/EIDE 用于启动驱动器、页面驱动器或数据驱动器
磁盘空间	32GB（绝对最低值）
网络适配器	以太网适配器的吞吐量至少为 1GB/s
	符合 PCI Express 体系结构规范
其他	DVD 驱动器（如果要从 DVD 媒体安装操作系统）
不严格需要，但某些特定功能需要的	基于 UEFI 2.3.1c 的系统和支持安全启动的固件
	受信任的平台模块
	支持超级 VGA（1024×768 像素）或更高分辨率的图形设备和监视器
	键盘和鼠标（或其他兼容的指针设备）
	Internet 访问（可能需要付费）

2.1.3 Windows Server 2022 的系统功能

Windows Server 2022 在 Windows Server 2019 的坚实基础上构建，在 3 个关键主题上引入了许多创新：安全性、Azure 混合集成和管理，以及应用程序平台。此外，可借助数据中心版，利用 Azure 云的优势使虚拟机保持最新状态，同时最大限度地减少停机时间。详细内容请扫描右侧二维码学习。

2-2 拓展阅读
Windows Server
2022 的系统功能

2.2 项目设计与准备

2.2.1 项目设计

Windows Server 2022 有多种安装方式，分别适用于不同的环境，选择合适的安装方式可以提高工作效率。除了全新安装，还有升级安装、远程安装及服务器核心安装。在为高校选择网络操作系统时，首先考虑 Windows Server 2022 网络操作系统。而在安装 Windows Server 2022 网络操作系统时，根据教学环境的不同，可为"教"与"学"分别设计不同的安装方式。

2-3 课堂慕课
规划与安装
Windows Server
2022

1. 在 VMware 中安装 Windows Server 2022

① 物理主机安装了 Windows 10 操作系统，主机名为 Host。

② Windows Server 2022 的 DVD-ROM 或镜像文件已准备好。

③ 硬盘大小为 60GB。要求 Windows Server 2022 的安装分区大小为 55GB，文件系统格式为 NTFS，主机名为 Server1，管理员密码为 P@ssw0rd1，服务器的 IP 地址为 192.168.10.1/24，子网掩码为 255.255.255.0，DNS 服务器的 IP 地址为 192.168.10.1，默认网关的 IP 地址为 192.168.10.254，工作组名为 COMP。

④ 要求配置桌面环境、关闭防火墙、放行 ping 命令。

⑤ 安装 Windows Server 2022 的拓扑结构如图 2-1 所示。

图 2-1　安装 Windows Server 2022 的拓扑结构

2. 使用 Hyper-V 安装 Windows Server 2022

特别提醒，限于篇幅，有关 Hyper-V 的内容请读者查阅编者共享的电子资料。

2.2.2　项目准备

项目准备具体如下。

① 满足硬件要求的计算机 1 台。

② Windows Server 2022 相应版本的安装光盘或镜像文件。

③ 记录安装文件的产品密钥（安装序列号），规划启动盘的大小。

④ 在可能的情况下，在运行安装程序前用磁盘扫描程序扫描所有硬盘，检查硬盘错误并进行修复，否则安装程序运行时检查到有硬盘错误会很麻烦。

⑤ 如果想在安装过程中格式化 C 盘或 D 盘（建议安装过程中格式化用于安装 Windows Server 2022 的磁盘分区），需要备份 C 盘或 D 盘中有用的数据。

⑥ 导出电子邮件账户和通信簿，将"C:\Documents and Settings\Administrator（或自己的用户名）"中的"收藏夹"文件夹复制到其他盘中，以备份收藏夹。全新安装不需要执行步骤⑤和步骤⑥。

> **注意**　Windows Server 2022 支持的文件系统包括 FAT16、FAT32 和 NTFS。Windows Server 2022 只能安装在 NTFS 分区中。

2.3　项目实施

Windows Server 2022 网络操作系统有多种安装方式。下面讲解如何安装与配置 Windows Server 2022。

为了方便教学，下面的安装操作使用 VMware 来完成。

任务 2-1　安装与配置 VMware

STEP 1　安装 VMware Workstation 17 Pro 成功后的界面如图 2-2 所示。

图 2-2　安装 VMware Workstation 17 Pro 成功后的界面

STEP 2　单击"创建新的虚拟机"，并在弹出的"新建虚拟机向导"对话框中选中"典型（推荐）"单选按钮，如图 2-3 所示，单击"下一步"按钮。

STEP 3　选择虚拟机的安装来源，选中"稍后安装操作系统"单选按钮，如图 2-4 所示，单击"下一步"按钮。

图 2-3　"新建虚拟机向导"对话框

图 2-4　选择虚拟机的安装来源

> **注意**　一定要选中"稍后安装操作系统"单选按钮，如果选中"安装程序光盘映像文件（iso）"单选按钮，并把下载好的 Windows Server 2022 的镜像文件选中，则虚拟机会通过默认的安装策略为用户部署最精简的系统，而不会再让用户选择安装设置的选项。

STEP 4　选择客户机操作系统的类型为"Microsoft Windows"，版本为"Windows Server 2022"，如图 2-5 所示，单击"下一步"按钮。

STEP 5　填写虚拟机名称，选择安装位置，如图 2-6 所示，单击"下一步"按钮。注意，安装位置一定要提前规划好，并创建好相应的文件夹。

STEP 6　虚拟机系统"最大磁盘大小"的默认值为 60GB，为了后续工作方便，建议设置为

200GB，如图 2-7 所示，单击"下一步"按钮。

STEP 7　进入"已准备好创建虚拟机"界面，单击"自定义硬件"按钮，如图 2-8 所示。

图 2-5　选择客户机操作系统的类型和版本

图 2-6　填写虚拟机名称并选择安装位置

图 2-7　设置虚拟机最大磁盘大小

图 2-8　"已准备好创建虚拟机"界面

STEP 8　在随后进入的图 2-9 所示的对话框中，建议将虚拟机系统内存的可用量设置为 2GB，最小不应小于 1GB。根据宿主机的性能设置处理器数量及每个处理器的内核数量（不能超过宿主机的处理器的内核总数量），并开启虚拟化功能，如图 2-10 所示。注意，一般不勾选"虚拟化 CPU 性能计数器"复选框，很多计算机不支持此功能。

STEP 9　选择"新 CD/DVD(SATA)"，在"使用 ISO 映像文件"中选中下载好的 Windows Server 2022 的镜像文件，如图 2-11 所示。

STEP 10　VMware 为用户提供了 3 种可选的网络连接模式，分别为桥接模式、网络地址转换（Network Address Translation，NAT）模式与仅主机模式。由于本例宿主机是通过路由器自动获取 IP 地址等信息从而连接到 Internet 的，所以，为了使虚拟机也能上网，选择桥接模式，如图 2-12 所示（选择何种网络连接模式很重要，一定要提前规划好！请读者特别注意后面每个项目中涉及的网络连接模式）。

图 2-9　设置虚拟机的内存　　　　　　图 2-10　设置虚拟机的处理器

图 2-11　设置虚拟机的光驱设备　　　　图 2-12　设置虚拟机的网络适配器

- 桥接模式：相当于在物理网卡与虚拟网卡之间架设了一座桥梁，从而可以通过物理网卡访问外部网络。在物理主机中，桥接模式的虚拟网卡对应的物理网卡是 VMnet0。
- NAT 模式：让 VMware 的网络服务发挥路由器的作用，使得通过虚拟机软件模拟的主机可以通过物理主机访问外部网络。在物理主机中，NAT 模式的虚拟网卡对应的物理网卡是 VMnet8。
- 仅主机模式：仅让虚拟机内的主机与物理主机通信，不能访问外部网络。在物理主机中，仅主机模式的虚拟网卡对应的物理网卡是 VMnet1。

STEP 11 把 USB 控制器、声卡、打印机等不需要的设备移除，最终的硬件配置情况如图 2-13 所示，单击"关闭"按钮。移除声卡可以避免在输入错误后发出提示声音，确保自己在今后的实验中思绪不被打扰。

STEP 12 返回虚拟机配置向导界面后，单击"完成"按钮。当进入图 2-14 所示的界面时，就说明虚拟机已经配置成功了。

图2-13　最终的硬件配置情况

图2-14　虚拟机配置成功的界面

任务2-2　认识固件类型：UEFI

单击"虚拟机"菜单，选择"设置"。在弹出的"虚拟机设置"对话框中选择"选项"→"高级"选项，如图2-15所示，可以看到"固件类型"默认选择的是"UEFI"。那么UEFI到底是什么呢？其较之传统的基本输入输出系统（Basic Input/Output System，BIOS）有什么优点呢？

统一可扩展固件接口（Unified Extensible Firmware Interface，UEFI）规范提供并定义了固件和操作系统之间的软件接口。UEFI取代了BIOS，增强了可扩展固件接口（Extensible Firmware Interface，EFI），并为操作系统和启动时的应用程序及服务提供了操作环境。

想要了解UEFI，需要从BIOS说起。BIOS主要负责开机时检测硬件功能和引导操作系统启动；而UEFI相比传统的BIOS，跳过了启动时自检的过程，从而节省了开机时间。BIOS与UEFI的运行流程如图2-16所示。

图2-15　选择固件类型

图2-16　BIOS与UEFI的运行流程

UEFI 是一种新的主板引导项，它被看作 BIOS 的继任者。UEFI 主要的特点是拥有图形用户界面，这更有利于用户对图形化操作的选择。

如今很多计算机都支持 UEFI，有的计算机甚至已经抛弃 BIOS 而仅支持 UEFI。不难看出 UEFI 正在取代传统的 BIOS。

任务 2-3　安装 Windows Server 2022 网络操作系统

安装网络操作系统时，计算机的 CPU 需要支持虚拟化技术（Virtualization Technology，VT）。VT 指的是让单台计算机能够分割出多个独立资源区，并让每个资源区按照需求模拟出系统的一项技术，其本质就是通过中间层实现计算机资源的管理和再分配，让系统资源的利用率最大化。计算机的 CPU 一般是会支持 VT 的。如果开启虚拟机后依然提示 "CPU 不支持 VT" 等信息，则请重新启动计算机并进入 BIOS，将 VT 功能开启。

使用 Windows Server 2022 的引导光盘进行安装是最简单的安装方式之一。在安装过程中，需要用户干预的地方不多，只需掌握几个关键点即可顺利完成安装。如果当前服务器没有安装小型计算机系统接口（Small Computer System Interface，SCSI）设备或者独立磁盘冗余阵列（Redundant Arrays of Indepclent Disks，RAID）卡，则可以略过相应步骤。

STEP 1 在 Server1 界面中单击 "开始此虚拟机"，在出现 "Press any key to boot from CD or DVD……" 时，按任意键，安装程序开始运行。安装界面中弹出 "Microsoft Server 操作系统设置" 窗口，如图 2-17 所示，选择安装语言并设置输入方法后单击 "下一页" 按钮。

图 2-17　"Microsoft Server 操作系统设置" 窗口

STEP 2 单击 "现在安装" 按钮。在 "选择要安装的操作系统" 界面的 "操作系统" 列表中列出了可以安装的网络操作系统，这里选择 "Windows Server 2022 Standard (Desktop Experience)" 选项（如果有特定的需求，则也可以选择其他版本进行安装），如图 2-18 所示，单击 "下一页" 按钮。

STEP 3 在 "适用的声明和许可条款" 界面勾选 "我接受 Microsoft 软件许可条款……" 复选框，如图 2-19 所示，单击 "下一页" 按钮。

图 2-18　"选择要安装的操作系统"窗口

图 2-19　"适用的声明和许可条款"窗口

STEP 4 在"你想执行哪种类型的安装？"界面中，"升级：安装 Microsoft Server 操作系统并保留文件、设置和应用程序"选项用于从早期的 Windows Server 版本升级到 Windows Server 2022，如果当前计算机中没有安装网络操作系统，则该选项不可用；双击"自定义：仅安装 Microsoft Server 操作系统"选项，如图 2-20 所示。

STEP 5 选择"自定义"选项，进入图 2-21 所示的"你想将 Windows 安装在哪里？"界面。该界面显示了当前计算机硬盘的分区信息。如果服务器安装有多块硬盘，则会依次显示为驱动器 0、驱动器 1、驱动器 2……对硬盘进行分区。单击"新建"按钮，在"大小"文本框中输入分区大小，如 100000MB，如图 2-21 所示。单击"应用"按钮，弹出图 2-22 所示的自动创建额外分区的提示对话框，单击"确定"按钮，完成系统分区（第 1 个分区）和主磁盘分区（第 2 个分区）的创建。其他分区照此操作。

图 2-20 "你想执行哪种类型的安装?"界面

图 2-21 "你想将 Windows 安装在哪里?"界面

STEP 6 完成分区创建后的界面如图 2-23 所示。

图 2-22 自动创建额外分区的提示对话框

图 2-23 完成分区创建后的界面

STEP 7 选择驱动器 0 "分区 4"来安装网络操作系统,单击"下一步"按钮,进入图 2-24 所示的"正在安装 Windows"界面,开始复制文件并安装 Windows。

图 2-24 "正在安装 Windows"界面

STEP 8 在安装过程中，系统会根据需求自动重新启动。在安装完成之前，要求用户设置 Administrator 账户的密码，如图 2-25 所示。

对于账户密码，Windows Server 2022 的要求非常严格，无论是管理员账户还是普通账户，都要求必须设置强密码。除必须满足"至少 6 个字符"和"不包含 Administrator 或 admin"的要求外，还需至少满足以下 4 个条件中的 2 个。

- 包含大写字母（A、B、C 等）。
- 包含小写字母（a、b、c 等）。
- 包含数字（0、1、2 等）。
- 包含非字母、非数字字符（#、&、～等）。

STEP 9 按要求输入密码，按 Enter 键，即可完成 Windows Server 2022 的安装。按 Alt+Ctrl+Delete 组合键，输入 Administrator 账户的密码就可以正常登录 Windows Server 2022 了。系统默认自动打开"服务器管理器"窗口，如图 2-26 所示。

图 2-25 设置 Administrator 的密码

图 2-26 "服务器管理器"窗口

 提示 Windows Admin Center 是本地部署的基于浏览器的应用，用于管理 Windows 服务器、集群、超融合基础设施和 Windows 10 操作系统的计算机。它是免费的，可在生产中使用。

STEP 10 选择 VMware 菜单栏中的"虚拟机"→"安装 VMware Tools"选项，在计算机的"此电脑"窗口中双击"DVD 驱动器(D:)VMware Tools"，如图 2-27 所示。按照向导完成驱动程序的安装后，自动重新启动计算机。

图 2-27 双击"DVD 驱动器(D:)VMware Tools"

注意　在没有安装 VMware Tools 之前，切换鼠标需要同时按 Ctrl 和 Alt 键，安装后则无须切换，并可以自由地在宿主机和虚拟机间使用复制和粘贴功能。虽然不安装 VMware Tools 也可以运行客户机操作系统，但很多 VMware 功能只能在安装 VMware Tools 后才能使用。例如，未在虚拟机中安装 VMware Tools 时，无法从客户机操作系统中获取检测信号信息，或者无法使用工具栏中的关机或重新启动选项。用户只能使用电源选项，并且必须从每个虚拟机控制台中关闭客户机操作系统，也无法使用 VMware Tools 连接和断开虚拟设备以及压缩虚拟磁盘。

STEP 11　激活 Windows Server 2022。选择"开始"→"设置"→"系统"→"关于"选项，打开图 2-28 所示的"关于"界面。该界面右下方会显示操作系统的激活状况，用户可以在此激活 Windows Server 2022 网络操作系统和更改产品密钥。激活有助于验证操作系统的副本是否为正版，以及在多台计算机上使用的操作系统数量是否已超过 Microsoft 软件许可条款所允许的数量。激活的最终目的在于防止软件伪造。如果不激活，则可以试用该操作系统。

图 2-28　"关于"界面

STEP 12　以管理员身份登录 Server1，选择 VMware 菜单栏中的"虚拟机"→"快照"→"拍摄快照"选项，制作计算机安装成功的初始快照，以便实训后将系统恢复到初始状态。至此，Windows Server 2022 网络操作系统安装完成，现在就可以使用它了。

任务 2-4　配置 Windows Server 2022 网络操作系统

在网络操作系统安装完成后，应先进行一些基本配置，如更改计算机名、配置 IP 地址、修改工作组等，这些均可在"服务器管理器"窗口中完成。

1. 更改计算机名

Windows Server 2022 在安装过程中不需要设置计算机名，而是使用系统随机配置的计算机名。但系统配置的计算机名不仅冗长，还不便于标记。为了更好地标识计算机，应将其更改为易记或有一定意义的名称。

STEP 1 选择"开始"→"Windows 系统"→"控制面板"→"系统和安全"→"管理工具"→"服务器管理器"选项，或者直接单击"服务器管理器"按钮 ，打开"服务器管理器"窗口。选择该窗口左侧的"本地服务器"选项，进入"本地服务器"界面，如图 2-29 所示。

图 2-29 "本地服务器"界面

STEP 2 单击"计算机名"和"工作组"右侧的名称，可对计算机名和工作组名进行修改。单击计算机名，弹出"系统属性"对话框，如图 2-30 所示。

STEP 3 单击"更改"按钮，弹出图 2-31 所示的"计算机名/域更改"对话框。在"计算机名"文本框中输入新的名称，如"Server1"；在"工作组"文本框中可以更改计算机所处的工作组。

图 2-30 "系统属性"对话框

图 2-31 "计算机名/域更改"对话框

STEP 4 单击"确定"按钮，弹出"欢迎加入 COMP 工作组。"提示框，如图 2-32 所示。单击"确定"按钮，弹出"必须重新启动计算机才能应用这些更改"提示框，如图 2-33 所示。

STEP 5 单击"确定"按钮，回到"系统属性"对话框，单击"确定"按钮，关闭"系统属性"对话框。

图 2-32 "欢迎加入 COMP 工作组。"提示框　　图 2-33 "必须重新启动计算机才能应用这些更改"提示框

STEP 6 在弹出的提示必须重新启动计算机以应用更改的对话框中单击"立即重新启动"按钮，即可重新启动计算机，并应用新的计算机名。若单击"稍后重新启动"按钮，则不会立即重新启动计算机。

2. 配置网络

配置网络是提供各种网络服务的前提。Windows Server 2022 安装完成以后，默认自动从网络中的动态主机配置协议（Dynamic Host Configuration Protocol，DHCP）服务器获得 IP 地址。不过，由于 Windows Server 2022 是用来为网络提供服务的，所以通常需要设置静态 IP 地址。另外，还可以配置网络发现、文件共享等功能，实现与网络的正常通信。

（1）配置 TCP/IP

STEP 1 选择"开始"→"Windows 系统"→"控制面板"→"网络和 Internet"→"网络和共享中心"选项，打开图 2-34 所示的"网络和共享中心"窗口。

STEP 2 单击"Ethernet0"，弹出"Ethernet0 状态"对话框，如图 2-35 所示。

图 2-34 "网络和共享中心"窗口　　　　图 2-35 "Ethernet0 状态"对话框

STEP 3 单击"属性"按钮，弹出图 2-36 所示的"Ethernet0 属性"对话框。Windows Server 2022 中包含 IPv6 和 IPv4，并且默认都已启用。

STEP 4 在"此连接使用下列项目"列表框中勾选"Internet 协议版本 4(TCP/IPv4)"复选框，单击"属性"按钮，弹出图 2-37 所示的"Internet 协议版本 4(TCP/ IPv4)属性"对话框。选中"使用下面的 IP 地址"单选按钮，分别输入为该服务器分配的 IP 地址、子网掩码、默认网关，并配置 DNS 服务器地址。如果要通过 DHCP 服务器获取 IP 地址，则保留默认的"自动获得 IP 地址"设置。

STEP 5 单击"确定"按钮，保存所做的修改。

图2-36 "Ethernet0 属性"对话框

图2-37 "Internet 协议版本4(TCP/IPv4)属性"对话框

（2）启用"网络发现"功能

Windows Server 2022 的"网络发现"功能用来控制局域网中计算机和设备的发现与隐藏。如果启用"网络发现"功能，则可以显示当前局域网中发现的计算机，也就是"网络邻居"功能。同时，其他计算机也可以发现当前计算机。如果关闭"网络发现"功能，则既不能发现其他计算机，当前计算机也不会被发现。但关闭"网络发现"功能时，其他计算机仍可以通过搜索或指定计算机名、IP 地址的方式访问当前计算机，但当前计算机不会显示在其他用户的"网络邻居"中。

为了便于计算机之间的互相访问，可以启用"网络发现"功能。在图 2-34 所示的"网络和共享中心"窗口中单击"更改高级共享设置"，打开图 2-38 所示的"高级共享设置"窗口，选中"启用网络发现"单选按钮，并单击"保存更改"按钮，即可启用"网络发现"功能。

图2-38 "高级共享设置"窗口

> **提示**　如果重新启动后仍无法启用"网络发现"功能，则应保证运行了 Function Discovery Resource Publication、
> SSDP Discovery 和 UPnP Device Host 这 3 个服务。注意按顺序手动启动这 3 个服务，并将其都设置
> 自动启动。"服务"设置工具在"服务器管理器"窗口的"工具"菜单中。服务的启动方法如下：
> 改为"自动"状态后，依次单击"应用"和"确定"按钮。

（3）启用"文件和打印机共享"功能

网络管理员可以通过启用"文件和打印机共享"功能，实现为其他用户提供服务或访问其他计算机上的共享资源的功能。在图 2-38 所示的"高级共享设置"窗口中选中"启用文件和打印机共享"单选按钮，并单击"保存更改"按钮，即可启用"文件和打印机共享"功能。

（4）启用"有密码保护的共享"功能

在图 2-38 所示的窗口中单击"所有网络"右侧的 ⊙ 按钮，展开"所有网络"的高级共享设置，如图 2-39 所示。

- 可以启用"启用共享以便可以访问网络的用户可以读取和写入公用文件夹中的文件"功能。
- 如果启用"有密码保护的共享"功能，则其他用户必须使用当前计算机上有效的用户账户和密码才可以访问共享资源。Windows Server 2022 默认启用该功能。

3. 设置虚拟内存

在 Windows 操作系统中，如果内存不够用，则系统会把内存中暂时不用的一些数据写到磁盘中，以腾出内存空间给其他应用程序使用；当系统需要这些数据时，再重新把数据从磁盘读回内存中。用来临时存放内存数据的磁盘空间称为虚拟内存。建议将虚拟内存的大小设为实际内存大小的 1.5 倍，虚拟内存太小会导致系统没有足够的内存空间运行程序，特别是当实际的内存不大时。下面是设置虚拟内存的具体步骤。

STEP 1　选择"开始"→"设置"→"系统"→"关于"→"高级系统设置"选项，弹出"系统属性"对话框，选择"高级"选项卡，如图 2-40 所示。

图 2-39　"所有网络"的高级共享设置

图 2-40　"系统属性"对话框的"高级"选项卡

STEP 2　单击"设置"按钮，弹出"性能选项"对话框，选择"高级"选项卡，如图 2-41 所示。

STEP 3　单击"更改"按钮，弹出"虚拟内存"对话框，如图 2-42 所示，取消勾选"自动管理所有驱动器的分页文件大小"复选框，选中"自定义大小"单选按钮，并设置初始大小为 40000MB，最大值为 60000MB，单击"设置"按钮。单击"确定"按钮并重新启动计算机，即可完成虚拟内存的设置。

图2-41 "性能选项"对话框的"高级"选项卡   图2-42 "虚拟内存"对话框

> **注意** 虚拟内存可以分布在不同的驱动器中，总的虚拟内存等于各个驱动器上的虚拟内存之和。如果计算机上有多个物理磁盘，则建议把虚拟内存放在不同的磁盘中，以增强虚拟内存的读写性能。虚拟内存的大小可以自定义，即管理员手动指定，或者由系统自行决定。页面文件使用的文件是根目录下的 pagefile.sys，该文件为隐藏文件，不要轻易删除，否则可能会导致系统崩溃。

4. 设置外观和个性化

选择"开始"→"Windows 系统"→"控制面板"→"外观和个性化"选项，在"外观和个性化"窗口中可以对计算机的"文件资源管理器选项"和"字体"进行设置，如图2-43 所示。

图2-43 "外观和个性化"窗口

5. 配置防火墙，放行 ping 命令

Windows Server 2022 安装完成后，默认自动启用防火墙，而且 ping 命令默认被阻止，互联网控制报文协议（Internet Control Message Protocol，ICMP）包无法穿越防火墙。为了满足后面实训的要求及实际需求，应该设置防火墙，允许 ping 命令通过。放行 ping 命令有以下两种方法。

第 1 种方法是在防火墙设置中新建并启用一条允许 ICMPv4 通过的规则；第 2 种方法是在设置防火墙时，在"入站规则"中启用"文件和打印机共享(回显请求-ICMPv4-In)"的预定义规则（默认不启用）。

下面介绍第 1 种方法的具体步骤。

STEP 1 选择"开始"→"Windows 系统"→"控制面板"→"系统和安全"→"高级安全 Windows Defender 防火墙"→"高级设置"选项。在打开的"高级安全 Windows Defender 防火墙"窗口中选择左侧的"入站规则"选项，如图 2-44 所示（第 2 种方法在此入站规则中设置即可，请读者自己操作）。

图 2-44 "高级安全 Windows Defender 防火墙"窗口

STEP 2 选择"操作"窗格中的"新建规则"选项，弹出"新建入站规则向导"对话框，在"规则类型"界面中选中"自定义"单选按钮，如图 2-45 所示。

> **提示** 如果选中"端口"单选按钮，则可以设置基于端口的入站规则。例如，可以设置端口 2121 允许通过防火墙。请读者试着做一做。后续在使用多端口建立虚拟网站时，会用到基于端口的入站规则的建立。

STEP 3 选择"协议和端口"选项，进入"协议和端口"界面，如图 2-46 所示。在"协议类型"下拉列表中选择"ICMPv4"选项。

图 2-45 "新建入站规则向导"对话框的"规则类型"界面　图 2-46 "新建入站规则向导"对话框的"协议和端口"界面

STEP 4 单击"下一步"按钮，在"作用域"界面中选择应用于哪些本地 IP 地址和哪些远程 IP 地址。可以选中"任何 IP 地址"单选按钮。

STEP 5　单击"下一步"按钮，选择是否允许连接，此处选中"允许连接"单选按钮。

STEP 6　单击"下一步"按钮，选择何时应用本规则。

STEP 7　单击"下一步"按钮，输入本规则的名称，如"ICMPv4 规则"。单击"完成"按钮，使新规则生效。

6. 查看系统信息

系统信息包括硬件资源、组件和软件环境等内容。选择"开始"→"Windows 系统"→"控制面板"→"系统和安全"→"管理工具"→"系统信息"选项，打开图 2-47 所示的"系统信息"窗口，即可查看系统信息。

图 2-47　"系统信息"窗口

任务 2-5　使用 VMware 的快照和复制功能

Windows Server 2022 安装完成后，可以使用 VMware 的快照和复制功能迅速恢复或生成新的虚拟机，这给教学和实训带来了极大便利。

STEP 1　将前面安装完成 Server1 的当前配置和活动状态做一次存储，在 VMware 中选中"Server1"，选择 VMware 菜单栏中的"虚拟机"→"快照"→"拍摄快照"选项，如图 2-48 所示。

图 2-48　拍摄快照

STEP 2 按照向导生成快照 start1（一步步按照向导操作即可，这里不进行详细讲解）。利用该快照可以随时恢复到系统安装成功后的初始状态，这对反复完成实训或排除问题作用很大。

STEP 3 选中"Server1"，选择 VMware 菜单栏中的"虚拟机"→"管理"→"克隆"选项，如图 2-49 所示（注意：只有处于关闭状态的虚拟机才可以被复制）。

图 2-49　克隆虚拟机

STEP 4 按照向导填写新虚拟机的名称和位置，如图 2-50 所示，单击"完成"按钮，快速生成 Server3 虚拟机（新虚拟机的位置要提前规划好，如 D:\VM\Win 2022\Server3）。

STEP 5 复制成功后，启动 Server3 虚拟机，以管理员身份登录。注意，Server3 与 Server1 的管理员账户和密码相同，因为 Server3 是复制而来的。

STEP 6 在命令提示符窗口中输入"c:\windows\system32\sysprep\sysprep"命令并按 Enter 键，在弹出的"系统准备工具 3.14"对话框中勾选"通用"复选框（见图 2-51），单击"确定"按钮，可对 Server3 进行系统清理操作，消除复制的影响。

图 2-50　填写新虚拟机的名称和位置

图 2-51　消除复制的影响

STEP 7 按照向导完成对 Server3 的重整，并安装 VMware Tools。

STEP 8 按照上述方法，分别制作 Server2 和 Server4 虚拟机。

STEP 9 制作 Server1、Server2、Server3 和 Server4 的快照，以供后续使用。

2.4 拓展阅读 IPv4 和 IPv6

2019年11月26日是全球互联网发展历程中值得铭记的一天，一封来自欧洲 RIPE NCC 的邮件宣布全球43亿个 IPv4 地址正式耗尽，人类互联网跨入了"IPv6 时代"。

全球 IPv4 地址耗尽到底是怎么回事？全球 IPv4 地址耗尽对我国有什么影响？该如何应对？

IPv4 的中文全称为第4版互联网协议，是 IP 开发过程中的第4个修订版，也是此协议被广泛部署的第一个版本。IPv4 是互联网的核心，也是使用非常广泛的 IP 版本。IPv4 使用32位（4B）地址，地址空间中只有 4 294 967 296 个地址。全球 IPv4 地址耗尽，意思就是全球联网设备越来越多，"这一串数字"不够用了。IP 地址是分配给每个联网设备的一系列号码，每个 IP 地址都是独一无二的。由于 IPv4 中规定 IP 地址长度为32位，现在 Internet 的快速发展使得 IPv4 地址已经耗尽。IPv4 地址耗尽也意味着不能将任何新的 IPv4 设备添加到 Internet，目前各国已经开始积极布局 IPv6。

在接下来的 IPv6 时代，我国有着巨大机遇，其中我国推出的"雪人计划"（详见 8.4 节）就是一件益国益民的大事，这一计划助力我国在互联网方面取得更多话语权。

2.5 习题

一、填空题

1. Windows Server 2022 支持的文件系统包括＿＿＿＿＿、＿＿＿＿＿和＿＿＿＿＿。Windows Server 2022 只能安装在＿＿＿＿＿分区中。

2. Windows Server 2022 有多种安装方式，分别适用于不同的环境，选择合适的安装方式可以提高工作效率。除了全新安装，还有＿＿＿＿＿、＿＿＿＿＿和＿＿＿＿＿。

3. 安装 Windows Server 2022 时，内存至少不低于＿＿＿＿＿，硬盘的可用空间不低于＿＿＿＿＿，并且只支持＿＿＿＿＿位版本。

4. Windows Server 2022 的账户密码要求必须符合以下条件：①至少6个字符；②不包含 Administrator 或 admin；③包含＿＿＿＿＿、＿＿＿＿＿、大写字母（A~Z）、小写字母（a~z）4组字符中的两组。

5. Windows Server 2022 的版本主要有3个，即＿＿＿＿＿、＿＿＿＿＿和＿＿＿＿＿。

6. 页面文件使用的文件是根目录下的＿＿＿＿＿，不要轻易删除该文件，否则可能会导致系统崩溃。

7. 对于虚拟内存的大小，建议为实际内存大小的＿＿＿＿＿。

二、选择题

1. 在 Windows Server 2022 中，如果要输入 DOS 命令，则应在"运行"对话框中输入（　　　）。
   A. cmd　　　　　　　B. mmc　　　　　　　C. autoexe　　　　　　　D. tty

2. 安装 Windows Server 2022 时生成的 Documents and Settings、Windows，以及 Windows\System32 文件夹是不能随意更改的，因为它们是（　　　）。
   A. Windows 的桌面
   B. Windows 正常运行时所必需的应用软件文件夹
   C. Windows 正常运行时所必需的用户文件夹
   D. Windows 正常运行时所必需的系统文件夹

3. 有一台服务器的网络操作系统是 Windows Server 2019，文件系统是 NTFS，无任何分区。现

要求在该服务器中安装 Windows Server 2022，保留原数据，但不保留网络操作系统，应使用下列
（　　　）方法进行安装才能满足需求。

  A. 在安装过程中进行全新安装并格式化磁盘

  B. 对原操作系统进行升级安装，不格式化磁盘

  C. 做成双引导系统，不格式化磁盘

  D. 重新分区并进行全新安装

  4. 现要在一台装有 Windows Server 2019 网络操作系统的计算机上安装 Windows Server 2022，并做成双引导系统。此计算机硬盘的大小是 200GB，有两个分区，其中，C 盘大小为 100GB，文件系统是 FAT；D 盘大小为 100GB，文件系统是 NTFS。为使该计算机成为双引导系统，最好的方法是（　　　）。

  A. 安装时选择"升级"选项，并且选择 D 盘作为安装盘

  B. 全新安装，选择 C 盘中与 Windows 相同的文件夹作为 Windows Server 2022 的安装文件夹

  C. 升级安装，选择 C 盘中与 Windows 不同的文件夹作为 Windows Server 2022 的安装文件夹

  D. 全新安装，且选择 D 盘作为安装盘

三、简答题

1. 简述 Windows Server 2022 的硬件最低配置需求。

2. 在安装 Windows Server 2022 前有哪些注意事项？

3. 简述 Windows Server 2022 的版本及最低安装要求。

2.6　项目实训　安装与配置 Windows Server 2022 网络操作系统

一、实训目的

- 掌握 Windows Server 2022 网络操作系统桌面环境的配置方法。
- 掌握 Windows Server 2022 网络操作系统防火墙的配置方法。
- 掌握 Windows Server 2022 网络操作系统控制面板，调整计算机的设置。
- 掌握在 Windows Server 2022 网络操作系统中添加用户账户的方法。

二、项目环境

某公司新购进一台服务器，硬盘空间为 500GB。该服务器已经安装了 Windows 10 操作系统和 VMware Workstation 17 Pro，主机名为 Host。Windows Server 2022 网络操作系统的镜像文件已保存在硬盘中。

三、项目要求

本项目实训要求如下。

（1）在 VMware 中安装 Windows Server 2022 网络操作系统的虚拟机 Server1。

（2）配置桌面环境。

- 更改计算机名。
- 虚拟内存大小设为实际内存大小的 2 倍。
- 配置网络：服务器的 IP 地址为 192.168.10.1/24，默认网关为 192.168.10.254，首选 DNS 服务器的 IP 地址为 192.168.10.1。

- 设置显示属性。
- 查看系统信息。
- 利用"Windows 更新"功能将 Windows Server 2022 网络操作系统更新为最新版。

（3）使用规则放行 ping 命令。

（4）使用规则放行通过端口 2121 和端口 8080 的 TCP 流量。

（5）关闭防火墙。

（6）测试 Host 与 Server1 之间的通信。分别演示 3 种网络连接模式下的通信情况，从而总结出 3 种网络连接模式的区别与应用场所。

（7）根据具体的虚拟机环境演示 Server1 连接到 Internet 的方法。

（8）使用管理控制台。

（9）添加用户账户 WS。

（10）以 Server1 为母盘，复制生成 MS1，使用"c:\windows\system32\sysprep\sysprep"命令重整 MS1，并安装 VMware Tools。

（11）制作 MS1 的快照，以备后续项目使用。

四、做一做

独立完成项目实训，检查学习效果。

项目3
部署与管理Active Directory域服务

03

某公司组建的内部办公网络是基于工作组的，近期由于公司业务发展，人员激增，考虑到工作便利和网络安全管理的需要，公司想将基于工作组的网络升级为基于域的网络。现在需要将一台或多台计算机升级为域控制器，并将其他所有计算机加入域，使其成为成员服务器，同时将原来的本地用户账户和组也升级为域用户和组进行管理。

学习要点

- 掌握规划和安装局域网中活动目录的方法。
- 掌握创建域目录林根域的方法。

- 掌握安装额外域控制器的方法。

素质要点

- 明确职业技术岗位所需的职业规范，树立社会主义核心价值观。

- "大学之道，在明明德，在亲民，在止于至善。""'高山仰止，景行行止。'虽不能至，然心乡往之。"知悉"大学"的真正含义，以德化人，激发爱国情怀。

3.1 项目基础知识

活动目录（Active Directory，AD）是 Windows Server 网络操作系统中非常重要的目录服务。活动目录用于存储网络中各种对象的有关信息，包括用户账户、组、打印机、共享文件夹等，并把这些数据存储在目录数据库中，便于管理员和用户查询及使用。活动目录具有安全、可扩展、可伸缩的特点，活动目录域服务与 DNS 集成在一起，可基于策略进行管理。

3.1.1 认识活动目录

什么是活动目录呢？活动目录就是 Windows 网络中的目录服务（Directory Services），即活动目录域服务（Active Directory Domain Services，AD DS）。

3-1 微课 Active Directory 域服务

目录服务有两方面的内容：目录和与目录相关的服务。

活动目录负责目录数据库的保存、新建、删除、修改与查询等服务，用户能很容易地在目录内找到所需的数据。

Active Directory 域服务的适用范围非常广，它可以用在一台计算机、一个小型局域网或数个广域网结合的环境中。它包含此范围中的所有对象，如文件、打印机、应用程序、服务器、域控制器和用户账户等。使用活动目录具有以下意义。

（1）简化管理。

（2）提高系统的安全性。

（3）提高系统的性能与可靠性。

提示 命名空间、对象和属性、容器、可重新启动的 AD DS、Active Directory 回收站和 Active Directory 域服务的复制模式的相关内容请扫描右侧的二维码学习。

3-2 扩展阅读　命名空间、对象和属性、容器、可重新启动的 AD DS 等

3.1.2　认识活动目录的结构

活动目录的结构是指网络中所有用户、计算机，以及其他网络资源的层次关系，就像在一个大型仓库中分出若干个小储藏间，每个小储藏间分别用来存放东西。通常活动目录的结构可以分为逻辑结构和物理结构，分别包含不同的对象。

活动目录的逻辑结构非常灵活，目录中的逻辑单元通常包括架构、域、组织单位、域目录树、域目录林、站点和目录分区。

1. 架构

Active Directory 域服务对象类型与属性数据是定义在架构（Schema）内的。例如，它定义了用户对象类型内包含的属性（姓、名、电话等）、每一个属性的数据类型等信息。

隶属于 Schema Admins 组的用户可以修改架构内的数据，应用程序也可以自行在架构内添加其所需的对象类型或属性。在一个域目录林内的所有域目录树共享相同的架构。

2. 域

域是指在 Windows Server 2022 网络环境中组建 C/S 网络的实现方式。

3. 组织单位

组织单位（Organizational Unit，OU）在活动目录中扮演特殊的角色，它是一个当普通边界不能满足要求时创建的边界。组织单位把域中的对象组织成逻辑管理组，而不是安全组或代表地理实体的组。组织单位是应用组策略和委派责任的最小单位。

组织单位是包含在活动目录中的容器对象。创建组织单位的目的是对活动目录对象进行分类。因此，组织单位是可将用户、组、计算机和其他单元放入活动目录的容器，组织单位不能包括来自其他域的对象。

使用组织单位，用户可在组织单位中代表逻辑层次结构的域中创建容器，这样就可以根据组织模型管理网络资源的配置和使用。可授予用户对域中某个组织单位的管理权限，组织单位的管理员不需要具有域中任何其他组织单位的管理权限。

4. 域目录树

当要配置一个包含多个域的网络时，应该将网络配置成域目录树结构，如图 3-1 所示。

在图 3-1 所示的域目录树中，最上层的域名为 China***.com，是这个域目录树的根域，也称为父域；下面两个域 Jinan.China***.com 和 Beijing.China***.com 是 China***.com 域的子域。这 3 个域共同构成了这个域目录树。

5. 域目录林

如果网络的规模比前面提到的域目录树还要大，甚至包含多个域目录树，就可以将网络配置为域目录林（也称为森林）结构。域目录林由一个或多个域目录树组成，如图 3-2 所示。域目录林中的每个域目录树都有唯一的命名空间，它们之间并不是连续的，这一点从图 3-2 所示的两个域目录树中可以看到。

图 3-1　域目录树结构

图 3-2　域目录林结构

域目录林中也存在一个根域，这个根域是域目录林中最先安装的域。在图 3-2 所示的域目录林中，因为 China***.com 是最先安装的，所以这个域是根域。

> **注意** 在创建域目录林时，组成域目录林的两个域目录树的树根之间会自动创建相互的、可传递的信任关系。由于有了双向的信任关系，域目录林中的每个域中的用户都可以访问其他域的资源，也可以从其他域登录到本域。

6. 站点

站点由一个或多个 IP 子网组成，这些子网通过高速网络设备连接在一起。

7. 目录分区

Active Directory 域服务数据库被逻辑地分为 4 个目录分区（Directory Partition）：架构目录分区（Schema Directory Partition）、配置目录分区（Configuration Directory Partition）、域目录分区（Domain Directory Partition）和应用程序目录分区（Application Directory Partition）。

活动目录的逻辑结构与物理结构是彼此独立的两个概念。活动目录的逻辑结构侧重于网络资源的管理，而活动目录的物理结构则侧重于网络的配置和优化。活动目录的物理结构的 3 个重要概念是域控制器、只读域控制器和全局编录服务器。

（1）域控制器

域控制器是指安装了活动目录的 Windows Server 2022 服务器，它保存了活动目录信息的副本。域控制器管理目录信息的变化，并把这些变化信息复制到同一个域中的其他域控制器上，使各域控制器上的目录信息同步。域控制器负责用户的登录过程及其他与域有关的操作，如身份鉴定、目录信息查找等。一个域可以有多台域控制器。规模较小的域可以只有两台域控制器，一台用于实际应用，另一台用于容错性检查；规模较大的域则使用多台域控制器。

域控制器没有主次之分，采用多主机复制模式，每台域控制器都有一个可写入的目录副本，这为目录信息容错带来了无尽的好处。尽管在某个时刻，不同的域控制器中的目录信息可能有所不同，但一旦活动目录中的所有域控制器执行同步操作，最新的变化信息就会一致。

（2）只读域控制器

只读域控制器（Read-Only Domain Controller，RODC）的 Active Directory 域服务数据库只可以读取，不可以修改。也就是说，用户或应用程序无法直接修改 RODC 的 Active Directory 域服务数据库。RODC 的 Active Directory 域服务数据库的内容只能够从其他可读写的域控制器中复制过来。RODC 主要是设计给远程分公司的网络使用的，因为一般来说，远程分公司的网络规模比较小、用户比较少，网络的安全措施或许不如总公司完备，也可能缺乏信息技术（Information Technology，IT）人员，采用 RODC 可避免 Active Directory 域服务数据库被破坏而影响到整个 Active Directory 域服务环境。

（3）全局编录服务器

尽管活动目录支持多主机复制模式，然而复制引起的通信流量及网络潜在的冲突导致变化的传播并不一定能够顺利进行，因此有必要在域控制器中指定全局编录（Global Catalog，GC）服务器及操作主机。全局编录是一个信息仓库，包含活动目录中所有对象的部分属性，这部分属性是在查询过程中访问最为频繁的属性。利用这些信息，可以定位任何一个对象实际所在的位置。全局编录服务器是一个域控制器，它保存了全局编录的一份副本，并执行对全局编录的查询操作。全局编录服务器可以提高活动目录中大范围内对象检索的性能。例如，在域目录林中查询所有的打印机时，如果没有全局编录服务器，那么必须调动域目录林中每一个域的查询过程。如果域中只有一台域控制器，那么它就是全局编录服务器；如果域中有多台域控制器，那么管理员必须把其中一台域控制器配置为全局编录服务器。

3.2 项目设计与准备

3.2.1 项目设计

下面利用图 3-3 来说明如何建立一个域目录林中的第 1 个域（根域）。这里将在项目 2 中安装的 Server1 升级为域控制器并建立域，架设根域的第 2 台域控制器（Server2）、第 3 台域控制器（Server3）、第 4 台域控制器（Server4）和一台加入域的成员服务器（MS1），如图 3-3 所示。

> **提示** 建议利用 VMware 或 Hyper-V 等提供虚拟环境的软件来搭建图 3-3 所示的网络环境。若复制现有虚拟机，则要记得使用 "c:\windows\system32\sysprep\sysprep" 命令并勾选 "通用" 复选框，因为复制生成的虚拟机要进行重整后才能正常使用。为了不相互干扰，VMware 虚拟机的网络连接模式采用 "仅主机模式"。

图 3-3　Active Directory 域服务网络环境的拓扑结构

特别注意　本项目涉及的虚拟机非常多，后面会交叉用到，因此一定要在每台服务器升级成为域控制器前制作快照！后面会持续用到这些完成初始安装的快照，切记！若没有制作快照，则后面继续使用时，请将其降级为成员服务器或独立服务器。初始安装后制作快照是一个好习惯！

3.2.2　项目准备

将在项目 2 中安装的 Server1 升级为域控制器（安装 Active Directory 域服务），因为它是第 1 台域控制器，所以这个升级操作会同时完成下面的工作。

3-3 课堂慕课
部署与管理
Active Directory
域服务

- 建立一个新域目录林。
- 建立新域目录林中的第 1 个域目录树。
- 建立新域目录树中的第 1 个域。
- 建立新域中的第 1 台域控制器。
- Server1 自动更名为 Server1.long60.cn。

换句话说，在建立图 3-3 中的第 1 台域控制器 Server1.long60.cn 时，会同时建立此域控制器所属的域 long60.cn、域 long60.cn 所属的域目录树，而域 long60.cn 也是此域目录树的根域。由于建立的是第 1 个域目录树，因此同时会建立一新域目录林，名字就是第 1 个域目录树根域的名字 long60.cn，域 long60.cn 就是整个域目录林的根域。

我们将通过新建服务器角色的方式，将 Server1 升级为网络中的第 1 台域控制器。

注意　超过一台计算机参与环境部署时，一定要保证各计算机间的通信畅通，否则无法进行后续的工作。

3.3 项目实施

任务 3-1　创建第 1 台域控制器（域目录林根域）

由于域控制器使用的活动目录和 DNS 有非常密切的关系，因此网络中要求有 DNS 服务器，并且

DNS服务器要支持动态更新。如果没有DNS服务器，则可以在创建域时把DNS安装上。这里假设图3-3中的Server1服务器尚未安装DNS，介绍创建域目录林中的第1台域控制器的方法。

1. 安装Active Directory域服务

活动目录在整个网络中的重要性不言而喻。经过在Windows Server 2019的基础上不断完善，Windows Server 2022中的活动目录功能更加强大，管理更加方便。在Windows Server 2022中安装活动目录时，需要先安装Active Directory域服务，再将服务器升级为域控制器，从而完成活动目录的安装。

Active Directory域服务的主要作用是存储目录数据并管理域之间的通信，包括用户登录处理、身份验证和目录搜索等。

STEP 1 将Server1的名称、IP地址等按图3-3所示的信息进行配置（图3-3中采用了TCP/IPv4）。注意，将计算机名称设置为Server1即可，等升级为域控制器后，它会被自动改为Server1.long60.cn。

STEP 2 以管理员身份登录到Server1，选择"开始"→"Windows系统"→"控制面板"→"系统和安全"→"管理工具"→"服务器管理器"选项，在打开的"服务器管理器"窗口中单击"添加角色和功能"，打开图3-4所示的"添加角色和功能向导"窗口。

图3-4 "添加角色和功能向导"窗口

> **提示** 请读者注意图3-4中的"启动'删除角色和功能'向导"链接。如果安装完Active Directory域服务后需要删除该服务角色，则单击"启动'删除角色和功能'向导"链接。

STEP 3 持续单击"下一步"按钮，直到进入图3-5所示的"选择服务器角色"界面，勾选"Active Directory域服务"复选框，在打开的"添加角色和功能向导"对话框中单击"添加功能"按钮。

图3-5 "选择服务器角色"界面

STEP 4 持续单击"下一步"按钮，直到进入图 3-6 所示的"确认安装所选内容"界面。

图 3-6 "确认安装所选内容"界面

STEP 5 单击"安装"按钮开始安装。安装完成后显示图 3-7 所示的界面，提示 Active Directory 域服务已经安装成功。

图 3-7 "安装进度"界面

> **提示** 如果在图 3-7 所示的界面中直接单击"关闭"按钮，则之后要想将相应服务器升级为域控制器，需单击图 3-8 所示的"服务器管理器"窗口上方的旗帜图标，再单击"将此服务器提升为域控制器"链接。

2. 安装活动目录

STEP 1 在图 3-7 或图 3-8 所示的窗口中单击"将此服务器提升为域控制器"链接，进入图 3-9 所示的"Active Directory 域服务配置向导"窗口的"部署配置"界面，选中"添加新林"单选按钮，设置根域名（本例为 long60.cn），创建一台全新的域控制器。如果网络中已经存在其他域控制器或域目录林，则可以选中"将新域添加到现有林"单选按钮，在现有域目录林中进行安装。

图3-8 "将此服务器提升为域控制器"链接

图3-9 "Active Directory域服务配置向导"窗口的"部署配置"界面

"选择部署操作"选项组中的3个选项的具体含义如下。

- "将域控制器添加到现有域"：可以向现有域添加第2台或更多的域控制器。
- "将新域添加到现有林"：在现有域目录林中创建现有域的子域。
- "添加新林"：创建全新的域。

> **提示** 网络既可以配置一台域控制器，又可以配置多台域控制器，以分担用户的登录和访问。多台域控制器可以一起工作，并会自动备份用户账户和活动目录数据，即使部分域控制器瘫痪，网络访问仍然不受影响，从而提高了网络的安全性和稳定性。

STEP 2 单击"下一步"按钮，进入图3-10所示的"域控制器选项"界面。

① 设置林功能级别和域功能级别。不同的林功能级别可以向下兼容不同平台的Active Directory域服务功能。选择"Windows Server 2008"选项可以提供Windows Server 2008网络操作系统平台以上的所有Active Directory域服务功能；选择"Windows Server 2016"选项可以提供Windows Server 2016网络操作系统平台以上的所有Active Directory域服务功能。用户可以根据实际的网络环境选择合适的功能级别。设置不同的域功能级别主要是为了兼容不同平台下的网络用户和子域控制器，在此只能设置Windows Server 2016的域控制器（注意：Windows Server 2022的最高功能级别仍然是Windows Server 2016）。

图 3-10 "域控制器选项"界面

② 指定域控制器功能。因为默认在此服务器上直接安装 DNS 服务器，所以向导将自动创建 DNS 区域委派。无论 DNS 服务是否与 Active Directory 域服务集成，都必须将其安装在部署有域目录林根域的第 1 台域控制器上。

③ 第 1 台域控制器需要扮演全局编录服务器的角色。

④ 第 1 台域控制器不可以是 RODC。

⑤ 设置目录服务还原模式的密码。因为有时需要备份和还原活动目录，且还原时（启动系统时按 F8 键）必须进入"目录服务还原模式"，所以此处要求输入使用"目录服务还原模式"的密码。由于该密码和管理员密码可能不同，所以一定要牢记。

> **提示** 安装后若要设置林功能级别，则可登录域控制器，打开"Active Directory 域和信任关系"窗口，用鼠标右键单击"Active Directory 域和信任关系"，在弹出的快捷菜单中选择"提升林功能级别"选项，再选择相应的林功能级别。

STEP 3 单击"下一步"按钮，显示图 3-11 所示的警告信息，目前不会有影响，因此不必理会它，直接单击"下一步"按钮。

图 3-11 警告信息

STEP 4 在图 3-12 所示的"其他选项"界面中，系统会自动为此域设置一个 NetBIOS 域名，也可以对其进行更改。如果名称已被占用，则安装程序会自动指定一个建议名称。设置完成后单击"下一步"按钮。

图 3-12 "其他选项"界面

STEP 5 在图 3-13 所示的"路径"界面中，用户可以单击"浏览"按钮 更改相关路径。其中，"数据库文件夹"用来存储 Active Directory 域服务数据库，"日志文件文件夹"用来存储 Active Directory 域服务数据库的变更日志，以便于日常管理和维护，"SYSVOL 文件夹"用来存储域共享文件（如组策略相关的文件）。需要注意的是，"SYSVOL 文件夹"必须保存在 NTFS 格式的分区中。设置完成后单击"下一步"按钮。

图 3-13 "路径"界面

STEP 6 在"查看选项"界面中单击"下一步"按钮。

STEP 7 在图 3-14 所示的"先决条件检查"界面中，如果检查顺利通过，则直接单击"安装"按钮，否则要先按提示排除问题。安装完成后计算机会自动重新启动。

STEP 8 重新启动计算机，升级为域控制器之后，必须使用域用户账户登录，格式为"域名\用户账户"，如图 3-15（a）所示。选择界面左下角的"其他用户"可以更换登录用户，如图 3-15（b）所示。

- 用户 SamAccountName 登录。用户可以利用诸如 LONG60\Administrator 的名称来登录，其中 LONG60 是 NetBIOS 域名。同一个域中，此名称必须是唯一的。Windows NT、Windows 98 等旧版操作系统不支持 UPN 登录，因此只能使用此种登录方式。图 3-15（a）所示为此种登录方式。

- UPN 登录。用户可以利用与电子邮件账户格式相同的名称来登录，如 administrator@long60.cn，此名称被称为用户主体名称（User Principal Name，UPN）。此名称在域目录林中是唯一的。图 3-15（b）所示为此种登录方式。

图 3-14 "先决条件检查"界面

（a）用户 SamAccountName 登录界面

（b）UPN 登录界面

图 3-15 登录界面

3. 验证 Active Directory 域服务的安装

活动目录安装完成后，在 Server1 上可以从各方面进行验证。

（1）查看计算机名

选择"开始"→"Windows 系统"→"控制面板"→"系统和安全"→"系统"→"高级系统设置"，弹出"系统属性"对话框。选择"计算机名"选项卡，可以看到计算机已经由工作组成员变为域成员，而且是域控制器，计算机名称已经变为"Server1.long60.cn"。

（2）查看管理工具

活动目录安装完成后，会添加一系列的活动目录管理工具，包括"Active Directory 用户和计算机""Active Directory 站点和服务""Active Directory 域和信任关系"等。选择"开始"→"Windows 管理工具"选项，可以找到这些管理工具的快捷方式。"服务器管理器"窗口的"工具"菜单中也会增加这些管理工具。

（3）查看活动目录对象

选择"开始"→"Windows 管理工具"→"Active Directory 用户和计算机"选项，或者在"服务器管理器"窗口中选择"工具"→"Active Directory 用户和计算机"选项，打开"Active Directory 用户和计算机"窗口。可以看到企业的域名为 long60.cn，单击该域，窗口右侧的详细信息窗格中会显示域中的各个容器，其中包括一些内置容器，主要有以下几种。

- Builtin：存放活动目录域中的内置组账户。
- Computers：存放活动目录域中的计算机账户。
- Users：存放活动目录域中的一部分用户和组账户。
- Domain Controllers：存放域控制器的计算机账户。

（4）查看 Active Directory 域服务数据库

Active Directory 域服务数据库文件保存在%Systemroot%\NTDS（本例为 C:\Windows\NTDS）文件夹中，其主要文件如下。

- ntds.dit：数据库文件。
- edb.chk：检查点文件。
- temp.edb：临时文件。

（5）查看 DNS 记录

活动目录正常工作需要 DNS 服务器的支持。活动目录安装完成后，重新启动 Server1 时，会自动向 DNS 注册相应的服务器资源记录（SRV 记录），它记录了哪台计算机提供了哪些服务的信息。

选择"开始"→"Windows 管理工具"→"DNS"选项，或者在"服务器管理器"窗口中选择"工具"→"DNS"选项，打开"DNS 管理器"窗口。一个注册了 SRV 记录的 DNS 服务器如图 3-16 所示。

图 3-16　一个注册了 SRV 记录的 DNS 服务器

如果因为域成员本身的设置有误或者网络问题，它们无法将数据注册到 DNS 服务器，则可以在问题解决后重新启动这些计算机或利用以下方法来手动注册。

- 如果某域成员计算机的名称与 IP 地址没有正确注册到 DNS 服务器，则可到此计算机上运行 "ipconfig /registerdns" 命令来手动注册，完成后再到 DNS 服务器检查是否已有正确记录。例如，域成员计算机的名称为 Server1.long60.cn，IP 地址为 192.168.10.1，则检查域 long60.cn 内是否有 Server1 的记录、其 IP 地址是否为 192.168.10.1。
- 如果发现域控制器并没有将其扮演的角色注册到 DNS 服务器，也就是并没有类似图 3-16 所示的 _tcp 等文件夹与相关记录，则可到此域控制器上选择 "开始" → "Windows 管理工具" → "服务"，打开图 3-17 所示的窗口，选中 "Netlogon"，单击左边的 "重启动" 链接来实现注册，也可以使用以下命令来实现。

```
net stop netlogon
net start netlogon
```

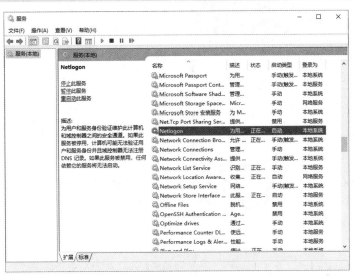

图 3-17　重新启动 Netlogon 服务

试一试　手动添加 SRV 记录无效。将注册成功的 DNS 服务器中的 long60.cn 域下面的 SRV 记录删除一些，试着在域控制器上使用以上命令恢复 DNS 服务器中被删除的内容（使用命令后单击鼠标右键，在弹出的快捷菜单中选择 "刷新" 选项即可）。

特别提示　"服务器管理器" 窗口的 "工具" 菜单中包含 "Windows 管理工具" 中的所有工具。因此，一般情况下，凡是集成在 "Windows 管理工具" 中的工具都能在 "服务器管理器" 窗口的 "工具" 菜单中找到。为了后面描述方便，后续项目中在提到工具时会采用其中一种方式且会简略表述。请读者从此刻开始，做到对打开管理工具和 "服务器管理器" 窗口的方法了然于心。

任务 3-2　将 MS1 加入 long60.cn 域

下面将 MS1 独立服务器（IP 地址为 192.168.10.100/24）加入 long60.cn 域，将 MS1 升级为 long60.cn 的成员服务器。MS1 与 Server1 的网络连接模式都是 "仅主机模式"。具体步骤如下。

STEP 1　在 MS1 上确认 Internet 协议版本 4（TCP/IPv4）属性中的首选 DNS 服务器指向了

Server1，即192.168.10.1。

STEP 2 选择"开始"→"Windows 系统"→"控制面板"→"系统和安全"→"系统"→"高级系统设置"选项，弹出"系统属性"对话框。选择"计算机名"选项卡，单击"更改"按钮，弹出"计算机名/域更改"对话框，在"隶属于"中选中"域"单选按钮，并输入要加入的域的名称"long60.cn"，单击"确定"按钮。

STEP 3 输入有权限加入该域的账户的名称和密码，单击"确定"按钮后重新启动计算机即可。例如，输入该域控制器 Server1.long60.cn 的管理员账户和密码，如图3-18所示。

STEP 4 加入域后（需重新启动计算机），其完整计算机名会包含域名，即图3-19所示的MS1.long60.cn。单击"关闭"按钮，按照界面提示重新启动计算机。

图3-18 将MS1加入long60.cn域

图3-19 加入long60.cn域后的MS1的全名

> **提示**
> ① 装有 Windows 10 操作系统的计算机加入域的步骤和装有 Windows Server 2022 网络操作系统的计算机加入域的步骤相同。
> ② 加入域的计算机的账户会被创建在 Computers 容器内。

任务3-3 利用已加入域的计算机登录

除了利用本地用户账户登录，还可以在已加入域的计算机上利用本地域用户账户登录。

1. 利用本地用户账户登录

在 MS1 登录界面中按 Ctrl+Alt+Delete 组合键后，进入图3-20所示的界面，默认让用户利用本地系统管理员 Administrator 的身份登录，因此只要输入 Administrator 的密码即可。

此时，系统会利用本地安全性数据库来检查账户与密码是否正确。如果正确，则可以成功登录，也可以访问计算机内的资源（若有权限），但无法访问域内其他计算机的资源，除非在连接其他计算机时再输入有权限的账户名与密码。

2. 利用本地域用户账户登录

如果要利用本地域管理员 Administrator 的身份登录，则可以选择图3-20所示界面左下角的"其他用户"选项，进入图3-21所示的"其他用户"登录界面，即利用本地域用户账户登录界面，输入本地域管理员的账户（long60\administrator）与密码，单击"登录"按钮 ➡ 即可登录。

图 3-20　利用本地用户账户登录界面

图 3-21　利用本地域用户账户登录界面

注意　账户名前面要附加域名，如 long60.cn\administrator 或 long60\administrator，此时账户与密码会被发送给域控制器，并利用 Active Directory 域服务数据库来检查账户与密码是否正确。如果正确，则可以成功登录，也可以直接连接域内任何一台计算机并访问其中的资源（如果被赋予权限），不需要手动输入账户名与密码。当然，也可以用 UPN 登录，如 administrator@long60.cn。

请思考在图 3-21 所示的界面中，如何利用本地用户账户登录？输入用户名 "MS1\administrator" 及相应密码可以吗？

任务 3-4　安装额外域控制器与 RODC

若一个域内有多台域控制器，就有以下优势。

① 提高用户登录的效率。若同时有多台域控制器来为客户端提供服务，则可以分担用户身份验证（账户与密码）工作，提高用户登录的效率。

② 提供容错功能。若有域控制器出现故障，则仍然可以由其他正常的域控制器来继续提供服务，因此对用户的服务不会停止。

在安装额外域控制器（Additional Domain Controller）时，需要将 Active Directory 域服务数据库从现有的域控制器复制到新的域控制器中。然而，若 Active Directory 域服务数据库的数据量非常庞大，则这个复制操作势必会增加网络负担，尤其是新域控制器位于远程网络内时。系统提供了以下两种复制 Active Directory 域服务数据库的方法。

① 通过网络直接复制。若 Active Directory 域服务数据库的数据量庞大，则此方法会增加网络负担、影响网络运行效率。

② 通过安装介质复制。这种方法需要先到一台域控制器内制作安装介质，其中包含 Active Directory 域服务数据库；再将安装介质复制到 U 盘、CD、DVD 等媒体或共享文件夹内；最后在安装额外域控制器时，要求安装向导到这个媒体或共享文件夹内读取安装介质内的 Active Directory 域服务数据库。这种方法可以大幅减轻网络负担。若在安装介质制作完成之后，现有域控制器的 Active Directory 域服务数据库内有新的数据变动，则这些少量的数据会在完成额外域控制器的安装后，通过网络自动复制过来。

下面说明如何将图 3-22 所示的网络拓扑结构中的 Server2 升级为常规额外域控制器（可写域控制器），将 Server3 升级为 RODC。其中，Server2 为域 long60.cn 的成员服务器，Server3 为独立服务器。

1. 通过网络直接复制来安装额外域控制器

Server1、Server2 和 Server3 的网络连接模式都是 "仅主机模式"，首先要保证这 3 台服务器通信畅通。

STEP 1 在图3-22所示的Server2与Server3上安装Windows Server 2022，IP地址等按照图3-22所示的信息来设置（图3-22中采用TCP/IPv4），同时将Server2加入域long60.cn。

注意将计算机名称分别设置为Server2与Server3即可，等升级为域控制器后，它们会被自动改为Server2.long60.cn与Server3.long60.cn。

STEP 2 在Server2上安装Active Directory域服务，操作方法与第1台域控制器的方法完全相同。安装完Active Directory域服务后，单击"将此服务器提升为域控制器"链接，开始活动目录的安装。

STEP 3 当进入"部署配置"界面时，选中"将域控制器添加到现有域"单选按钮，在"域"文本框中直接输入"long60.cn"，或者单击"选择"按钮进行"域"的选择操作；单击"更改"按钮，弹出"Windows 安全中心"对话框，指定可以通过相应主域控制器验证的用户账户凭据，该用户账户必须隶属于Domain Admins组，拥有域管理员权限，例如，根域控制器的管理员账户long60\administrator（或long60.cn\administrator），如图3-23所示。

图3-22 long60.cn域的网络拓扑结构

图3-23 部署配置

> **注意** 只有Enterprise Admins或Domain Admins组内的用户有权建立其他域控制器。若现在登录的账户不属于这两个组（例如，现在登录的账户为本机Administrator），则需另外指定有权限的用户账户，如图3-23所示。

STEP 4 单击"下一步"按钮，进入图 3-24 所示的"域控制器选项"界面。

① 选择是否在此服务器上安装 DNS 服务器（默认会），本例选择在 Server2 上安装 DNS 服务器。

② 选择是否将其设定为全局编录服务器（默认会）。

③ 选择是否将其设定为 RODC（默认不会）。

④ 设置目录服务还原模式的密码。

STEP 5 单击"下一步"按钮，进入图 3-25 所示的界面，取消勾选"更新 DNS 委派"复选框。注意，如果不存在 DNS 委派却勾选了此复选框，则在后面将会报错。

图 3-24 "域控制器选项"界面

图 3-25 "DNS 选项"界面

STEP 6 单击"下一步"按钮，进入图 3-26 所示的界面，继续单击"下一步"按钮，会直接从其他任何一台域控制器复制 Active Directory 域服务数据库。

STEP 7 在图 3-27 所示的界面中可直接单击"下一步"按钮。

STEP 8 在"查看选项"界面中单击"下一步"按钮。

STEP 9 在图 3-28 所示的"先决条件检查"界面中，若检查顺利通过，则直接单击"安装"按钮，否则请先根据界面提示排除问题。

图 3-26 "其他选项"界面

图 3-27 "路径"界面

图 3-28 "先决条件检查"界面

STEP 10 安装完成后计算机会自动重新启动，请重新登录。

2. 通过网络直接复制来安装RODC

在Server3上安装RODC，Server3为独立服务器。Server2和Server3的网络连接模式都是"仅主机模式"，首先要保证两台服务器通信畅通。

STEP 1 在Server3上安装Active Directory域服务，操作方法与第1台域控制器的方法完全相同。安装完Active Directory域服务后，单击"将此服务器提升为域控制器"链接，开始活动目录的安装。

STEP 2 当进入"部署配置"界面时，选中"将域控制器添加到现有域"单选按钮，在"域"文本框中直接输入"long60.cn"，或者单击"选择"按钮进行"域"的选择操作；单击"更改"按钮，弹出"Windows安全中心"对话框，指定可以通过相应主域控制器验证的用户账户凭据，该用户账户必须隶属于Domain Admins组，拥有域管理员权限，例如，根域控制器的管理员账户long60\administrator，如图3-29所示。

图3-29　"部署配置"界面

STEP 3 单击"下一步"按钮，进入图3-30所示的"域控制器选项"界面，勾选"只读域控制器(RODC)"复选框，设置目录服务还原模式的密码，单击"下一步"按钮，直到安装成功，计算机自动重新启动。

图3-30　"域控制器选项"界面

STEP 4 在 Server1 上选择"开始"→"Windows 管理工具"→"DNS"选项，打开"DNS 管理器"窗口，检查 DNS 服务器内是否有域控制器 Server2.long60.cn 与 Server3.long60.cn 的相关记录，如图 3-31 所示（Server2、Server3 上的 DNS 服务器与此类似）。

图 3-31　检查 DNS 服务器

Server2、Server3 这两台域控制器的 Active Directory 域服务数据库的内容是从其他域控制器复制过来的，而这两台域控制器内原本的本地账户会被删除。

> **注意**　在 Server1（第 1 台域控制器）升级成为域控制器之前，原本位于本地安全性数据库内的本地用户账户会在升级后被转移到 Active Directory 域服务数据库内，且是被放置到 Users 容器内的。这台域控制器的计算机账户会被放置到 Domain Controllers 组织单位中，其他加入域的计算机账户默认会被放置到 Computers 容器内。
>
> 只有在创建域内的第 1 台域控制器时，服务器原来的本地用户账户才会被转移到 Active Directory 域服务数据库内，其他域控制器（如本例中的 Server2、Server3）原来的本地用户账户并不会被转移到 Active Directory 域服务数据库内，而会被删除。

STEP 5 在 Server1 上选择"开始"→"Windows 管理工具"→"Active Directory 用户和计算机"选项，打开"Active Directory 用户和计算机"窗口，检查 Domain Controllers 组织单位中是否存在 Server1、Server2、Server3（只读）等域控制器，如图 3-32 所示（Server2、Server3 上的情况与此类似）。

图 3-32　"Active Directory 用户和计算机"窗口

3. 通过安装介质来安装额外域控制器

先到一台域控制器上制作安装介质，也就是将 Active Directory 域服务数据库存储到安装介质内，并将安装介质复制到 U 盘或共享文件夹内；在安装额外域控制器时，要求安装向导从安装介质中读取 Active Directory 域服务数据库。这种方法可以大幅减轻网络负担（为提升效率，完成本例时，可暂时将 Server2 和 Server3 "挂机"）。

（1）制作安装介质

在现有的域控制器上执行 ntdsutil 命令制作安装介质。

- 若此安装介质是要给额外域控制器使用的，则需在现有的额外域控制器上执行 ntdsutil 命令。
- 若此安装介质是要给 RODC 使用的，则可以在现有的额外域控制器或 RODC 上执行 ntdsutil 命令。

STEP 1 在域控制器 Server1 上利用域管理员的身份登录。

STEP 2 选中"开始"菜单并单击鼠标右键，在弹出的快捷菜单中选择"运行"选项，在弹出的"运行"对话框的"打开"文本框中输入"cmd"，单击"确定"按钮。

STEP 3 在命令提示符窗口中输入以下命令后，按 Enter 键（操作界面可参考图 3-33）。

ntdsutil

STEP 4 在 ntdsutil 提示符下执行以下命令。

activate   instance   ntds

此命令会将域控制器的 Active Directory 域服务数据库设置为"使用中"状态。

STEP 5 在 ntdsutil 提示符下执行以下命令。

ifm

STEP 6 在 ifm 提示符下执行以下命令。

create sysvol full   c:\InstallationMedia

> **注意** 此命令假设要将安装介质的内容存储到 C:\InstallationMedia 文件夹内。其中，sysvol 表示要制作包含 ntds.dit 与 SYSVOL 的安装介质；full 表示要制作供额外域控制器使用的安装介质。若要制作供 RODC 使用的安装介质，则将 full 改为 RODC。

STEP 7 看到成功创建 IFM 媒体信息后连续执行两次 quit 命令来结束 ntdsutil。图 3-33 所示为制作安装介质时的部分操作界面。

图 3-33 制作安装介质时的部分操作界面

STEP 8 将 C:\InstallationMedia 文件夹内的所有数据复制到 U 盘或共享文件夹内。

（2）安装额外域控制器

STEP 1 将 U 盘或共享文件夹内的安装介质放到即将扮演额外域控制器角色的 Server4（可以复制生成，但必须重整）中，本例将其放到 Server4 的 C:\InstallationMedia 文件夹内。设置 Server4 的计算机名称为 Server4，IP 地址为 192.168.10.4/24，DNS 服务器的 IP 地址为 192.168.10.1。

STEP 2 安装额外域控制器的方法与前面讲的大致相同，因此下面仅列出不同之处。在图 3-34 所示的界面中勾选"从介质安装"复选框，并在"路径"处指定存储安装介质的文件夹 C:\InstallationMedia。在安装过程中会从安装介质所在的文件夹 C:\InstallationMedia 复制 Active Directory 域服务数据库。

图 3-34 勾选"从介质安装"复选框

4. 修改密码复制策略与 RODC 的委派设置

若要修改密码复制策略设置或 RODC 系统管理工作的委派设置，可在打开图 3-35 所示的"Active Directory 用户和计算机"窗口后，选择"Domain Controllers"中扮演 RODC 角色的域控制器，再单击上方的"属性"按钮，在弹出的属性对话框中，通过图 3-36 所示的"密码复制策略"与"管理者"选项卡来进行设置。

图 3-35 "Active Directory 用户和计算机"窗口

也可以选择"开始"→"Windows 管理工具"→"Active Directory 管理中心"选项，通过"Active Directory 管理中心"窗口来修改上述设置：打开"Active Directory 管理中心"窗口后，选择"Domain Controllers"中扮演 RODC 角色的域控制器，如图 3-37 所示，选择"任务"窗格中的"属性"选项，通过图 3-38 所示的"管理者"与"扩展"中的"密码复制策略"选项卡来设置。

图 3-36 "密码复制策略"与"管理者"选项卡

图 3-37 选择扮演 RODC 角色的域控制器

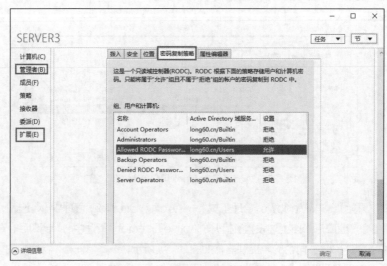

图 3-38 "密码复制策略"选项卡

5. 验证额外域控制器是否正常运行

Server1 是第 1 台域控制器，Server2 已经升级为额外域控制器，现在可以将成员服务器 MS1 的首选 DNS 服务器指向 Server1，备用 DNS 服务器指向 Server2，当 Server1 发生故障时，Server2 可以负责域名解析和身份验证等工作，从而实现不间断服务。

STEP 1 在 MS1 上配置"首选 DNS 服务器"的 IP 地址为 192.168.10.1，"备用 DNS 服务器"的 IP 地址为 192.168.10.2。

STEP 2 在 Server1 的"Active Directory 用户和计算机"窗口中建立供测试用的域用户 domainuser1（新建用户时，姓名和用户登录名都是 domainuser1）。刷新 Server2、Server3 的"Active Directory 用户和计算机"窗口中的 Users 容器，发现 domainuser1 几乎同时同步到了这两台域控制器上。

STEP 3 将 Server1 暂时关闭，在 VMware 中也可以将 Server1 暂时挂起。

STEP 4 在 MS1 上注销原来的 Administrator 账户后，以"其他用户"的身份登录，使用 long60.cn\domainuser1 登录域，如图 3-39 所示。观察是否能够登录成功，如果可以登录成功，则说明可以提供活动目录的不间断服务，也验证了额外域控制器安装成功。下面转到 Server2 上进行操作。

图 3-39　在 MS1 上使用域用户账户 domainuser1 登录验证

STEP 5 选择 Server2 的"服务器管理器"→"工具"→"Active Directory 站点和服务"选项，打开"Active Directory 站点和服务"窗口，选择"Sites"→"Default- First- Site- Name"→"Servers"→"SERVER2"→"NTDS Settings"并单击鼠标右键，在弹出的快捷菜单中选择"属性"选项，如图 3-40 所示。

STEP 6 在弹出的"NTDS Settings 属性"对话框中取消勾选"全局编录"复选框，单击"应用"按钮后再单击"确定"按钮，如图 3-41 所示。

STEP 7 在"服务器管理器"窗口中选择"工具"→"Active Directory 用户和计算机"选项，打开"Active Directory 用户和计算机"窗口，选择"Domain Controllers"，可以看到 Server2 的"DC 类型"由之前的 GC 变为现在的 DC，如图 3-42 所示。

图 3-40　"Active Directory 站点和服务"窗口

图 3-41　取消勾选"全局编录"复选框

图3-42　查看Server2的"DC类型"

任务 3-5　转换服务器角色

Windows Server 2022 网络操作系统的服务器在域中可以有3种角色：域控制器、成员服务器和
独立服务器。当一台装有 Windows Server 2022 网络操作系统的成员服务器安装了活动目录后，它就

图3-43　服务器的3种角色的转换

成为域控制器，域控制器可以对用户的登录等进行验证。装有
Windows Server 2022 网络操作系统的成员服务器还可以只
加入域，而不安装活动目录，此时服务器的主要功能是提供网
络资源，这样的服务器称为成员服务器。严格来说，独立服务
器和域没有什么关系。如果服务器不加入域，也不安装活动目
录，则称其为独立服务器。服务器的3种角色的转换如图3-43
所示。

1. 域控制器降级

在域控制器上把活动目录删除，服务器就降级为成员服务器了，成员服务器脱离域就成为独立服务
器了，如图3-43所示。下面以 Server2 降级为例，介绍具体步骤。（切记，Server1 必须正常开启！）

（1）删除活动目录注意要点

用户删除活动目录也就是将域控制器降级。降级时要注意以下3点。

① 如果要被降级的域控制器所在的域内还有其他域控制器，则它被降级为该域的成员服务器。

② 如果要被降级的域控制器是其所在域的最后一台域控制器，则该域控制器被删除，而该计算机被
降级为独立服务器。降级后，该域内将不存在任何域控制器。

③ 如果要被降级的域控制器扮演"全局编录"的角色，则将其降级后，它将不再扮演"全局编录"
的角色，因此要先确定网络中是否还有其他"全局编录"域控制器。如果没有，则要先指派一台域控制
器来扮演"全局编录"的角色，否则将影响用户的登录操作。

> **提示**　指派"全局编录"这一角色时，可以选择"开始"→"Windows 管理工具"→"Active Directory
> 站点和服务"→"Sites"→"Default-First-Site-Name"→"Servers"选项，展开要扮演"全局编录"
> 角色的服务器名称，用鼠标右键单击"NTDS Settings"选项，在弹出的快捷菜单中选择"属性"
> 选项，在"NTDS Settings 属性"对话框中勾选"全局编录"复选框。

（2）删除活动目录

STEP 1　以管理员身份登录 Server2，单击"服务器管理器"按钮 ▣，在图3-44所示的窗口

中选择"管理"→"删除角色和功能"选项。

STEP 2 在图 3-45 所示的窗口中取消勾选"Active Directory 域服务"复选框，在弹出的"删除角色和功能向导"对话框中单击"删除功能"按钮。

图 3-44 "删除角色和功能"选项

图 3-45 删除服务器角色和功能

STEP 3 在图 3-46 所示的对话框中单击"将此域控制器降级"链接，将域控制器降级。

STEP 4 在图 3-47 所示的窗口中，如果当前用户有权删除此域控制器，则单击"下一步"按钮，否则单击"更改"按钮来输入新的账户与密码。

图 3-46 将域控制器降级

图 3-47 "Active Directory 域服务配置向导"窗口

> **提示** 如果因故无法删除域控制器（例如，在删除域控制器时，需要能够先连接到其他域控制器，但是一直无法连接，或者要删除的是域中的最后一台域控制器），则勾选图 3-47 所示窗口中的"强制删除此域控制器"复选框即可，一般情况下保持默认设置，取消勾选此复选框。

STEP 5 在图 3-48 所示的界面中勾选"继续删除"复选框后，单击"下一步"按钮。

STEP 6 在图 3-49 所示的界面中为这台即将被降级为独立服务器或成员服务器的计算机设置本地新管理员密码，单击"下一步"按钮。

STEP 7 在"查看选项"界面中单击"降级"按钮。

STEP 8 计算机自动重新启动后，请以域管理员账户重新登录。（图 3-49 中设置的是降级后的 Server2 的本地新管理员密码。）

图3-48 "警告"界面

图3-49 "新管理员密码"界面

> **注意** 虽然这台服务器已经不再是域控制器了，但此时其 Active Directory 域服务组件仍然存在，并没有被删除。因此，可以直接将其升级为域控制器。

STEP 9 在"服务器管理器"窗口中选择"管理"→"删除角色和功能"选项。

STEP 10 在"开始之前"界面中单击"下一步"按钮。

STEP 11 确认"服务器选择"界面中的服务器选择无误后，单击"下一步"按钮。

STEP 12 在"服务器角色"界面中取消勾选"Active Directory 域服务"复选框，在弹出的"删除角色和功能向导"对话框中单击"删除功能"按钮。

STEP 13 回到"删除服务器角色"界面时，确认"Active Directory 域服务"复选框已经被取消勾选（也可以一起取消勾选"DNS 服务器"复选框）后，单击"下一步"按钮。

STEP 14 进入"功能"界面时，单击"下一步"按钮。

STEP 15 在"确认"界面中单击"删除"按钮，完成后重新启动计算机。

2. 成员服务器降级为独立服务器

删除 Server2 中的 Active Directory 域服务后，它降级为域 long60.cn 中的成员服务器。现在将该成员服务器继续降级为独立服务器。

首先在 Server2 上以域管理员（long60\administrator）或本地管理员（Server2\administrator）身份登录。登录成功后，选择"开始"→"Windows 系统"→"控制面板"→"系统和安全"→"系统"→"高级系统设置"选项，弹出"系统属性"对话框，选择"计算机名"选项卡，单击"更改"按钮，弹出"计算机名/域更改"对话框；在"隶属于"中选中"工作组"单选按钮，并输入服务器从域中脱离后要加入的工作组的名称（本例为 WORKGROUP），单击"确定"按钮；输入有权限让 Server2 脱离该域的账户和密码，确定后重新启动计算机即可。

至此，Server2 已经变成一台独立服务器了。

任务 3-6 创建子域

本任务要求创建 long60.cn 的子域 china.long60.cn。创建子域之前，读者需要先了解本任务实例的部署需求和部署环境。

1. 部署需求

在向现有域中添加域控制器之前需满足以下要求。

（1）设置域中父域控制器和子域控制器的 TCP/IP 属性，手动指定 IP 地址、子网掩码、默认网关和 DNS 服务器的 IP 地址等。

（2）部署域环境，父域名为 long60.cn，子域名为 china.long60.cn。

2. 部署环境

图 3-50 所示为创建子域的网络拓扑结构。

本任务所有实例被部署在域环境下，父域名为 long60.cn，子域名为 china.long60.cn。其中，父域的域控制器主机名为 Server1，其本身也是 DNS 服务器，IP 地址为 192.168.10.1/24；子域的域控制器主机名为 Server2，其本身也是 DNS 服务器，IP 地址为 192.168.10.2/24。

图 3-50　创建子域的网络拓扑结构

提示　本例中仅用到 Server1 和 Server2，Server2 在前几个实例中是额外域控制器，降级后成为独立服务器。下面会将 Server2 升级为子域的域控制器。

3. 创建子域

在 Server2 上同时安装 Active Directory 域服务和 DNS 服务，使其成为子域 china.long60.cn 中的域控制器，具体步骤如下。

STEP 1　在 Server2 上以管理员账户登录，在 "Internet 协议版本 4(TCP/IPv4)属性" 对话框中，按图 3-50 所示的信息配置 Server2 的 IP 地址、子网掩码、默认网关，以及 DNS 服务器的 IP 地址。

特别注意　首选 DNS 服务器的 IP 地址一定要设置为父域的域控制器的 IP 地址 192.168.10.1，备用 DNS 服务器的 IP 地址可以设置成本机的 IP 地址，也可以不设置。若不设置，则待全部安装完成后，系统会自动将备用 DNS 服务器的 IP 地址设置为 127.0.0.1。

STEP 2　为 Server2 添加 "Active Directory 域服务" 角色和功能，过程请参见任务 3-1 中的 "1. 安装 Active Directory 域服务"，这里不赘述。

STEP 3　启动 Active Directory 域服务配置向导（启动方法请参考任务 3-1 中的 "2. 安装活动目录"），当进入 "部署配置" 界面时，选中 "将新域添加到现有林" 单选按钮，选择或输入父域名 "long60.cn"，再输入新域名 "china"。（注意，不是 china.long60.cn。）

STEP 4 单击"更改"按钮，弹出"Windows 安全中心"对话框，输入有权限的账户 "administrator@long60.cn"及其密码，单击"确定"按钮，如图 3-51 所示。

STEP 5 单击"下一步"按钮，进入"域控制器选项"界面，勾选"域名系统(DNS)服务器" 复选框以安装 DNS 服务器，设置目录服务还原模式的密码，单击"下一步"按钮，如图 3-52 所示。

图 3-51 "部署配置"界面

图 3-52 "域控制器选项"界面

STEP 6 在"DNS 选项"界面中默认勾选"创建 DNS 委派"复选框，如图 3-53 所示。注意，前面的例子中若勾选"创建 DNS 委派"复选框则会出错，请读者思考原因。

STEP 7 单击"下一步"按钮，设置"NetBIOS 域名"。持续单击"下一步"按钮，在"先决 条件检查"界面中，如果检查顺利通过，则直接单击"安装"按钮，否则要先按提示排除问题。安装完成后，计算机会自动重新启动。

STEP 8 升级为域控制器之后，必须使用域用户账户登录，格式为"域名\用户账户"，如图 3-15 （a）所示，选择"其他用户"可以更换登录用户。

图 3-53 "DNS 选项"界面

> **注意** 这里的 china\administrator 域用户是 Server2 子域控制器中的管理员账户，不是 Server1 的，请读者务必注意。

4. 验证子域

STEP 1 重新启动 Server2 后，以管理员身份登录到子域。选择"服务器管理器"→"工具"→"Active Directory 用户和计算机"选项,打开"Active Directory 用户和计算机"窗口,可以看到 china.long60.cn 子域,如图 3-54 所示。

图 3-54 "Active Directory 用户和计算机"窗口

STEP 2 在 Server2 上选择"开始"→"Windows 管理工具"→"DNS"选项,打开"DNS 管理器"窗口,依次展开各选项,可以看到子域 china.long60.cn,如图 3-55 所示。

图 3-55 Server2 上的子域

思考 请打开 Server1 的 DNS 服务器的"DNS 管理器"窗口,观察 china 域下面有何记录。图 3-56 所示为父域控制器中的"DNS 管理器"窗口。

图 3-56 父域控制器中的"DNS 管理器"窗口

试一试 在 VMware 中再新建一台 Windows Server 2022 网络操作系统的虚拟机,计算机名为 MS2,IP 地址为 192.168.10.200,子网掩码为 255.255.255.0,DNS 服务器的 IP 地址在第 1 种情况下设置为 192.168.10.1,在第 2 种情况下设置为 192.168.10.2。将 DNS 服务器分两种情况分别加入 china.long60.cn,是否都能成功?能否将其设置为主、辅 DNS 服务器?做完后请认真思考。

5. 验证父子信任关系

通过前面的任务，我们构建了 long60.cn 及其子域 china.long60.cn，而子域和父域的双向、可传递信任关系是在安装域控制器时就自动建立的，同时，由于域目录林中的信任关系是可传递的，因此同一域目录林中的所有域都显式或者隐式地相互信任。

STEP 1 在 Server1 上以域管理员账户登录，选择"服务器管理器"→"工具"→"Active Directory 域和信任关系"选项，打开"Active Directory 域和信任关系"窗口，可以对域之间的信任关系进行管理，如图 3-57 所示。本例还安装了域目录林（long60.cn）的另一个域目录树 smile60.cn。

图 3-57 "Active Directory 域和信任关系"窗口

STEP 2 在窗口左侧用鼠标右键单击"long60.cn"选项，在弹出的快捷菜单中选择"属性"选项，弹出"long60.cn 属性"对话框，选择"信任"选项卡，可以看到 long60.cn 和其他域的信任关系，如图 3-58 所示。该对话框的上部列出的是 long60.cn 所信任的域，表明 long60.cn 信任其子域 china.long60.cn 及 smile60.cn；该对话框的下部列出的是信任 long60.cn 的域，表明其子域 china.long60.cn 和 smile60.cn 信任父域 long60.cn。也就是说，long60.cn 和 china.long60.cn、smile60.cn 分别有双向信任关系。

STEP 3 在图 3-57 所示的窗口中，用鼠标右键单击"china.long60.cn"选项，在弹出的快捷菜单中选择"属性"选项，查看其信任关系，如图 3-59 所示。可以发现，该域只是显式地信任其父域 long60.cn，而和另一域目录树中的根域 smile60.cn 并无显式的信任关系。可以直接创建 long60.cn 和 smile60.cn 之间的信任关系，以减少信任的路径。

图 3-58 long60.cn 的信任关系　　　　　图 3-59 china.long60.cn 的信任关系

任务 3-7　熟悉多台域控制器的情况

1. 更改 PDC 操作主机

主域控制器（Primary Domain Controller，PDC），如果域内有多台域控制器，PDC 操作主机角色默认由域内的第 1 台域控制器扮演。可以在 Server1 上选择"服务器管理器"→"工具"→"Active Directory 用户和计算机"选项，打开"Active Directory 用户和计算机"窗口，选择"long60.cn"选项并单击鼠标右键，在弹出的快捷菜单中选择"操作主机"选项，弹出"操作主机"对话框，选择"PDC"选项卡来得知扮演 PDC 操作主机角色的是哪一台域控制器（例如，图 3-60 中的操作主机为 Server1.long60.cn），如图 3-60 所示。

2. 更改域控制器

如果要连接到其他域控制器，则可在"Active Directory 用户和计算机"窗口中选择"long60.cn"选项并单击鼠标右键，在弹出的快捷菜单中选择"更改域控制器"选项，如图 3-61 所示。

图 3-60　"操作主机"对话框

图 3-61　选择"更改域控制器"选项

3. 登录疑难问题排除

当在 Server1 上利用普通用户账户 long60\domainuser1 登录时，如果进入图 3-62 所示的"不允许使用你正在尝试的登录方式……"警告界面，则表示此用户账户在这台域控制器上没有允许本地登录的权限，原因可能是尚未被授权、策略设置值尚未被复制到此域控制器或尚未应用。解决问题的方法如下。

图 3-62　警告界面

除了域 Administrators 等少数组内的成员，其他一般域用户账户默认无法在域控制器上登录，除非另外授权。

一般用户必须在域控制器上拥有允许本地登录的权限，才可以在域控制器上登录。此权限可以通过组策略来授予，可到任何一台域控制器（如 Server1）上进行如下操作。

STEP 1 以域管理员账户登录 Server1，选择"服务器管理器"→"工具"→"组策略管理"→"林：long60.cn"→"域"→"long60.cn"→"Domain Controllers"选项，选择"Default Domain Controllers Policy"选项并单击鼠标右键，在弹出的快捷菜单中选择"编辑"选项，如图 3-63 所示。

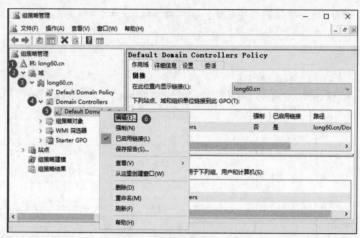

图 3-63　选择"编辑"选项

STEP 2 在"组策略管理编辑器"窗口中双击"计算机配置"处的"策略"选项，选择"Windows 设置"→"安全设置"→"本地策略"→"用户权限分配"选项，双击其右侧的"允许本地登录"选项，在弹出的对话框中单击"添加用户或组"按钮，将相应用户或组加入列表框，单击"确定"按钮，本例将 domainuser1 添加进来，如图 3-64 所示。这里要特别注意，由于 Administrators 组默认不在此列表框中，所以必须将其一起添加进来。

图 3-64　添加用户或组

STEP 3 需要等设置值被应用到域控制器后设置才会有效，实现的方法有以下 3 种。

- 重新启动域控制器。
- 等域控制器自动应用此新策略设置，可能需要等待 5 分钟或更久。
- 手动应用：在域控制器上运行 "gpupdate" 或 "gpupdate/force" 命令。

STEP 4 可以在已经完成应用的域控制器上，用前面创建的新用户账户来测试是否能正常登录。本例可使用 long60\domainuser1 在 Server1 上进行登录测试。

3.4 拓展阅读 中国计算机的主奠基者

在我国计算机发展的历史长河中，有一位做出突出贡献的科学家，他也是中国计算机的主奠基者，你知道他是谁吗？

他就是华罗庚教授——我国计算技术的奠基人和最主要的开拓者之一。华罗庚教授在数学上的造诣和成就深受世界科学家的赞赏。在美国任访问研究员时，华罗庚教授的心里就已经开始勾画我国电子计算机事业的蓝图了！

华罗庚教授于 1950 年回国，1952 年在全国高等学校院系调整时，他从清华大学电机系物色了闵乃大、夏培肃和王传英 3 位科研人员，在他任所长的中国科学院应用数学研究所内建立了中国第一个电子计算机科研小组。在 1956 年筹建中国科学院计算技术研究所时，华罗庚教授担任筹备委员会主任。

3.5 习题

一、填空题

1. 通过 Windows Server 2022 网络操作系统组建 C/S 模式的网络时，应该将网络配置为＿＿＿＿＿。
2. 在 Windows Server 2022 网络操作系统中，活动目录存放在＿＿＿＿＿中。
3. 在 Windows Server 2022 网络操作系统中安装＿＿＿＿＿后，计算机便成为一台域控制器。
4. 同一个域中的域控制器的地位是＿＿＿＿＿。在域目录树中，子域和父域的信任关系是＿＿＿＿＿。成员服务器上安装了＿＿＿＿＿就升级为域控制器。
5. Windows Server 2022 网络操作系统的服务器的 3 种角色是＿＿＿＿＿、＿＿＿＿＿和＿＿＿＿＿。
6. 活动目录的逻辑结构包括＿＿＿＿＿、＿＿＿＿＿、＿＿＿＿＿和＿＿＿＿＿等。
7. 活动目录的物理结构的 3 个重要概念是＿＿＿＿＿、＿＿＿＿＿和＿＿＿＿＿。
8. 无论 DNS 服务是否与 Active Directory 域服务集成，都必须将其安装在部署 Active Directory 域服务域目录林根域的第＿＿＿＿＿台域控制器上。
9. Active Directory 域服务数据库文件保存在＿＿＿＿＿。
10. 解决在 DNS 服务器中未能正常添加 SRV 记录的问题时，需要重新启动＿＿＿＿＿服务。

二、判断题

1. 在一台装有 Windows Server 2022 网络操作系统的计算机上安装活动目录后，计算机就成了域控制器。 （　　）
2. 客户机在加入域时，需要正确设置首选 DNS 服务器的 IP 地址，否则无法加入。 （　　）
3. 在一个域中，至少有一台域控制器，也可以有多台域控制器。 （　　）
4. 管理员只能在服务器上对整个网络实施管理。 （　　）
5. 域中所有账户信息都存储于域控制器中。 （　　）
6. 组织单位是应用组策略和委派责任的最小单位。 （　　）

7. 一个组织单位只指定一个受委派管理员，不能为一个组织单位指定多个管理员。　　（　　）

8. 同一域目录林中的所有域都显式或者隐式地相互信任。　　（　　）

9. 一个域目录树不能称为域目录林。　　（　　）

三、简答题

1. 什么时候需要安装多个域目录树？

2. 什么是活动目录、域、域目录树和域目录林？

3. 什么是信任关系？

4. 为什么在域中常常需要 DNS 服务器？

5. 活动目录中存放了什么信息？

3.6　项目实训　部署与管理 Active Directory 域服务

一、实训目的

- 掌握规划和安装局域网中活动目录的方法和技巧。
- 掌握创建域目录林根域的方法和技巧。
- 掌握安装额外域控制器的方法和技巧。
- 掌握创建子域的方法和技巧。
- 掌握创建双向、可传递的域目录林信任关系的方法和技巧。
- 掌握备份与恢复活动目录的方法和技巧。
- 掌握将服务器的 3 种角色相互转换的方法和技巧。

二、项目环境

随着公司的发展壮大，已有的工作组模式网络已经不能满足公司的业务需求。经过多方论证，确定了公司服务器的网络拓扑结构，如图 3-65 所示。服务器操作系统选择 Windows Server 2022。

图 3-65　项目实训网络拓扑结构

三、项目要求

根据图 3-65 所示的拓扑结构，构建满足公司需求的域环境。具体要求如下。

① 创建域 long60.cn，域控制器的计算机名称为 Server1。

② 安装额外域控制器 Server3.long60.cn。

③ 检查安装后的域控制器。将成员服务器 MS1 加入域 long60.cn。

④ 创建子域 china.long60.cn，其域控制器的计算机名称为 Server2。

⑤ 将 MS1 降级为独立服务器，修改计算机名称为 MS2，并将其加入子域 china.long60.cn，使其成为子域的成员服务器。

⑥ 创建域 smile60.cn，域控制器的计算机名称为 Server4。

⑦ 创建 long60.cn 和 smile60.cn 间的双向、可传递信任关系。

⑧ 备份 smile60.cn 域中的活动目录，并利用备份进行恢复。

⑨ 建立组织单位 sales，在其下建立用户 testdomain，并委派对组织单位的管理。

四、做一做

独立完成项目实训，检查学习效果。

提示 实训中用到的初始虚拟机可通过恢复 Server1～Server4、MS1 的快照得到。

项目4
管理用户账户和组

安装完网络操作系统，并完成网络操作系统的环境配置后，管理员应规划一个安全的网络环境，为用户提供有效的资源访问服务。Windows Server 2022 通过建立账户（包括用户账户和组账户）并赋予账户合适的权限，保证网络和计算机资源的使用合法性，以确保数据访问、存储和交换满足安全需求。

如果是单纯的工作组模式的网络，则需要使用"计算机管理"工具来管理本地用户和组；如果是域模式的网络，则需要通过"Active Directory 管理中心"和"Active Directory 用户和计算机"工具管理整个域环境中的用户和组。

学习要点

- 理解管理用户账户的方法。
- 掌握管理本地用户账户和组的方法。
- 掌握一次添加多个用户账户的方法。

- 掌握管理域组账户的方法。
- 掌握组的使用原则。

素质要点

- 了解中国国家顶级域名"CN"，了解中国互联网发展中的大事，激发学生的自豪感。

- "古之立大事者，不惟有超世之才，亦必有坚忍不拔之志。"鞭策学生努力学习。

4.1 项目基础知识

4-1 微课 管理
用户账户和组
（一）

域管理员需要为每一个域用户分别建立一个用户账户，使其可以利用相应账户来登录域、访问网络中的资源。域管理员同时需要了解如何有效利用组，以便高效地管理资源的访问。

域管理员可以利用"Active Directory 管理中心"或"Active Directory 用户和计算机"工具来建立与管理域用户账户。当用户利用域用户账户登录域后，便可以直接连接域内的所有计算机，访问有权访问的资源。换句话说，域用户在一台计算机上成功登录后，要连接域内的其他计算机时，并不需要再登录到被访问的计算机，这个功能称为单点登录。

提示 本地用户账户并不具备单点登录的功能，也就是说，利用本地用户账户登录后，再连接其他计算机时，需要再次登录到被访问的计算机。

在服务器升级为域控制器之前，位于其本地安全性数据库内的本地用户账户会在服务器升级为域控制器后被转移到 Active Directory 域服务数据库内，并且被放置到 Users 容器内，可以通过"Active Directory 管理中心"窗口来查看原本地用户账户的变化情况，如图 4-1 所示（可先单击该窗口上方的树视图图标，已用矩形标注）。同时，这台服务器的计算机账户会被放置到图 4-1 所示的 Domain Controllers 组织单位内。其他加入域的计算机账户默认会被放置到图 4-1 所示的 Computers 容器内。

图 4-1 "Active Directory 管理中心"窗口

升级为域控制器后，也可以通过"Active Directory 用户和计算机"窗口来查看本地用户账户的变化情况，如图 4-2 所示。

图 4-2 "Active Directory 用户和计算机"窗口

4.1.1 规划新的用户账户

Windows Server 2022 支持两种用户账户：域用户账户和本地用户账户。域用户账户可以登录到域上，并获得访问该网络中资源的权限；本地用户账户只能登录到一台特定的计算机上，并访问其资源。遵循以下命名约定和密码原则可以简化账户创建后的管理工作。

1. 命名约定

命名约定如下。

- 账户名必须唯一，即本地用户账户在本地计算机上必须是唯一的。
- 账户名不能包含以下字符: *、;、?、/、\、[、]、:、|、=、,、+、<、>、"。
- 账户名最长不能超过 20 个字符。

2. 密码原则

密码原则如下。

- 一定要给 Administrator 账户指定一个密码，以防止他人随便使用该账户。
- 确定是管理员还是用户拥有密码的控制权。可以给每个用户账户指定一个唯一的密码，并防止其他用户对其进行更改，也可以允许用户在第一次登录时输入自己的密码。一般情况下，用户应可以控制自己的密码。

- 密码不能设置得太简单，不能让他人随意猜出。
- 密码最多可由 128 个字符组成，推荐最小长度为 8 个字符。
- 密码应由大小写字母、数字，以及合法的非字母、非数字的字符混合组成，如"P@$$word"。

4.1.2　本地用户账户

本地用户账户仅允许用户登录并访问创建该账户的计算机。当创建本地用户账户时，Windows Server 2022 仅在%Systemroot%\System32\config 文件夹下的安全账户管理器（Security Account Manager，SAM）数据库中创建相应账户，如 C:\Windows\System32\config\sam。

Windows Server 2022 默认只有 Administrator 账户和 Guest 账户。Administrator 账户可以执行计算机管理的所有操作；而 Guest 账户是为临时访问用户设置的，默认是禁用的。

Windows Server 2022 为每个账户提供了名称，如 Administrator、Guest 等，这些名称是为了方便用户记忆、输入和使用提供的。本地计算机中的用户账户是不允许重复的。而系统内部则使用安全标识符（Security Identifiers，SID）来识别用户身份，每个用户账户都对应一个唯一的 SID，这个 SID 在用户创建时由系统自动产生。系统指派角色、授予资源访问权限等都需要使用 SID。当删除一个用户账户后，重新创建名称相同的账户并不能获得先前账户的权限。用户登录后，可以在命令提示符窗口中输入"whoami /logonid"命令查询当前用户账户的 SID。

4.1.3　本地组

对用户进行分组管理可以更加有效且灵活地分配设置权限，以方便管理员对 Windows Server 2022 进行具体的管理。如果 Windows Server 2022 计算机被安装为成员服务器（而不是域控制器），那么它将自动创建一些本地组。如果将特定角色添加到计算机中，则将创建额外的组，用户可以执行与该组角色相对应的任务。例如，计算机被配置成 DHCP 服务器后，将创建管理和使用 DHCP 服务的本地组。

可以在"服务器管理器"→"工具"→"计算机管理"→"本地用户和组"→"组"文件夹中查看默认组。常用的默认组包括以下几种：Administrators、Backup Operators、Guests、Power Users、Print Operators、Remote Desktop Users、Users。

除了上述默认组及管理员自己创建的组，系统中还有一些特殊组：Anonymous Logon、Everyone、Network、Interactive。

4.1.4　创建组织单位与域用户账户

可以将用户账户创建到任何一个容器或组织单位内。下面先创建名称为"网络部"的组织单位，再在其内建立域用户账户 Rose、Jhon、Mike、Bob、Alice。

创建"网络部"组织单位的方法如下：选择"服务器管理器"→"工具"→"Active Directory 管理中心"选项。打开"Active Directory 管理中心"窗口，选中"域名"选项并单击鼠标右键，在弹出的快捷菜单中选择"新建"→"组织单位"选项，在打开的"创建 组织单位：网络部"窗口中输入组织单位名称"网络部"，单击"确定"按钮，如图 4-3 所示。

图 4-3　"创建 组织单位：网络部"窗口

注意 图 4-3 所示的窗口中默认已经勾选了"防止意外删除"复选框，因此无法将此组织单位删除，除非取消勾选此复选框。若使用"Active Directory 用户和计算机"工具，则选择"查看"→"高级功能"选项，选中此组织单位并单击鼠标右键，在弹出的快捷菜单中选择"属性"选项，在弹出的对话框中取消勾选"对象"选项卡中的"防止对象被意外删除"复选框（见图 4-4）。

图 4-4 "对象"选项卡

在"网络部"组织单位内建立用户账户 Jhon 的方法如下：选中"网络部"组织单位并单击鼠标右键，在弹出的快捷菜单中选择"新建用户"选项，在打开的窗口中创建账户，如图 4-5 所示。注意，域用户的密码默认至少需要 7 个字符，且不可以包含用户账户名称（指用户 SamAccountName）或全名，至少要包含 A~Z，a~z，0~9，非字母、非数字字符（如!、\$、≠、%）4 组中的 3 组。例如，P@ssw0rd 是有效的密码，而 ABCDEF 是无效的密码。若要修改此默认值，则请参考后面相关内容的介绍。根据相同的方法，在该组织单位内创建 Rose、Mike、

图 4-5 "创建用户：Jhon"窗口

Bob、Alice 4 个账户（如果 Mike 账户已经存在，则请将其移动到"网络部"组织单位内）。

4.1.5 用户登录账户

域用户可以在域成员计算机（域控制器除外）上利用两种账户登录方式来登录域，它们分别是 UPN 登录与用户 SamAccountName 登录。一般的域用户默认是无法在域控制器上登录的，图 4-6 所示的 Alice 用户是在"Active Directory 管理中心"窗口中打开的。

- UPN 登录。UPN 的格式与电子邮件账户的格式相同，例如，Alice@long60.cn 这个名称只能在隶属于域的计算机上登录域时使用，如图 4-7 所示。在整个域目录林内，这个名称必须是唯一的。

注意 请在 MS1 成员服务器上登录域，默认一般的域用户不能在域控制器上进行本地登录，除非赋予其"允许本地登录"权限。

图4-6　Alice域用户账户属性

UPN并不会随着账户被移动到其他域而改变。例如，用户Alice的账户位于long60.cn域内，其默认的UPN为Alice@long60.cn，之后即使此账户被移动到域目录林中的另一个域内，如smile60.cn域，其UPN仍然是Alice@long60.cn，不会发生改变，因此Alice仍然可以继续使用原来的UPN登录。

- 用户SamAccountName登录。long60.cn\Alice是旧格式的登录账户。Windows 2000 Server之前版本的旧客户端需要使用这种格式的名称来登录域。在隶属于域的Windows 2000 Server（含）之后的计算机上也可以采用这种名称来登录域，如图4-8所示。在同一个域内，这个名称必须是唯一的。

图4-7　UPN登录

图4-8　用户SamAccountName登录

4.1.6　创建UPN的后缀

用户账户的UPN后缀默认是账户所在域的域名。例如，用户账户被建立在long60.cn域内，则其UPN后缀为long60.cn。在下面这些情况下，用户可能希望能够改用其他后缀。

- 因UPN的格式与电子邮件账户的格式相同，故用户可能希望其UPN可以与电子邮件账户相同，以便让其无论是登录域还是收发电子邮件，都可使用一致的名称。
- 若域目录树内有多层子域，则域名会太长，如network.jinan.long60.cn，UPN后缀也会过长，这将造成用户在登录时的不便。

可以通过创建UPN后缀的方式来让用户拥有替代后缀，步骤如下。

STEP 1 选择"服务器管理器"→"工具"→"Active Directory域和信任关系"选项，打开"Active Directory域和信任关系"窗口，如图4-9所示，单击属性图标。

STEP 2 在图4-10所示的对话框中输入新的UPN后缀后，单击"添加"按钮并单击"确定"按钮，单击"应用"按钮后，再次单击"确定"按钮。注意：后缀不一定是DNS格式的，例如，可以是long60.cn，也可以是long60。

图 4-9 "Active Directory 域和信任关系" 窗口

图 4-10 添加 UPN 后缀

STEP 3 完成后，就可以通过 "Active Directory 管理中心"（或 "Active Directory 用户和计算机"）窗口来修改用户的 UPN 后缀了，此例修改为 long60，如图 4-11 所示。请在成员服务器 MS1 上以 Alice@long60 的身份登录域，看是否能成功登录。

图 4-11 修改用户的 UPN 后缀

4.1.7 域用户账户的一般管理

一般管理是指重置密码、禁用（启用）账户、删除账户、移动账户、重命名与解除锁定等。可以在 "Active Directory 管理中心" 窗口中选择想要管理的用户账户后在右侧进行设置，如图 4-12 所示。

4-2 微课 管理
用户账户和组
（二）

- 重置密码。当用户忘记密码或密码使用期限到期时，系统管理员可以为用户设置一个新的密码。
- 禁用（启用）账户。若某位员工因故在一段时间内无法来上班，则可以先将该员工的账户禁用，待该员工回来上班后，再将其重新启用。若用户账户已被禁用，则用户账户图形上会有一个向下的箭头符号。
- 删除账户。若某个账户以后再也用不到了，就可以将其删除。将账户删除后，即使再新建一个相同名称的用户账户，此新账户也不会继承原账户的权限与组关系，因为系统会给予新账户一个新的 SID，所以对于系统来说，这是两个不同的账户。

图4-12　域用户账户的一般管理

- 移动账户。可以将账户移动到同一个域内的其他组织单位或容器内。
- 重命名。重命名（可通过选中用户账户并单击鼠标右键，在弹出的快捷菜单中选择"属性"选项的方法来重命名）以后，该用户原来拥有的权限与组关系都不会受到影响。例如，当某员工离职时，可以暂时先将其用户账户禁用，等到新员工进来接替其工作时，再将此账户名称改为新员工的名称，重新设置密码，更改登录账户名称，修改其他相关个人信息，重新启用此账户。

说明　① 在每一个用户账户创建完成之后，系统都会为其建立一个唯一的SID，系统是利用SID来代表用户的，同时权限设置等都是通过 SID 来记录的，并不是通过用户名称来记录的。例如，在某个文件的权限列表内，它会记录哪些SID具备哪些权限，而不是哪些用户名称拥有哪些权限。
② 由于用户账户名称或登录名更改后，其 SID 并没有改变，因此用户的权限与组关系都不变。
③ 可以双击用户账户或选择"属性"选项来更改用户账户名称与登录名称等相关设置。

- 解除锁定。可以通过"组策略管理器"的账户策略来设置用户输入密码失败多少次之后，就将账户锁定，而系统管理员可以利用下面的方法来解除锁定：双击相应的用户账户，单击图4-13所示窗口中的"解锁账户"按钮（只有账户被锁定后才会显示此按钮）。

图4-13　解锁被锁定的账户

> **提示** 设置账户策略的参考步骤如下：在"组策略管理"窗口中选择"Default Domain Policy"选项并单击鼠标右键，在弹出的快捷菜单中选择"编辑"→"计算机配置"→"策略"→"Windows 设置"→"安全设置"→"账户策略"→"账户锁定策略"选项。

4.1.8　设置域用户账户的属性

每一个域用户账户内都有一些相关的属性信息，如地址、电话号码与电子邮件地址等，域用户可以通过这些属性来查找 Active Directory 域服务数据库内的用户。例如，通过电话号码来查找用户。因此，为了更容易地找到所需的用户账户，这些属性信息应该越完整越好。下面通过"Active Directory 管理中心"窗口来介绍用户账户的部分属性，先双击要设置的用户账户 Alice。

1. 设置组织信息

组织信息就是指显示名称、职务、办公室部门、电子邮件、网页、电话号码、地址等信息，如图 4-14 所示，这部分的内容都很简单。

图 4-14　设置组织信息

2. 设置账户过期

在"账户"内的"账户过期"中设置账户过期，默认为"从不"，要想设置过期时间，可选中"结束日期"单选按钮，并在其后的文本框中输入格式为 yyyy/mm/dd 的过期日期，如图 4-15 所示。

图 4-15　设置账户过期

3. 设置登录时段

登录时段用来指定用户可以登录到域的时间段，默认任何时间段都可以登录域，若要改变设置，则可单击"登录小时"链接，并在"登录小时数"对话框中进行设置。"登录小时数"对话框中横轴的每一个方块代表1小时，纵轴的每一个方块代表1天，填满方块与空白方块分别代表允许与不允许登录的时间段，默认开放所有时间段。选好时间段后，选中"允许登录"或"拒绝登录"单选按钮来允许或拒绝用户在设置的时间段登录。图4-16所示为允许Alice在星期一到星期五每天8:00—18:00登录。

图4-16 允许Alice登录的时间

4. 限制用户只能够通过某些计算机登录

一般域用户默认可以利用任何一台成员计算机（域控制器除外）来登录域，不过也可以通过下面的方法来限制用户只可以利用某些特定计算机来登录域：在"账户"中单击"登录到"链接，在"登录到"对话框中选中"下列计算机"单选按钮，输入计算机名称后单击"添加"按钮，再单击"确定"按钮，如图4-17所示。计算机名称可为NetBIOS名称（如MS1）或DNS名称（如MS1.long60.cn）。这样配置后，只有在MS1上才能使用Alice账户登录域long60.cn。

图4-17 限制Alice只能在MS1上登录

4.1.9 域组账户

如果能够使用组（Group）来管理用户账户，则必定能够减轻许多网络管理负担。例如，针对网络部组设置权限后，此组内的所有用户都会自动拥有相应权限，不需要为每一个用户进行设置。

> **注意** 域组账户也有唯一的 SID。命令"whoami /users"用于显示当前用户的信息和 SID；命令
> "whoami/groups"用于显示当前用户的组成员信息、账户类型、SID 和属性；命令"whoami /?"
> 用于显示该命令的常见用法。

1. 域内的组类型

Active Directory 域服务的域组分为以下两种类型，且它们可以相互转换。

- 安全组（Security Group）。它可以用来分配权限，例如，可以指定安全组对文件具备读取的权限。它也可以用在与安全无关的工作上，例如，可以给安全组发送电子邮件。
- 分发组（Distribution Group）。它被用在与安全（权限设置等）无关的工作上，例如，可以给分发组发送电子邮件，但是无法为分发组分配权限。

2. 组的使用范围

从组的使用范围来看，域内的组分为本地域组、全局组和通用组 3 种，如表 4-1 所示。

表 4-1　组的类型和特性

特性	本地域组	全局组	通用组
可包含的成员	所有域内的用户、全局组、通用组；相同域内的本地域组	相同域内的用户与全局组	所有域内的用户、全局组、通用组
可以在哪一个域内被分配权限	同一个域	所有域	所有域
组转换	可以被转换成通用组（只要原组内的成员不包含本地域组即可）	可以转换成通用组（只要原组不隶属于任何一个全局组即可）	可以转换成本地域组；可以转换成全局组（只要原组内的成员不包含通用组即可）

（1）本地域组

本地域组主要用来分配其所属域内的访问权限，以便访问该域内的资源。

- 本地域组的成员可以包含任何一个域内的用户、全局组、通用组，也可以包含相同域内的本地域组；但无法包含其他域内的本地域组。
- 本地域组只能够访问该域内的资源，无法访问其他域内的资源。换句话说，在设置权限时，只可以设置相同域内的本地域组的权限，无法设置其他域内的本地域组的权限。

（2）全局组

全局组主要用来组织用户，也就是可以将多个即将被赋予相同权限的用户账户加入同一个全局组内。

- 全局组内的成员只包含相同域内的用户与全局组。
- 全局组可以访问任何一个域内的资源。也就是说，可以在任何一个域内设置全局组的权限（这个全局组可以位于任何一个域内），以便让此全局组具备权限来访问相应域内的资源。

（3）通用组

- 通用组可以在所有域内为通用组分配访问权限，以便访问所有域内的资源。
- 通用组具备万用领域的特性，其成员可以包含域目录林中任何一个域内的用户、全局组、通用组，但是它无法包含任何一个域内的本地域组。
- 通用组可以访问任何一个域内的资源。也就是说，可以在任何一个域内设置通用组的权限（这个通用组可以位于任何一个域内），以便让此通用组具备权限来访问相应域内的资源。

4.1.10　建立与管理域组账户

1. 组的新建、删除

要创建域组时，可选择"服务器管理器"→"工具"→"Active Directory 管理中心"选项，打开"Active Directory 管理中心"窗口，展开域名，单击容器或组织单位（如网络部），选择右侧任务窗格中的"新建"→"组"选项，并在图 4-18 所示的界面中输入组名、供旧版网络操作系统访问的组名，选择组类型与组范围等。若要删除组，则选中组账户并单击鼠标右键，在弹出的快捷菜单中选择"删除"选项即可。

2. 添加组的成员

将用户、组等加入组内的方法如下：在图 4-19 所示的界面中选择"成员"，单击"添加"→"高级"→"立即查找"按钮，选取要加入的成员（按住 Shift 键或 Ctrl 键可同时选择多个账户），单击"确定"按钮。本例将 Alice、Bob、Jhon 加入东北组。

图 4-18　创建组界面

图 4-19　添加组成员界面

3. Active Directory 域服务内置的组

Active Directory 域服务有许多内置的组，它们分别隶属于本地域组、全局组、通用组与特殊组。

（1）内置的本地域组

内置的本地域组本身已被赋予一些权限，以便具备管理 Active Directory 域服务的能力。只要将用户或组账户加入这些组，这些账户就会自动具备相同的权限。

- Account Operators。其成员默认可在容器与组织单位内添加、删除和修改用户、组与计算机账户，但部分内置的容器或组织单位例外，如 Builtin 容器与 Domain Controllers 组织单位；同时不允许在部分内置的容器或组织单位内添加计算机账户，如 Users。它们也无法更改大部分组的成员，如 Administrators 等。

- Administrators。其成员具备系统管理员权限，对所有域控制器拥有最高控制权，可以执行 Active Directory 域服务管理工作。

- Backup Operators。其成员可以通过 Windows Server Backup 工具来备份与还原域控制器内的文件，而不管它们是否有权限访问这些文件。其成员也可以对域控制器执行关机操作。

- Guests。其成员无法永久改变其桌面环境，当它们登录时，系统会为它们建立一个临时的用户配置文件，而注销时，这些配置文件就会被删除。此组默认的成员为用户账户 Guest 与全局组 Domain Guests。

（2）内置的全局组

Active Directory 域服务内置的全局组本身并没有任何权限，但是可以将其加入具备权限的本地域组内，或另外直接分配权限给此全局组。

（3）内置的通用组

内置的通用组，其成员拥有在所有域内被设置访问权限的权利，可以访问所有域内的资源。

- Enterprise Admins。此组只存在于域目录林根域中，其成员有权管理域目录林内的所有域。此组默认的成员为域目录林根域内的用户 Administrator。
- Schema Admins。此组只存在于域目录林根域中，其成员具备管理架构的权限。此组默认的成员为域目录林根域内的用户 Administrator。

（4）内置的特殊组

除了前面介绍的组，还有一些内置的特殊组，用户无法更改这些特殊组的成员。下面列出了几个经常使用的特殊组。

- Everyone。任何用户都属于这个组。若 Guest 账户被启用，则在分配权限给 Everyone 时需小心，因为若某位在计算机内没有账户的用户通过网络来登录这台计算机，则其会被自动允许利用 Guest 账户来连接，此时因为 Guest 也隶属于 Everyone 组，所以其将具备 Everyone 拥有的权限。
- Anonymous Logon。任何未利用有效的普通用户账户来登录的用户都隶属于此组。Anonymous Logon 默认并不隶属于 Everyone 组。

4.1.11 掌握组的使用原则

4-3 拓展阅读
掌握组的使用
原则

为了让网络管理更容易，也为了减轻以后维护的负担，在利用组来管理网络资源时，建议尽量采用下面的原则，尤其是大型网络。

（1）A、G、DL、P 原则

将用户账户（A）添加到全局组（G），然后将该全局组（G）添加到本地域组（DL），最后为本地域组分配资源权限（P）。

（2）A、G、G、DL、P 原则

将用户账户（A）添加到全局组（G1），另一个用户账户（A）添加到另一个全局组（G2）中，将全局组（G1、G2）添加到全局组（G3）中，再将全局组（G3）添加到本地域组（DL）中，最后为本地域组分配资源权限（P）。

（3）A、G、U、DL、P 原则

将用户账户（A）添加到全局组（G1），另一个用户账户（A）添加到另一个全局组（G2）中，将全局组（G1、G2）添加到通用组（U）中，再将通用组（U）添加到本地域组（DL）中，最后为本地域组分配资源权限（P）。

其中，A 代表用户账户（User Account），G 代表全局组（Global Group），DL 代表本地域组（Domain Local Group），U 代表通用组（Universal Group），P 代表权限（Permission）。

4.2 项目设计与准备

本项目的网络拓扑结构如图 4-20 所示。任务 4-1 将使用 MS1，任务 4-2 将使用 Server1、Server2 和 MS1 这 3 台计算机，其他计算机在本项目中不需要。

图4-20 项目网络拓扑结构

为了提高效率，建议将不使用的计算机在 VMware 中挂起或关闭。

4.3 项目实施

4-4 课堂慕课
管理用户账户
和组

任务4-1 在成员服务器上管理本地用户账户和组

1. 创建本地用户账户

用户可以在 MS1 上以本地管理员账户登录，使用"计算机管理"中的"本地用户和组"选项来创建本地用户账户，且用户必须拥有管理员权限。创建本地用户账户 student1 的步骤如下。

STEP 1 选择"服务器管理器"→"工具"→"计算机管理"选项，打开"计算机管理"窗口。

STEP 2 在"计算机管理"窗口中展开"本地用户和组"选项，在"用户"文件夹上单击鼠标右键，在弹出的快捷菜单中选择"新用户"选项，如图4-21 所示。

图4-21 选择"新用户"选项

STEP 3 在打开的"新用户"对话框中输入用户名、全名、描述和密码，如图4-22 所示。可以设置密码的其他选项，包括"用户下次登录时须更改密码""用户不能更改密码""密码永不过期""账户已禁用"等。设置完成后，单击"创建"按钮，新增用户账户。创建完用户后，单击"关闭"按钮，返回"计算机管理"窗口。

密码的相关设置介绍如下。

- "密码"：要求用户输入密码，系统以"·"显示。
- "确认密码"：要求用户再次输入密码，以确认输入是否正确。
- "用户下次登录时须更改密码"：要求用户下次登录时必须修改密码。
- "用户不能更改密码"：通常用于多个用户共用一个用户账户的情况，如 Guest 等。
- "密码永不过期"：通常用于 Windows Server 2022 的服务账户或应用程序使用的用户账户。
- "账户已禁用"：禁用用户账户。

2. 设置本地用户账户的属性

用户账户不仅包括用户名和密码等信息，为了管理和使用方便，一个用户还包括其他属性，如用户隶属的用户组、用户配置文件、用户的拨入权限、终端用户设置等。

在"本地用户和组"选项对应的右侧窗格中，双击刚刚创建的 student1 用户，弹出图 4-23 所示的"student1 属性"对话框。

图 4-22 "新用户"对话框

图 4-23 "student1 属性"对话框

（1）"常规"选项卡

在"常规"选项卡中可以设置与账户有关的描述信息，如全名、描述和账户的有关选项等。管理员可以设置密码的有关选项或禁用账户。如果账户已经被系统锁定，则管理员可以解除锁定。

（2）"隶属于"选项卡

在"隶属于"选项卡（见图 4-24）中，可以将该账户加入其他本地组。为了管理方便，通常需要为用户组分配与设置权限。用户属于哪个组，就具有相应用户组的权限。新增的用户账户默认加入 Users 组。Users 组的用户一般不具备一些特殊权限，如安装应用程序、修改系统设置等。所以当要分配给这个用户一些权限时，可以将该用户账户加入其他组，也可以单击"删除"按钮，将用户从一个或几个用户组中删除。例如，将 student1 添加到管理员组中的操作步骤如下。

单击图 4-24 所示界面中的"添加"按钮，弹出图 4-25 所示的"选择组"对话框，在其中直接输入组的名称，如管理员组的名称 Administrators。输入组名称后，若需要检查名称是否正确，则可单击"检查名称"按钮，名称会变为"MS1\Administrators"。其中，"\"前面的部分表示本地计算机名称，"\"后面的部分表示组名称。单击"确定"按钮完成添加。

图 4-24　"隶属于"选项卡　　　　　　　图 4-25　"选择组"对话框

　　如果不希望手动输入组名称，则可以单击"高级"按钮，再单击"立即查找"按钮，从"搜索结果"列表框中选择一个或多个组（同时按住 Ctrl 键或 Shift 键），单击"确定"按钮完成添加，如图 4-26 所示。

　　（3）"配置文件"选项卡

　　在"配置文件"选项卡中可以设置用户账户的配置文件路径、登录脚本和主文件夹的本地路径等，如图 4-27 所示。

图 4-26　查找可用的组　　　　　　　图 4-27　"配置文件"选项卡

　　管理员在为用户设置主文件夹时，应考虑以下因素：用户可以通过网络中任意一台联网的计算机访问其主文件夹；在对用户文件进行集中备份和管理时，基于安全性考虑，应将用户主文件夹存放在 NTFS 卷中，可以利用 NTFS 的权限来保护用户文件（若将其放在 FAT 卷中，则只能通过共享文件夹权限来限制用户对主文件夹的访问）。

　　登录脚本是用户登录计算机时自动运行的脚本文件，脚本文件的扩展名可以是".vbs"".bat"或".cmd"。

　　其他选项卡（如"远程控制""拨入"选项卡）请读者参考 Windows Server 2022 的帮助文件学习。

3. 删除本地用户账户

　　当用户不再需要使用某个账户时，可以将其删除。因为删除用户账户会导致与该账户有关的所有信息遗失，所以在删除之前，最好确认操作的必要性或者考虑使用其他方法，如禁用账户。许多企业给临时员工设置了 Windows 账户，当临时员工离开企业时将账户禁用，新来的临时员工需要用该账户时只需改名。

在"计算机管理"窗口中选中要删除的用户账户并单击鼠标右键，在弹出的快捷菜单中可以执行删除操作，但是系统内置账户（如 Administrator、Guest 等）无法删除。

在前面提过，每个用户都有一个名称之外的唯一 SID。SID 在新增账户时由系统自动产生，不同账户的 SID 不相同。由于系统在设置用户的权限、ACL 中的资源访问能力信息时，内部都使用 SID，所以一旦用户账户被删除，这些信息也就消失了。即使重新创建一个名称相同的用户账户，也不能获得原用户账户的权限。

4. 使用命令行方式创建用户

重新以管理员的身份登录 MS1，并使用命令行方式创建一个新用户，命令格式如下（注意密码要满足密码复杂度要求）。

net user username password /add

例如，要创建一个名为 mike、密码为 P@ssw0rd 的用户，可以使用以下命令。

net user mike P@ssw0rd /add

要想修改旧账户的密码，可以按如下步骤操作。

STEP 1 打开"计算机管理"窗口。
STEP 2 选择"本地用户和组"选项。
STEP 3 选中要重置密码的用户账户并单击鼠标右键，在弹出的快捷菜单中选择"设置密码"选项。
STEP 4 阅读警告消息，如果要继续操作，则单击"继续"按钮。
STEP 5 在"新密码"和"确认密码"文本框中输入新密码，单击"确定"按钮。

或者使用命令行方式，命令格式如下。

net user username password

例如，将用户 mike 的密码设置为 P@ssw0rd3（必须符合密码复杂度要求），可以使用以下命令。

net user mike P@ssw0rd3

5. 创建本地组

Windows Server 2022 的计算机在运行某些特殊功能或应用程序时，可能需要特定的权限。为这些任务创建一个组并将相应的成员添加到组中是一个很好的解决方案。对于计算机被指定的大多数角色来说，系统会自动创建一个组来管理该角色。例如，如果计算机被指定为 DHCP 服务器，则相应的组会添加到计算机中。

要想创建一个新组 common，首先要打开"计算机管理"窗口，再选中"组"文件夹并单击鼠标右键，在弹出的快捷菜单中选择"新建组"选项，最后在"新建组"对话框中输入组名和描述，单击"添加"按钮向组中添加成员，如图 4-28 所示。

图 4-28　新建组

另外，也可以使用命令行方式创建一个组，命令格式如下。

```
net localgroup groupname /add
```

例如，要创建一个名为 sales 的组，可以使用如下命令。

```
net localgroup sales /add
```

6. 为本地组添加成员

可以将对象添加到任何组中。在域中，这些对象可以是本地用户、域用户，甚至是其他本地组或域组。但是在工作组环境中，本地组的成员只能是用户账户。

要将用户 mike 添加到本地组 common 中，可以执行以下操作。

STEP 1 选择"服务器管理器"→"工具"→"计算机管理"选项，打开"计算机管理"窗口。

STEP 2 在左侧窗格中展开"本地用户和组"选项，双击"组"文件夹，在右侧窗格中将显示本地组。

STEP 3 双击要添加成员的组 common，弹出"common 属性"对话框。

STEP 4 单击"添加"按钮，选择要加入的用户 mike。

使用命令行方式时，命令格式如下。

```
net localgroup groupname username /add
```

例如，将用户 mike 加入 administrators 组中，可以使用如下命令。

```
net localgroup administrators mike /add
```

任务 4-2　使用 A、G、U、DL、P 原则管理域组

1. 任务背景

公司目前正在实施某工程，该工程需要总公司工程部和分公司工程部协同，需要创建一个共享目录，供总公司工程部和分公司工程部共享数据，公司决定在子域控制器 china.long60.cn 上临时创建共享目录 Projects_share。请通过权限分配使总公司工程部和分公司工程部用户对共享目录有写入和删除权限。网络拓扑结构如图 4-29 所示。

图 4-29　网络拓扑结构

2. 任务分析

为本任务创建的共享目录需要对总公司工程部和分公司工程部用户配置写入和删除权限。解决方案如下。

① 在总公司 Server1 和分公司 Server2 上创建相应工程部用户。

② 在总公司 Server1 上创建全局组 Project_long_Gs，并将总公司工程部用户加入该全局组；在

分公司 Server2 上创建全局组 Project_china_Gs，并将分公司工程部用户加入该全局组。

③ 在总公司 Server1（域目录林根域）上创建通用组 Project_long_Us，并将总公司和分公司的工程部全局组配置为成员。

④ 在分公司 Server2 上创建本地域组 Project_china_DLs，并将通用组 Project_long_Us 加入本地域组。

⑤ 创建共享目录 Projects_share，配置本地域组权限为读写权限。

实施后面临的问题及解决方法如下。

① 总公司工程部员工新增或减少。

总公司管理员直接对工程部用户进行 Project_long_Gs 全局组的加入与退出。

② 分公司工程部员工新增或减少。

分公司管理员直接对工程部用户进行 Project_china_Gs 全局组的加入与退出。

3. 任务实施

STEP 1 在总公司的 Server1 上创建 Project 组织单位，在总公司的 Project 组织单位中创建 Project_userA 和 Project_userB 工程部用户（选中"Project"选项并单击鼠标右键，在弹出的快捷菜单中选择"新建"→"用户"选项，在弹出对话框的"姓""名"和"用户登录名"文本框中输入相应内容），如图 4-30 所示。

图 4-30　在父域中创建工程部用户

STEP 2 在分公司的 Server2 上创建 Project 组织单位，在分公司的 Project 组织单位中创建 Project_user1 和 Project_user2 工程部用户，如图 4-31 所示。

STEP 3 在总公司的 Server1 上创建全局组 Project_long_Gs，并双击该全局组，选择"成员"选项卡，单击"添加"→"高级"→"立即查找"按钮，将总公司工程部用户 Project_userA 和 Project_userB 加入该全局组，如图 4-32 所示。

图 4-31　在子域中创建工程部用户

STEP 4 在分公司的 Server2 上创建全局组 Project_china_Gs，并将分公司工程部用户加入该全局组。

STEP 5 在总公司的 Server1（域目录林根域）上创建通用组 Project_long_Us，并双击前面创建的全局组，选择"成员"选项卡，单击"添加"→"高级"按钮，在"查找位置"处选择"整个目录"，单击"立即查找"按钮，将总公司和分公司的工程部全局组配置为通用组的成员（由于分属于不同域，加入时要注意"查找位置"信息，这里将其设为"整个目录"），如图 4-33 所示。

图 4-32 将父域工程部用户加入全局组

图 4-33 将全局组加入通用组

STEP 6 在分公司的 Server2 上创建本地域组 Project_china_DLs，并将通用组 Project_long_Us 加入本地域组（加入时，"查找位置"设为"整个目录"），如图 4-34 所示。

STEP 7 在分公司的 Server2 上创建共享目录 Projects_share，选中该目录并单击鼠标右键，在弹出的快捷菜单中选择"属性"选项，在弹出的对话框中选择"共享"选项卡，单击"共享"按钮，弹出"网络访问"对话框。在用户或组下拉列表中选择查找个人，找到本地域组 Project_china_DLs 并添加，将读写的权限赋予该本地域组，如图 4-35 所示。单击"共享"按钮，再单击"完成"按钮，完成共享目录的设置。

图 4-34　将通用组加入本地域组

图 4-35　设置共享目录的共享权限

注意 权限设置还可以结合 NTFS 权限，详细内容请读者参考相关书籍，在此不做详细介绍。

STEP 8 总公司工程部员工新增或减少：总公司管理员直接对工程部用户进行 Project_long_Gs 全局组的加入与退出。

STEP 9 分公司工程部员工新增或减少：分公司管理员直接对工程部用户进行 Project_china_Gs 全局组的加入与退出。

4．测试验证

STEP 1 在 MS1 上（DNS 服务器的 IP 地址一定要设为 192.168.10.1 和 192.168.10.2）选中"开始"并单击鼠标右键，在弹出的快捷菜单中选择"运行"选项，输入通用命名规则（Universal Naming Convention，UNC）路径"\\Server2. china.long60.cn\Projects_share"，在弹出的凭据对话框中输入总公司域用户名"Project_userA@ long60.cn"及其密码，访问共享目录，能够成功读取和写入文件，如图 4-36 所示。

图 4-36　访问共享目录 1

STEP 2 注销 MS1，重新登录后，使用分公司域用户名 Project_user1@china.long60.cn 访问 \\Server2.china.long60.cn\Projects_share 共享目录，能够成功读取和写入文件，如图 4-37 所示。

STEP 3 再次注销 MS1，重新登录后，使用总公司域用户名 domainuser1@long60.cn 访问 \\Server2.china.long60.cn\Projects_share 共享目录，提示没有访问权限，因为 domainuser1 用户不是工程部用户，如图 4-38 所示。

图 4-37　访问共享目录 2

图 4-38　提示没有访问权限

> **注意** 如果本例中的账户是首次登录，则请将账户选项"用户下次登录时须更改密码"复选框取消勾选，以免出现输入的密码正确却不能访问共享文件的问题。

4.4 拓展阅读　中国国家顶级域名"CN"

你知道我国是哪一年真正拥有了 Internet 吗？中国国家顶级域名"CN"服务器是哪一年完成设置的呢？

1994 年 4 月 20 日，一条 64kbit/s 的国际专线从中国科学院计算机网络信息中心通过美国 Sprint 公司连入 Internet，实现了中国与 Internet 的全功能连接。从此我国被国际上正式承认为真正拥有全功能互联网的国家。此事被我国新闻界评为 1994 年我国十大科技新闻之一，被国家统计公报列为我国 1994 年重大科技成就之一。

1994 年 5 月 21 日，在钱天白教授和德国卡尔斯鲁厄理工学院教授的协助下，中国科学院计算机网络信息中心完成了中国国家顶级域名服务器的设置，改变了我国的顶级域名服务器一直放在国外的历史。钱天白、钱华林分别担任我国顶级域名的行政联络员和技术联络员。

4.5 习题

一、填空题

1. 账户的类型分为_____、_____和_____。

2. 根据服务器的工作模式，组分为_____和_____。

3. 在工作组模式下，用户账户存储在_____中；在域模式下，用户账户存储在_____中。

4. 在活动目录中，组按照能够授权的范围分为_____、_____和_____。

5. 假设创建了一个名为 Helpdesk 的全局组，其中包含所有帮助账户。若希望帮助人员能在本地桌面计算机上执行任何操作，包括取得文件所有权，则最好使用_____内置组。

二、选择题

1. 在设置域用户账户属性时，（　　）项目是不能设置的。

　　A. 账户登录时间　　　　　　　　　　　　B. 账户的个人信息

　　C. 账户的权限　　　　　　　　　　　　　D. 指定账户登录域的计算机

2. 下列账户名不合法的是（　　　）。

　　A. abc_234　　　　　　　B. Linux book　　　　C. doctor*　　　　　　　D. addeofHELP

3. 以下组不是内置的本地域组的是（　　　）。

　　A. Account Operators　　　　　　　　　B. Administrators

　　C. Domain Admins　　　　　　　　　　　D. Backup Operators

4. 公司聘用了 10 名新员工，并希望这些新员工通过 VPN 连接接入公司总部。假设创建了新用户账户，并将总部的共享资源的"允许读取"和"允许执行"权限授予新员工，但是新员工仍然无法访问总部的共享资源。要想确保用户能够建立可接入总部的 VPN 连接，应该（　　　）。

　　A. 授予新员工"允许完全控制"权限

　　B. 授予新员工"允许访问拨号"权限

　　C. 将新员工添加到 Remote Desktop Users 安全组中

　　D. 将新员工添加到 Windows Authorization Access 安全组中

5. 公司有一个 Active Directory 域。有一个用户试图从客户端计算机登录到域，但是收到以下消息："此用户账户已过期。请管理员重新激活该账户"。要想确保该用户能够登录到域，应该（　　　）。

　　A. 修改该用户账户的属性，将该账户设置为永不过期

　　B. 修改该用户账户的属性，延长"登录时间"设置

　　C. 修改该用户账户的属性，将密码设置为永不过期

　　D. 修改默认域策略，缩短账户锁定持续时间

6. 公司有一个 Active Directory 域，名为 intranet.smile60.cn。所有域控制器都运行 Windows Server 2022 网络操作系统。域功能级别和林功能级别都设置为 Windows 2008 纯模式。要想确保用户账户有 UPN 后缀 smile60.cn，应该（　　　）。

　　A. 将 smile60.cn 林功能级别提升到 Windows Server 2016

　　B. 将 smile60.cn 域功能级别提升到 Windows Server 2016

　　C. 将新的 UPN 后缀添加到域目录林中

　　D. 将 Default Domain Controllers 组策略对象中的 Primary DNS Suffix 选项设置为 smile60.cn

7. 公司有一个总部和 10 个分部。每个分部都有一个 Active Directory 站点，其中包含一个域控制器。只有总部的域控制器被配置为全局编录服务器。若要在分部域控制器上停用"通用组成员身份缓存"（UGMC）选项，则应在（　　　）中停用 UGMC。

　　A. 站点　　　　　　　B. 服务器　　　　　　C. 域　　　　　　　　D. 连接对象

8. 公司有一个单域的 Active Directory 林。该域的功能级别是 Windows Server 2016。假设需要执行以下活动。

- 创建一个全局组。
- 将用户添加到该全局组中。
- 在 Windows Server 2022 成员服务器上创建一个共享文件夹。
- 将该全局组放入有权访问该共享文件夹的本地域组。
- 确保用户能够访问该共享文件夹。

应该做的操作是（　　　）。

　　A. 将林功能级别提升为 Windows Server 2016

　　B. 将该全局组添加到 Domain Administrators 组中

　　C. 将该全局组的组类型更改为安全组

　　D. 将该全局组的作用域更改为通用组

三、简答题

1. 简述通用组、全局组和本地域组的区别。

2. 假设某人负责管理其所属组的成员的账户及其对资源的访问权。组中的某个用户离开了公司，此人希望在几天内有人来代替该用户。对于前用户的账户，应该如何处理？

3. 假设某人需要在 Active Directory 域服务中创建数百个计算机账户，以便为无人参与安装预先配置这些账户。创建如此大量的账户的最佳方法是什么？

4. 用户反映其无法登录到自己的计算机，错误消息表明计算机和域之间的信任关系中断。如何解决该问题？

5. BranchOffice_Admins 组对 BranchOffice_OU 中的所有用户账户有完全控制权限。对于从 BranchOffice_OU 移入 HeadOffice_OU 的用户账户，BranchOffice_Admins 将对其有何权限？

4.6 项目实训　管理用户账户和组

一、实训目的

- 掌握创建用户账户的方法。
- 掌握创建组账户的方法。
- 掌握管理用户账户的方法。
- 掌握管理组账户的方法。
- 掌握组的使用原则。

二、项目环境

本项目实训部署在图 4-39 所示的环境下，用到 Server1 和 MS1 两台计算机。其中，Server1 和 MS1 是 VMware（或者 Hyper-V 服务器）的两台虚拟机，Server1 是域 long60.cn 的域控制器，MS1 是域 long60.cn 的成员服务器。本地用户和组的管理在 MS1 上进行，域用户和组的管理在 Server1 上进行，在 MS1 上进行测试。

图 4-39　管理用户账户和组账户网络拓扑结构

三、做一做

独立完成项目实训，检查学习效果。

项目5
管理文件系统与共享资源

　　网络中最重要的是安全，安全中最重要的是权限。在网络中，网络管理员首先面对的是权限，日常解决的问题也是权限问题，出现漏洞大多还是由于权限设置出了问题。权限决定着用户可以访问的资源，也决定着用户享受的服务；更有甚者，权限决定着用户拥有什么样的桌面。理解 NTFS 的作用和应用，有助于更加高效、安全地使用 Windows Server 2022 网络操作系统。

学习要点

- 掌握设置共享资源和访问共享资源的方法。
- 掌握卷影副本的使用方法。
- 掌握使用 NTFS 控制资源访问的方法。
- 掌握使用文件系统加密文件的方法。
- 掌握压缩文件的方法。

素质要点

- 了解图灵奖，激发学生的求知欲，从而激发学生的潜能。
- "观众器者为良匠，观众病者为良医。""为学日益，为道日损。"学生要多动脑、多动手，只有多实践、多积累，才能提高技艺，也才能成为优秀的"工匠"。

5.1　项目基础知识

　　文件和文件夹是计算机系统组织数据的集合单位。Windows Server 2022 提供了强大的文件管理功能，其 NTFS 具有高安全性能，用户可以十分方便地在计算机或网络中处理、使用、组织、共享和保护文件及文件夹。

5-1 微课　文件系统

　　文件系统是指文件命名、存储和组织的总体结构，运行 Windows Server 2022 的计算机的磁盘分区可以使用 3 种类型的文件系统：FAT16、FAT32 和 NTFS。

5.1.1　FAT

　　FAT 包括 FAT16 和 FAT32 两种。FAT 是一种适合小卷集、对系统安全性要求不高、需要双重引导的用户应选择使用的文件系统。

　　在推出 FAT32 之前，通常个人计算机使用的文件系统是 FAT16。FAT16 支持的最大分区是 2^{16}

（即 65 536）个簇，每个簇有 64 个扇区，每个扇区为 512 字节，所以支持的最大分区为 2GB。FAT16 最大的缺点就是簇的大小和分区有关，这样当外存中存放较多小文件时，会浪费大量的空间。FAT32 是 FAT16 的派生文件系统，支持最大 2TB（2048GB）的磁盘分区。它使用的簇比 FAT16 的要小，从而有效地节约了磁盘空间。

FAT 是一种最初用于小型磁盘和简单文件夹结构的简单文件系统。它向后兼容，最大的优点是适用于所有的 Windows 操作系统。另外，FAT 在容量较小的卷上使用效果比较好，因为 FAT 启动只使用非常小的开销。FAT 在容量低于 512MB 的卷上工作效果最好，当卷的容量超过 1.024GB 时，FAT 的工作效率就很低。对于 400~500MB 的卷，FAT 相对于 NTFS 来说是一个比较好的选择；但对于使用 Windows Server 2022 的用户来说，FAT 无法满足系统的要求。

5.1.2　NTFS

NTFS 是 Windows Server 2022 推荐使用的高性能文件系统。它支持许多新的文件安全、存储和容错功能，而这些功能也正是 FAT 所缺少的。

NTFS 是从 Windows NT 开始使用的文件系统，它是一种特别为网络和磁盘配额、文件加密等管理安全特性设计的磁盘格式。NTFS 包括文件服务器和高端个人计算机所需的安全特性，它还支持对关键数据及十分重要的数据的访问控制和私有权限设置。除了可以赋予计算机中的共享文件夹特定权限外，NTFS 文件和文件夹无论共享与否都可以被赋予权限。NTFS 是唯一允许为单个文件指定权限的文件系统。但是，当用户从 NTFS 卷移动或复制文件到 FAT 卷时，NTFS 的权限和其他特有属性将会丢失。

NTFS 设计简单但功能强大，从本质上讲，卷中的一切都是文件，文件中的一切都是属性。从数据属性到安全属性，再到文件名属性，NTFS 卷中的每个扇区都分配给了某个文件，甚至文件系统的超数据（描述文件系统自身的信息）也是文件的一部分。

如果安装 Windows Server 2022 时采用了 FAT，则用户可以在安装完毕使用 convert 命令将 FAT 分区转换为 NTFS 分区，如下所示。

```
convert    D:/FS:NTFS
```

上面命令的作用是将 D 盘转换成 NTFS 格式。无论是在运行安装程序的过程中，还是在运行安装程序之后，相对于重新格式化磁盘来说，这种转换不会使用户的文件受到损害。但由于 Windows 95/98 操作系统不支持 NTFS，所以在配置双重启动系统时，即在同一台计算机上同时安装 Windows Server 2022 和其他操作系统（如 Windows 98）时，可能无法从计算机的另一个操作系统访问 NTFS 分区中的文件。

5.2　项目设计与准备

本项目所有实例都部署在图 5-1 所示的环境下。Server1、Server2 和 MS1 是 3 台虚拟机。在Server1 与 MS1 上可以测试资源共享情况，而资源访问权限的控制、压缩文件与加密文件系统、分布式文件系统等需在 MS1 上实施并测试。

图 5-1　管理文件系统与共享资源的网络拓扑结构

注意 为了不受外部环境的影响，3 台虚拟机的网络连接模式设置为"仅主机模式"。

5.3 项目实施

按图 5-1 所示的信息，配置好 Server1 和 MS1 的所有参数，保证 Server1 和 MS1 之间通信正常，建议将 Hyper-V 中虚拟网络的模式设置为"专用"。

任务 5-1 设置资源共享

为安全起见，在默认状态下，服务器中的所有文件夹都不能共享，而创建文件服务器时，又只创建一个共享文件夹。因此，要授予用户某种资源的访问权限，必须先将该文件夹设置为共享，并赋予授权用户相应的访问权限。创建不同的用户组，并将拥有相同访问权限的用户加入同一用户组，会使用户权限的分配变得简单、快捷。

5-2 课堂慕课
管理文件系统与
共享资源

1. 在"计算机管理"窗口中设置共享资源

STEP 1 在 Server1 上选择"服务器管理器"→"工具"→"计算机管理"选项，打开"计算机管理"窗口，展开左侧窗格中的"共享文件夹"选项，选择"共享"选项，如图 5-2 所示。该"共享文件夹"中提供了有关本地计算机上的所有"共享""会话""打开的文件"的信息，可以查看本地和远程计算机的连接情况和资源使用情况。

图 5-2 "计算机管理"窗口

注意 共享文件名称后带有"$"符号的表示隐藏共享。对于隐藏共享，网络中的用户无法通过网上邻居直接浏览到。

STEP 2 在左侧窗格中选择"共享"选项并单击鼠标右键，在弹出的快捷菜单中选择"新建共享"选项，弹出"创建共享文件夹向导"对话框。注意共享文件夹权限的设置，如图 5-3 所示。其他操作过程不详述。

做一做 请读者将 Server1 的文件夹"C:\share1"设置为共享，并赋予管理员完全访问权限、其他用户只读权限。提前在 Server1 上创建 student1 用户（取消勾选"用户首次登录修改密码"复选框）。

图5-3 设置共享文件夹的权限

2. 特殊共享

前面提到的共享资源中有一些是系统自动创建的，如 C$、IPC$等。这些系统自动创建的共享资源就是"特殊共享"，它们是 Windows Server 2022 用于本地管理和系统使用的。一般情况下，用户不应该删除或修改这些特殊共享。

由于被管理的计算机的配置情况不同，所以共享资源中列出的这些特殊共享也会有所不同。

下面列出了一些常见的特殊共享。

（1）driveletter$：为存储设备的根目录创建的一种共享资源，显示形式为 C$、D$等。例如，D$是一个共享名，管理员通过它可以从网络中访问驱动器。值得注意的是，只有 Administrators 组、Power Users 组和 Server Operators 组的成员才能访问这些共享资源。

（2）ADMIN$：在远程管理计算机的过程中系统使用的资源。该资源的路径通常指向 Windows Server 2022 的系统目录。同样，只有 Administrators 组、Power Users 组和 Server Operators 组的成员才能访问这些共享资源。

（3）IPC$：共享命名管道的资源，它对程序之间的通信非常重要。在远程管理计算机的过程中及查看计算机的共享资源时使用它。

（4）PRINT$：在远程管理打印机的过程中系统使用的资源。

任务 5-2　访问网络共享资源

企业网络中的客户端计算机可以根据需求采用不同的方式访问网络共享资源。下面介绍两种访问网络共享资源的方法。

1. 利用网络发现访问网络共享资源

> **提示** 必须确保 Server1、Server2 和 MS1 开启了"网络发现"功能，并运行了 Function Discovery Resource Publication、SSDP Discovery 和 UPnP Device Host 这 3 个服务。注意按顺序启动这 3 个服务，并都设置为自动启动。

分别以 student1 和 administrator 的身份访问 Server1 中的共享文件夹 share1，步骤如下。

STEP 1 在 MS1 上单击文件资源管理器图标 📁，打开"文件资源管理器"窗口，单击窗口左下角的"网络"链接，打开 MS1 的"网络"窗口，如图 5-4 所示。如果此计算机当前的网络位置是公用网络，且没有开启"网络发现"功能，则会弹出是否要在所有的公用网络中启用"网络发现"和"文件共享"功能的提示。如果不启用，则该计算机的网络位置会被更改为专用，同时启用"网络发现"和"文件共享"功能。

> **注意** 若看不到网络中的其他 Windows 计算机，则可检查这些计算机是否已启用"网络发现"功能，并检查其 Function Discovery Resource Publication、SSDP Discovery 和 UPnP Device Host 这 3 个服务是否启用。

STEP 2 双击"SERVER1"，弹出"Windows 安全中心"对话框。输入用户 student1 的用户名及其密码，连接到 SERVER1，如图 5-5 所示（用户 student1 是 SERVER1 中的域用户）。

图 5-4 "网络"窗口

图 5-5 "Windows 安全中心"对话框

STEP 3 单击"确定"按钮，打开 SERVER1 上的共享文件夹，如图 5-6 所示。

STEP 4 双击"share1"共享文件夹，尝试在该文件夹中新建文件，提示创建文件失败，如图 5-7 所示。

图 5-6 SERVER1 上的共享文件夹

图 5-7 创建文件失败

STEP 5 注销 MS1，重新执行 STEP 1～STEP 4。注意，本次输入 SERVER1 的用户 administrator 的用户名及其密码，连接到 SERVER1。验证任务 5-1 中共享权限的设置情况。

2. 使用 UNC 访问网络共享资源

通用命名标准（Universal Naming Conversion，UNC）是用于命名文件和其他资源的一种约定，以两个反斜线"\"开头，指明该资源位于网络计算机中。UNC 路径的格式如下。

\\Servername\sharename

其中，Servername 是服务器的名称，也可以用 IP 地址代替，而 sharename 是共享资源的名称。目录或文件的 UNC 名称也可以把目录路径包含在共享名称之后，其格式如下。

\\Servername\sharename\directory\filename

在 Server2 的"运行"对话框中执行如下命令，并分别以不同用户身份连接到 Server1 来测试任务 5-1 中共享权限的设置情况。

\\192.168.10.1\share1

也可以执行如下命令。

\\Server1\share1

任务 5-3　使用卷影副本

用户可以通过"共享文件夹的卷影副本"功能，使系统自动在指定的时间将所有共享文件夹内的文件复制到另外一个存储区内备用。当用户通过网络访问共享文件夹内的文件，将文件删除或者修改文件的内容后，又想要恢复相应文件或者想要还原文件的原来内容时，可以通过"卷影副本"存储区内的旧文件来实现，因为系统已将共享文件夹内的所有文件都复制到了"卷影副本"存储区内。

1. 启用"共享文件夹的卷影副本"功能

在 Server1 上的共享文件夹 share1 中建立 test1 和 test2 两个文件夹（提前建立），并在该共享文件夹上启用"共享文件夹的卷影副本"功能，步骤如下。

STEP 1　选择"服务器管理器"→"工具"→"计算机管理"选项，打开"计算机管理"窗口。

STEP 2　选中"共享文件夹"选项并单击鼠标右键，在弹出的快捷菜单中选择"所有任务"→"配置卷影副本"选项，如图 5-8 所示。

STEP 3　在"卷影副本"对话框中选择要启用"卷影副本"的驱动器（如 C 盘），单击"启用"按钮，如图 5-9 所示，再单击"确定"按钮。此时，系统会自动为相应磁盘创建第 1 个"卷影副本"，也就是将磁盘所有共享文件夹内的文件都复制到"卷影副本"存储区内，而且系统默认以后会在星期一至星期五的上午 7:00 与中午 12:00 两个时间点分别自动添加一个"卷影副本"，即到这两个时间点时会将所有共享文件夹内的文件复制到"卷影副本"存储区内备用。

> **提示**　在"文件资源管理器"窗口中单击"此电脑"选项，并在任意一个磁盘分区中单击鼠标右键，在弹出的快捷菜单中选择"属性"选项，在弹出的对话框中选择"卷影副本"选项卡，同样能启用"共享文件夹的卷影副本"功能。

STEP 4　C 盘中会生成一个"卷影副本"，如图 5-9 所示，用户还可以随时单击"立即创建"按钮，自行创建新的"卷影副本"。在还原文件时，用户可以选择在不同时间点创建的"卷影副本"存储区内的旧文件来还原。

> **注意**　"卷影副本"存储区内的文件只可以读取，不可以修改，且每个磁盘最多只有 64 个"卷影副本"。如果达到此限制，则最旧版本的"卷影副本"会被删除。

STEP 5　系统会以共享文件夹所在磁盘的空间决定"卷影副本"存储区的容量大小，默认配置磁盘空间的 10% 作为"卷影副本"存储区的容量，且该存储区最小需要 100MB。如果要更改其容量，则可单击图 5-9 所示界面中的"设置"按钮，弹出图 5-10 所示的"设置"对话框，在"最大值"中更改设置。还可以单击"计划"按钮来更改自动创建"卷影副本"的时间点。用户可以通过"位于此卷"栏来更改存储"卷影副本"的磁盘，但必须在启用"共享文件夹的卷影副本"功能前更改，启用该功能后"位于此卷"栏就无法更改了。

图 5-8　选择"配置卷影副本"选项

图 5-9　"卷影副本"对话框

2. 通过客户端访问"卷影副本"内的文件与文件夹

先将 Server1 上的共享文件夹 share1 中的 test1 文件夹删除，再用此前的"卷影副本"进行还原，测试是否恢复了 test1 文件夹。

STEP 1　在 MS1 上使用"\\Server1"命令，以 Server1 的 administrator 身份连接到 Server1 的共享文件夹，双击"share1"文件夹，删除 share1 中的 test1 文件夹。

STEP 2　向上回退到 Server1 根目录，选中"share1"文件夹并单击鼠标右键，在弹出的快捷菜单中选择"属性"选项，弹出"share1(\\Server1.long60.cn)属性"对话框，选择"以前的版本"选项卡，如图 5-11 所示。

图 5-10　"设置"对话框

图 5-11　选择"以前的版本"选项卡

STEP 3 选中"share1"，单击"打开"按钮可以查看该时间点内的文件夹内容，单击"还原"按钮可以将文件夹还原到该时间点的状态。在此单击"还原"按钮，还原误删除的 test1 文件夹。

STEP 4 打开 share1 文件夹，检查 test1 文件夹是否被恢复。

> **提示** 如果要还原被删除的文件，则可在连接到共享文件夹后，在文件列表对话框的空白区域单击鼠标右键，在弹出的快捷菜单中选择"属性"选项，在弹出的对话框中选择"以前的版本"选项卡，选择旧版本的文件夹，单击"打开"按钮，并复制需要还原的文件。

任务 5-4　认识 NTFS 权限

利用 NTFS 权限，可以控制用户账户和组对文件夹及个别文件的访问。

NTFS 权限只适用于 NTFS 磁盘分区。NTFS 权限不能用于由 FAT16 或者 FAT32 格式化的磁盘分区。

Windows Server 2022 只为用 NTFS 进行格式化的磁盘分区提供 NTFS 权限。为了保护 NTFS 磁盘分区中的文件和文件夹，要为需要访问该资源的每一个用户账户授予 NTFS 权限。用户必须获得明确的授权才能访问资源。用户账户如果没有被组授权，则无法访问相应的文件或者文件夹。无论用户是访问文件还是访问文件夹，也无论这些文件或文件夹是在计算机上还是在网络中，NTFS 的安全性功能都有效。

对于 NTFS 磁盘分区中的每一个文件和文件夹，NTFS 都存储一个远程 ACL。ACL 中包含那些被授权访问该文件或者文件夹的所有用户账户、组和计算机，还包含它们被授予的访问类型。为了让用户能够访问某个文件或者文件夹，针对用户账户、组或者该用户所属的计算机，ACL 中必须包含一个对应的元素，即访问控制项（Access Control Entry，ACE）。为了让用户能够访问文件或者文件夹，ACE 必须具有用户所请求的访问类型。如果 ACL 中没有相应的 ACE，则 Windows Server 2022 拒绝该用户访问相应的资源。

1. NTFS 权限的类型

可以利用 NTFS 权限指定哪些用户账户、组和计算机能够访问文件和文件夹。NTFS 权限也指明了哪些用户账户、组和计算机能够操作文件或文件夹中的内容。

（1）标准 NTFS 文件夹权限

可以通过授予文件夹权限控制对文件夹和包含在这些文件夹中的文件及其子文件夹的访问。表 5-1 列出了可以授予的标准 NTFS 文件夹权限和各个权限允许的访问类型。

表 5-1　标准 NTFS 文件夹权限和各个权限允许的访问类型

标准 NTFS 文件夹权限	允许的访问类型
读取（Read）	查看文件夹中的文件和子文件夹，查看文件夹属性、拥有人和权限
写入（Write）	在文件夹内创建新的文件和子文件夹，修改文件夹属性，查看文件夹的拥有人和权限
列出文件夹内容（List Folder Contents）	查看文件夹中的文件和子文件夹的名称
读取和运行（Read & Execute）	遍历文件夹，执行"读取"权限与"列出文件夹内容"权限允许的所有操作
修改（Modify）	删除文件夹，执行"写入"权限和"读取和运行"权限允许的所有操作
完全控制（Full Control）	改变权限，成为拥有人，删除子文件夹和文件，以及执行所有其他 NTFS 文件夹权限允许的操作

注意 "只读""隐藏""归档""系统文件"等都是文件夹属性，不是 NTFS 文件夹权限。

（2）标准 NTFS 文件权限

可以通过授予文件权限，控制对文件的访问。表 5-2 列出了可以授予的标准 NTFS 文件权限和各个权限允许的访问类型。

表 5-2　标准 NTFS 文件权限和各个权限允许的访问类型

标准 NTFS 文件权限	允许的访问类型
读取（Read）	读文件，查看文件属性、拥有人和权限
写入（Write）	覆盖写入文件，修改文件属性，查看文件的拥有人和权限
读取和运行（Read & Execute）	运行应用程序，执行"读取"权限允许的所有操作
修改（Modify）	修改和删除文件，执行"写入"权限与"读取和运行"权限允许的所有操作
完全控制（Full Control）	改变权限，成为拥有人，执行所有其他 NTFS 文件权限允许的操作

注意 无论用什么权限保护文件，被准许对文件夹进行"完全控制"的组或用户都可以删除该文件夹内的任何文件。尽管"列出文件夹内容"和"读取和运行"看起来有相同的特殊权限，但这些权限在继承时有所不同。"列出文件夹内容"权限可以被文件夹继承而不能被文件继承，且它只在查看文件夹权限时才会显示。"读取和运行"权限可以被文件和文件夹继承，且它在查看文件和文件夹权限时始终出现。

2. 多重 NTFS 权限

如果将针对某个文件或者文件夹的权限授予个别用户账户，又授予某个组，而该用户是该组的一个成员，那么该用户对同样的资源有了多个权限。关于 NTFS 如何组合多个权限，存在一些规则和优先权。除此之外，复制或者移动文件和文件夹对权限也会产生影响。

（1）权限是可累积的

一个用户对某个资源的有效权限是授予这一用户账户的 NTFS 权限与授予该用户所属组的 NTFS 权限的组合。例如，如果用户 Long 对文件夹 Folder 有"读取"权限，该用户 Long 是组 Sales 的成员，而组 Sales 对文件夹 Folder 有"写入"权限，那么用户 Long 对文件夹 Folder 就有"读取"和"写入"两种权限。

（2）文件权限优先于文件夹权限

NTFS 的文件权限优先于 NTFS 的文件夹权限。例如，某个用户对某个文件有"修改"权限，那么即使其对包含该文件的文件夹只有"读取"权限，其仍然能够修改该文件。

（3）"拒绝"权限优先于其他权限

要拒绝某用户账户或者组对特定文件或者文件夹的访问，将"拒绝"权限授予该用户账户或者组即可。这样，即使某个用户作为某个组的成员具有访问该文件或文件夹的权限，但是因为将"拒绝"权限授予了该用户，所以该用户具有的任何其他权限也被阻止了。因此，对于权限的累积规则来说，"拒绝"权限是一个例外。应该避免使用"拒绝"权限，因为允许用户和组进行某种访问比明确拒绝其进行某种访问更容易做到。巧妙构造组和组织文件夹中的资源，使用各种各样的"允许"权限就足以满足需求，从而避免使用"拒绝"权限。

例如，用户 Long 同时属于组 Sales 和组 Manager，文件 File1 和 File2 是文件夹 Folder 下的两个文件。其中，Long 拥有对 Folder 的"读取"权限，Sales 拥有对 Folder 的"读取"和"写入"权限，Manager 则被禁止对 File2 的写入操作。那么 Long 的最终权限是什么？

由于使用了"拒绝"权限，所以用户 Long 拥有对 Folder 和 File1 的"读取"和"写入"权限，但对 File2 只有"读取"权限。

> **注意** 在 Windows Server 2022 中，用户不具有某种访问权限和明确拒绝用户的访问权限这二者之间是有区别的。"拒绝"权限是通过在 ACL 中添加一个针对特定文件或者文件夹的拒绝元素实现的。这就意味着管理员还有另外一种拒绝访问的手段，而不只是不允许某个用户访问文件或文件夹。

3. 共享文件夹权限与 NTFS 权限的组合

如何快速、有效地控制对 NTFS 磁盘分区中网络资源的访问呢？答案就是利用默认的共享文件夹权限共享文件夹，并通过授予 NTFS 权限控制对这些文件夹的访问。当共享文件夹位于 NTFS 格式的磁盘分区中时，该共享文件夹的权限与 NTFS 权限进行组合，以保护文件资源。

图 5-12　权限对话框

要为共享文件夹设置 NTFS 权限，可在共享文件夹的属性对话框中依次单击"共享"→"高级共享"→"权限"按钮，在弹出的权限对话框中进行设置，如图 5-12 所示。

共享文件夹权限具有以下特点。

（1）共享文件夹权限只适用于文件夹，而不适用于单独的文件，且只能为整个共享文件夹设置共享文件夹权限，而不能对共享文件夹中的文件或子文件夹进行设置。所以，共享文件夹权限不如 NTFS 权限详细。

（2）共享文件夹权限并不对直接登录到服务器上的用户起作用，只适用于通过网络连接共享文件夹的用户，即共享文件夹权限对直接登录到服务器上的用户是无效的。

（3）在 FAT16/FAT32 系统卷上，共享文件夹权限是保证网络资源被安全访问的唯一方法。原因很简单，就是 NTFS 权限不适用于 FAT16/FAT32 系统卷。

（4）默认的共享文件夹权限是"读取"权限，并被指定给 Everyone 组。

共享文件夹权限分为"读取""修改""完全控制"，如表 5-3 所示。

表 5-3　共享文件夹权限

权限	允许用户完成的操作
读取	显示文件夹名称、文件名称、文件数据和属性，运行应用程序，改变共享文件夹内的文件夹
修改	创建文件夹，向文件夹中添加文件，修改文件中的数据，向文件中追加数据，修改文件属性，删除文件夹和文件，执行"读取"权限允许的操作
完全控制	修改文件权限，获得文件的所有权，执行"修改"和"读取"权限允许的所有操作。默认情况下，Everyone 组具有该权限

当管理员对 NTFS 权限和共享文件夹权限进行组合时，结果是组合的 NTFS 权限，或者是组合的共享文件夹权限，哪个范围更窄取哪个。

当在 NTFS 卷上为共享文件夹授权时，应遵循以下规则。

（1）可以对共享文件夹中的文件和子文件夹应用 NTFS 权限。可以对共享文件夹中包含的每个文件和子文件夹应用不同的 NTFS 权限。

（2）除共享文件夹权限外，用户必须具有该共享文件夹包含的文件和子文件夹的 NTFS 权限，才能访问其中的文件和子文件夹。

（3）在 NTFS 卷上必须设置 NTFS 权限。默认 Everyone 组具有"完全控制"权限。

任务 5-5　继承与阻止继承 NTFS 权限

1. 使用权限的继承性

默认情况下，授予父文件夹的任何权限都将应用于包含在该文件夹中的文件和子文件夹。当授予访问某个文件夹的 NTFS 权限时，就将授予该文件夹的 NTFS 权限授予了该文件夹中任何现有的文件和子文件夹，以及在该文件夹中创建的任何新文件和新子文件夹。

如果想让文件夹或者文件具有不同于它们的父文件夹的权限，则必须阻止权限的继承。

2. 阻止权限的继承性

阻止权限的继承也就是阻止文件和子文件夹从父文件夹继承权限。为了阻止权限的继承，要删除继承来的权限，只保留被明确授予的权限。

被阻止从父文件夹继承权限的子文件夹现在就成为新的父文件夹，包含在这一新的父文件夹中的文件和子文件夹将继承授予它们的父文件夹的权限。

以 test2 文件夹为例，要禁止权限的继承，可在该文件夹的属性对话框中选择"安全"选项卡，再单击"高级"按钮，弹出图 5-13 所示的"test2 的高级安全设置"对话框。

图 5-13　"test2 的高级安全设置"对话框

选中某个要阻止继承的权限，单击"禁用继承"按钮，在弹出的"阻止继承"对话框中选择"将已继承的权限转换为此对象的显式权限"或"从此对象中删除所有已继承的权限"选项。

任务 5-6　复制和移动文件或文件夹

1. 复制文件或文件夹

当从一个文件夹向另一个文件夹复制文件或文件夹时，或者从一个磁盘分区向另一个磁盘分区复制文件或文件夹时，这些文件或文件夹具有的权限可能发生变化。复制文件或文件夹将对 NTFS 权限产生下述效果。

（1）当在单个 NTFS 磁盘分区内或在不同的 NTFS 磁盘分区之间复制文件或文件夹时，复制的文件或文件夹将继承目的地文件夹的权限。

（2）当将文件或文件夹复制到非 NTFS 磁盘分区（如 FAT 格式的磁盘分区）中时，因为非 NTFS 磁盘分区不支持 NTFS 权限，所以这些文件或文件夹就丢失了它们的 NTFS 权限。

 注意 为了在单个 NTFS 磁盘分区内或者在 NTFS 磁盘分区之间复制文件或文件夹，必须具有对源文件夹的"读取"权限，并具有对目的地文件夹的"写入"权限。

2. 移动文件或文件夹

当移动某个文件或文件夹时，该文件或文件夹的权限可能发生变化，这主要依赖于目的地文件夹的权限情况。移动文件或文件夹将对 NTFS 权限产生下述效果。

（1）当在单个 NTFS 磁盘分区内移动文件或文件夹时，文件或文件夹保留它原来的权限。

（2）当在 NTFS 磁盘分区之间移动文件或文件夹时，文件或文件夹将继承目的地文件夹的权限。在 NTFS 磁盘分区之间移动文件或文件夹实际是将文件或文件夹复制到新的位置，并从原来的位置删除。

（3）当将文件或文件夹移动到非 NTFS 磁盘分区时，因为非 NTFS 磁盘分区不支持 NTFS 权限，所以这些文件或文件夹就丢失了它们的 NTFS 权限。

复制和移动规则如图 5-14 所示。

图 5-14　复制和移动规则

> **注意** 为了在单个 NTFS 磁盘分区内或者多个 NTFS 磁盘分区之间移动文件或文件夹，必须具有对目的地文件夹的"写入"权限，并具有对源文件夹的"修改"权限。之所以要求"修改"权限，是因为移动文件或文件夹时，在将文件或文件夹复制到目的地文件夹之后，会从源文件夹中删除相应文件或文件夹。

任务 5-7　利用 NTFS 权限管理数据

在 NTFS 磁盘中，系统会自动设置默认的权限，且这些权限会被其子文件夹或其中的文件所继承。为了控制用户对某个文件夹及该文件夹中的文件和子文件夹的访问，需要指定文件夹权限。但设置文件或文件夹权限的必须是 Administrators 组的成员、文件或者文件夹的拥有者、具有"完全控制"权限的用户。

请读者预先在 Server1 上建立 C:\network 文件夹和本地域用户 sales。

1. 授予标准 NTFS 权限

授予标准 NTFS 权限包括授予标准 NTFS 文件夹权限和授予标准 NTFS 文件权限。

（1）授予标准 NTFS 文件夹权限

STEP 1　打开 Server1 的"文件资源管理器"窗口，选中要设置权限的文件夹（如 network）并单击鼠标右键，在弹出的快捷菜单中选择"属性"选项，弹出"network 属性"对话框，选择"安全"选项卡，如图 5-15 所示。

STEP 2　默认已经有了一些权限设置，这些权限是从父文件夹（或磁盘）继承来的。例如，在 Administrators 组用户的权限中，灰色阴影√标记的权限就是继承的权限。

STEP 3　如果要给其他用户指派权限，则可单击"编辑"按钮，弹出图 5-16 所示的"network 的权限"对话框。

图 5-15　"network 属性"对话框

图 5-16　"network 的权限"对话框

STEP 4　单击"添加"→"高级"按钮，弹出"选择用户、计算机、服务账户或组"对话框，再单击"立即查找"按钮，从本地计算机上添加拥有对该文件夹访问和控制权限的用户或用户组，如 sales，如图 5-17 所示。

图5-17 "选择用户、计算机、服务账户或组"对话框

STEP 5 选择好后单击两次"确定"按钮，拥有对该文件夹访问和控制权限的用户或用户组就被添加到"组或用户名"列表框中。特别注意，如果新添加的用户的权限不是从父项继承的，那么其所有的权限都可以被修改。

STEP 6 如果不想继承上一层的权限，则可参照任务5-5的内容进行修改，这里不赘述。

（2）授予标准NTFS文件权限

文件权限的授予与文件夹权限的授予类似。要想对NTFS文件指派权限，直接在文件上单击鼠标右键，在弹出的快捷菜单中选择"属性"选项，在弹出的对话框中选择"安全"选项卡，即可为该文件设置相应权限。

2. 授予特殊访问权限

标准NTFS权限通常能提供足够的权限，用以控制对用户资源的访问，以保护用户的资源。但是，如果需要更为特殊的访问级别，则可以使用NTFS的特殊访问权限。

选择文件或文件夹（如network）属性对话框中的"安全"选项卡，单击"高级"按钮，弹出"network的高级安全设置"对话框，选择"sales"选项，如图5-18所示。

图5-18 "network的高级安全设置"对话框

单击"编辑"按钮，弹出图 5-19 所示的"network 的权限项目"对话框，可以更精确地设置"sales"用户的权限。其中，"显示基本权限"和"显示高级权限"链接在被单击后交替出现。

图 5-19 "network 的权限项目"对话框

特殊访问权限（即高级权限）有 14 项，把它们组合在一起就构成了标准的 NTFS 权限。例如，标准的"读取"权限包含"列出文件夹/读取数据""读取属性""读取权限""读取扩展属性"等特殊访问权限。

其中有两个特殊访问权限对管理文件和文件夹的访问来说特别有用。

（1）"更改权限"

如果为某用户授予"更改权限"，该用户就具有了修改文件或者文件夹权限的能力。

可以将针对某个文件或者文件夹修改权限的能力授予其他管理员或用户，但是不授予其对相应文件或者文件夹的"完全控制"权限。通过这种方式，这些管理员或用户就不能删除相应文件或文件夹，也不能对其进行写入，但是可以为文件或者文件夹授权。

要将修改权限的能力授予管理员，将针对文件或文件夹的"更改权限"授予 Administrators 组即可。

（2）"取得所有权"

如果为某用户授予"取得所有权"权限，该用户就具有了取得文件或文件夹的所有权的能力。

可以将文件或文件夹的所有权从一个用户账户或者组转移到另一个用户账户或者组。也可以将"取得所有权"权限授予某个用户。而作为管理员，也可以取得某个文件或者文件夹的所有权。

对于取得某个文件或者文件夹的所有权来说，需要应用下述规则。

- 当前的拥有者或者具有"完全控制"权限的任何用户，可以将"完全控制"这一标准权限或者"取得所有权"这一特殊访问权限授予另一个用户账户或者组。这样，被授权的用户账户或组的成员就能取得所有权。

- Administrators 组的成员可以取得某个文件或者文件夹的所有权，而不管为该文件或者文件夹授予了怎样的权限。如果某个管理员取得了所有权，则 Administrators 组也取得了所有权。因而该管理员组的任何成员都可以修改针对相应文件或者文件夹的权限，并可以将"取得所有权"权限授予另一个用户账户或者组。例如，如果某员工离开了原来的公司，某管理员即可取得该员工的文件的所有权，且可将"取得所有权"权限授予另一个员工，另一个员工就取得了前一个员工的文件的所有权。

> **提示** 为了成为某个文件或者文件夹的拥有者，具有"取得所有权"权限的某个用户或者组的成员必须明确获得相应文件或者文件夹的所有权。不能自动将某个文件或者文件夹的所有权授予任何个人。文件的拥有者、管理员组的成员或者任何一个具有"完全控制"权限的人都可以将"取得所有权"权限授予某个用户账户或者组，这样就使其获得了所有权。

任务5-8　压缩文件

将文件压缩后可以减少它们占用的磁盘空间。系统支持 NTFS 压缩与压缩（zipped）文件夹两种不同的压缩方法，其中 NTFS 压缩仅 NTFS 磁盘支持。其后的任务都在 MS1 中实现。

1. NTFS 压缩

对 NTFS 磁盘内的文件进行压缩的方法如下：选中相应文件并单击鼠标右键，在弹出的快捷菜单中选择"属性"选项，在弹出的对话框中单击"高级"按钮，接着在弹出的"高级属性"对话框中勾选"压缩内容以便节省磁盘空间"复选框，单击"确定"按钮，如图5-20所示。

若要压缩文件夹，则选中相应文件夹并单击鼠标右键，在弹出的快捷菜单中选择"属性"选项，在弹出的对话框中单击"高级"按钮，接着在弹出的"高级属性"对话框中勾选"压缩内容以便节省磁盘空间"复选框，单击"确定"按钮，如图5-21所示。

- 仅将更改应用于此文件夹：以后在此文件夹内添加的文件、子文件夹与子文件夹内的文件都会被自动压缩，但不会影响到此文件夹内现有的文件、子文件夹及子文件夹内的文件。
- 将更改应用于此文件夹、子文件夹和文件：不但以后在此文件夹内新建的文件、子文件夹与子文件夹内的文件会被自动压缩，而且会将已经存在于此文件夹内的现有文件、子文件夹与子文件夹内的文件一并压缩。

图5-20　压缩文件

图5-21　压缩文件夹

也可以针对整个磁盘进行压缩：选中磁盘（如C盘）并单击鼠标右键，在弹出的快捷菜单中选择"属性"选项，在弹出的对话框中勾选"压缩此驱动器以节约磁盘空间"复选框。

当用户或应用程序要读取压缩文件时，系统会将文件从磁盘内读出、自动将解压缩后的内容提供给用户或应用程序，但存储在磁盘内的文件仍然是处于压缩状态的；而将数据写入文件时，它们也会被自动压缩后再写入。

> **技巧** 可以将压缩或加密的文件以不同的颜色来显示，方法如下：选择"开始"→"Windows 系统"→"文件资源管理器"→"查看"→"选项"选项，在弹出的"文件夹选项"对话框中选择"查看"选项卡，勾选"用彩色显示加密或压缩的 NTFS 文件"复选框，如图 5-22 所示。

2. 文件被复制或移动时压缩属性的变化

当 NTFS 磁盘内的文件被复制或移动到另一个文件夹中后，其压缩属性的变化如图 5-23 所示。

图 5-22　"文件夹选项"对话框　　　　图 5-23　文件被复制或移动时压缩属性的变化

3. 压缩文件夹

在 FAT16、FAT32、exFAT、NTFS 或 ReFS 磁盘内都可以建立压缩（zipped）文件夹，在利用"文件资源管理器"窗口建立压缩（zipped）文件夹后，复制到此文件夹内的文件都会被自动压缩。

可以在不需要自行解压缩的情况下，直接读取压缩（zipped）文件夹内的文件，甚至可以直接执行其中的程序。压缩（zipped）文件夹的扩展名为".zip"，它可以被 WinZip、WinRAR 等文件压缩工具解压缩。

打开"文件资源管理器"窗口，双击"network"文件夹，在界面右侧空白处单击鼠标右键，在弹出的快捷菜单中选择"新建"→"压缩(zipped)文件夹"选项来新建压缩（zipped）文件夹，如图 5-24 所示。

也可以在需要压缩的多个文件上单击鼠标右键，在弹出的快捷菜单中选择"发送到"→"压缩(zipped)文件夹"选项，建立一个保存这些文件的压缩（zipped）文件夹，如图 5-25 所示。

压缩（zipped）文件夹的扩展名为".zip"，但系统默认会隐藏扩展名，如果要显示扩展名，则可选择"开始"→"Windows 系统"→"文件资源管理器"→"查看"选项，勾选"文件扩展名"复选框。

如果计算机内安装有 WinZip 或 WinRAR 等软件，则在"文件资源管理器"窗口中双击压缩（zipped）文件夹时，系统会通过这些软件来打开压缩（zipped）文件夹。

图 5-24　新建压缩（zipped）文件夹

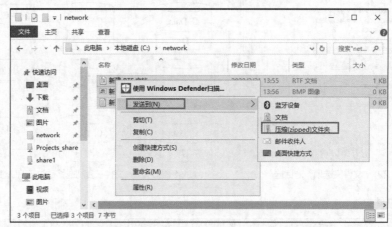

图 5-25　将多个文件发送到压缩（zipped）文件夹

任务 5-9　加密文件系统

加密文件系统（Encrypting File System，EFS）提供加密文件的功能。文件经过加密后，只有当初将其加密的用户或被授权的用户能够读取，因此可以提高文件的安全性。只有 NTFS 磁盘内的文件、文件夹才可以被加密，如果将文件复制或移动到非 NTFS 磁盘内，则新文件会被解密。

文件压缩与加密无法并存。若加密已压缩的文件，则文件会自动被解压缩。若压缩已加密的文件，则文件会自动被解密。

1. 对文件与文件夹加密

（1）对文件加密

选中相应文件并单击鼠标右键，在弹出的快捷菜单中选择"属性"选项，在弹出的对话框中单击"高级"按钮，接着在弹出的"高级属性"对话框中勾选"加密内容以便保护数据"复选框，单击"确定"按钮，再单击"应用"按钮，在弹出的"加密警告"对话框中选中"加密文件及其父文件夹(推荐)"单选按钮（或选中"只加密文件"单选按钮），单击"确定"按钮，如图 5-26 所示。如果选中"加密文件及其父文件夹(推荐)"单选按钮，则以后在此文件夹内新添加的文件都会自动被加密。

图 5-26 对文件加密

（2）对文件夹加密

选中文件夹并单击鼠标右键，在弹出的快捷菜单中选择"属性"选项，在弹出的对话框中单击"高级"按钮，接着在弹出的"高级属性"对话框中勾选"加密内容以便保护数据"复选框，单击"确定"按钮，再单击"应用"按钮，将弹出图 5-27 所示的对话框，选中"将更改应用于此文件夹、子文件夹和文件"单选按钮，单击"确定"按钮。

图 5-27 所示对话框中的选项介绍如下。

图 5-27 "确认属性更改"对话框

- 仅将更改应用于此文件夹：以后在此文件夹内添加的文件、子文件夹与子文件夹内的文件都会被自动加密，但不会影响到此文件夹内现有的文件、子文件夹及子文件夹内的文件。
- 将更改应用于此文件夹、子文件夹和文件：不但以后在此文件夹内新增加的文件、子文件夹与子文件夹内的文件会被自动加密，而且会将已经存在于此文件夹内的现有文件、子文件夹与子文件夹内的文件一并加密。

当用户或应用程序需要读取加密文件时，系统会将文件从磁盘内读出、自动将解密后的内容提供给用户或应用程序，但存储在磁盘内的文件仍然是处于加密状态的；而将数据写入文件时，它们也会被自动加密后再写入。

当将一个未加密文件移动或复制到加密文件夹中时，该文件会被自动加密。当将一个加密文件移动或复制到非加密文件夹中时，该文件仍然会保持其加密的状态。

利用 EFS 加密的文件，只有存储在硬盘内时才会被加密，在网络传输的过程中是不会被加密的。如果希望在网络传输时仍然保持加密的安全状态，则可以通过互联网络层安全协议（Internet Protocol Security，IPSec）或 WebDev 等方式来加密。

2. 授权其他用户可以读取加密的文件

被加密的文件只有文件的所有者可以读取，但也可以授权给其他用户读取。被授权的用户必须具备 EFS 证书。普通用户在第一次执行加密操作后，会被自动赋予 EFS 证书，也就可以被授权了。

以下示例假设要授权给域用户 Alice。要想授权给域用户 Alice，必须保证 Alice 在 MS1 上有 EFS

证书，最简单的方法就是用 Alice 对某个文件夹执行加密操作，从而生成 Alice 的 EFS 证书。授权给域用户 Alice 的完整步骤如下。

STEP 1 以本地管理员身份（MS1\Administrator）登录 MS1，在"network"中新建"test-Administrator"和"test"两个文件，单独对文件"test-Administrator"进行加密，并设置"只加密文件"，避免对其父文件夹加密。

STEP 2 注销 MS1，以域用户 Alice 身份登录 MS1，在"network"中新建文件夹"test-Alice"，单独对该文件夹进行加密。加密后的文件和文件夹的图标上会增加一个锁标志，如图 5-28 所示。

图 5-28 被不同用户加密后的文件和文件夹

STEP 3 分别访问"test"和"test-Administrator"两个文件，由于"test"文件没有加密，所以能正常访问，但"test-Administrator"文件会因为被 Administrator 用户加密而无法访问。

STEP 4 注销 MS1，以本地管理员（MS1\Administrator）身份登录 MS1，将"test-Administrator"文件的解密授权给用户 Alice。方法如下：选中"test-Administrator"文件并单击鼠标右键，在弹出的快捷菜单中选择"属性"选项，弹出属性对话框，单击"高级"→"详细信息"→"添加"→"立即查找"按钮（注意，"位置"应为"long60.cn"），选择用户"Alice"，单击"确定"按钮，如图 5-29 所示。

图 5-29 添加 Alice EFS 证书

注意 其间可能需要 long60.cn 域的 Windows 安全凭证，输入"Administrator@long60.cn"账户及其密码即可。

STEP 5 注销 MS1,以域用户 Alice 身份登录 MS1,访问 "test-Administrator"文件,发现能正常访问。

具备恢复证书的用户也可以访问被加密的文件。默认只有域用户 Administrator 拥有恢复证书(从图 5-29 中下方的"恢复证书"列表框中可看出),但可以通过组策略或本地策略将恢复证书分配给其他用户。以本地策略为例,设置方法如下:选择"服务器管理器"→"工具"→"本地安全策略"→"公钥策略"选项,选择"公钥策略"选项,选择"加密文件系统"选项并单击鼠标右键,在弹出的快捷菜单中选择"添加数据恢复代理程序"选项。

3. 备份 EFS 证书

为了避免 EFS 证书丢失或损毁,造成文件无法读取,建议利用证书管理控制台来备份 EFS 证书,其步骤如下。

单击"开始"菜单,输入"CMD",运行"命令提示符",在"运行"对话框中执行"certmgr.msc"命令,展开"个人"→"证书"选项,选中预期目的为"加密文件系统"的证书并单击鼠标右键,在弹出的快捷菜单中选择"所有任务"→"导出"选项,如图 5-30 所示。在弹出的"证书导出向导"对话框中,单击"下一步"按钮,选中"是,导出私钥"单选按钮,单击"下一步"按钮,默认选择了"个人信息交换",单击"下一步"按钮,勾选"组或用户名",单击"下一步"按钮,在"文件名"框中输入义件名,单击"下一步"按钮,确认设置后,单击"完成"按钮。建议将此证书文件备份到一个安全的地方。如果有多个 EFS 证书,则应全部导出并存档。

图 5-30　当前用户 EFS 证书

如果用户 Alice 的 EFS 证书丢失或损毁,造成文件无法读取,则可以将备份的 EFS 证书导入。在图 5-30 所示的界面中选择"证书"选项并单击鼠标右键,在弹出的快捷菜单中选择"所有任务"→"导入"选项,根据向导完成证书导入即可。

5.4　拓展阅读　图灵奖

你知道图灵奖吗?你知道哪位华人科学家获得过此殊荣吗?

图灵奖(Turing Award)全称 A.M. 图灵奖(A.M Turing Award),是由美国计算机协会(Association for Computing Machinery,ACM)于 1966 年设立的计算机奖项,名称取自艾伦·马西森·图灵(Alan Mathison Turing),旨在奖励对计算机事业做出重要贡献的个人。图灵奖对获奖条件要求极高,评奖程序极严,一般每年仅授予一名计算机科学家。图灵奖是计算机领域的国际最高奖项,被誉为"计算机界的诺贝尔奖"。

2000年，科学家姚期智获图灵奖。

5.5 习题

一、填空题

1. 可供设置的标准NTFS文件夹权限有_____、_____、_____、_____、_____和_____。

2. Windows Server 2022通过在NTFS下设置_____，限制不同用户对文件的访问级别。

3. 相对于以前的FAT16、FAT32来说，NTFS的优点包括可以对文件设置_____、_____、_____和_____。

4. 创建共享文件夹的用户必须属于_____、_____和_____等用户组的成员。

5. 在网络中可共享的资源有_____和_____。

6. 要设置隐藏共享，需要在共享名的后面加_____符号。

7. 共享文件夹权限分为_____、_____和_____3种。

二、判断题

1. 在NTFS下，可以对文件设置权限；而FAT16和FAT32文件系统只能对文件夹设置共享权限，不能对文件设置权限。（　　）

2. 通常，在管理系统中的文件时，要由管理员给不同用户设置访问权限，普通用户不能设置或更改权限。（　　）

3. NTFS文件压缩必须在NTFS下进行，离开NTFS时，文件将不再压缩。（　　）

4. 磁盘配额的设置不能限制管理员账户。（　　）

5. 将已加密的文件复制到其他计算机后，以管理员账户登录就可以打开该文件了。（　　）

6. 文件加密后，除加密者本人和管理员账户外，其他用户无法打开该文件。（　　）

7. 加密的文件不可执行压缩操作。（　　）

三、简答题

1. 简述FAT16、FAT32和NTFS的区别。

2. 重装Windows Server 2022后，原来加密的文件为什么无法打开？

3. 特殊访问权限与标准权限的区别是什么？

4. 如果一位用户拥有某文件夹的"写入"权限，且是拥有该文件夹"读取"权限的组的成员，那么该用户对该文件夹的最终权限是什么？

5. 如果某员工离开了公司，怎样将他或她的文件的所有权转移给其他员工？

6. 如果一位用户拥有某文件夹的"写入"权限和"读取"权限，但被拒绝对该文件夹内的某文件有"写入"权限，则该用户对该文件的最终权限是什么？

5.6 项目实训　管理文件系统与共享资源

一、实训目的

- 掌握设置共享资源和访问共享资源的方法。
- 掌握卷影副本的使用方法。

- 掌握使用 NTFS 控制资源访问的方法。
- 掌握使用 EFS 加密文件的方法。
- 掌握压缩文件的方法。

二、项目环境

本项目实训的网络拓扑结构如图 5-31 所示。

角色：域控制器、DNS服务器
主机名：Server1
IP地址：192.168.10.1/24
DNS：192.168.10.1

角色：域控制器、DNS服务器
主机名：Server2
IP地址：192.168.10.2/24
DNS：192.168.10.1

smile60.cn

角色：成员服务器
主机名：MS1
IP地址：192.168.10.100/24
DNS：192.168.10.1

图 5-31　使用 NTFS 控制资源访问的网络拓扑结构

三、项目要求

完成以下各项任务。

① 在 Server1 上设置共享资源\test。

② 在 MS1 上使用多种方式访问网络共享资源。

③ 在 Server1 上设置卷影副本，在 MS1 上使用卷影副本恢复误删除的内容。

④ 观察共享文件夹权限与 NTFS 权限组合后的最终权限。

⑤ 设置 NTFS 权限的继承性。

⑥ 观察复制和移动文件夹后 NTFS 权限的变化情况。

⑦ 利用 NTFS 权限管理数据。

⑧ 加密特定文件或文件夹。

⑨ 压缩特定文件或文件夹。

四、做一做

独立完成项目实训，检查学习效果。

项目6
配置与管理基本磁盘
和动态磁盘

无论是在技术上还是在功能上，Windows Server 2022 的存储管理都比以前的 Windows 版本有了很大的改进和提高，磁盘管理提供了更好的管理界面和更强的性能。

掌握基本磁盘和动态磁盘的配置与管理，以及为用户分配磁盘配额的方法，是对一个网络管理员最基本的要求。

学习要点

- 掌握磁盘的基本知识。
- 掌握管理基本磁盘的方法。
- 掌握管理动态磁盘的方法。

- 掌握管理磁盘配额的方法。
- 掌握常用的磁盘管理命令。

素质要点

- 了解国家科学技术奖中最高等级的奖项——国家最高科学技术奖，激发学生的科学精神和爱国情怀。

- "盛年不重来，一日难再晨。及时当勉励，岁月不待人。"盛世之下，学生要惜时如金，学好知识，报效国家。

6.1 项目基础知识

磁盘

磁盘分区1

磁盘分区2

磁盘分区3

图 6-1 一个磁盘被划分为
3 个磁盘分区

在数据被存储到磁盘之前，磁盘必须被划分成一个或数个磁盘分区。图 6-1 所示为一个磁盘（一块硬盘）被划分为 3 个磁盘分区。

磁盘中有一个被称为磁盘分区表的区域，用来存储磁盘分区的相关信息，如每一个磁盘分区的起始地址、结束地址，是否为活动的磁盘分区等。

6.1.1 MBR 磁盘与 GPT 磁盘

磁盘按磁盘分区表的格式可以分为主引导记录（Master Boot Record，MBR）磁盘与全局唯一标识分区表（GUID Partition Table，GPT）磁盘两种。

1. MBR 磁盘

MBR 磁盘使用的是传统的磁盘分区表格式，其磁盘分区表存储在 MBR 内，如图 6-2（a）所示。MBR 位于磁盘最前端。使用传统 BIOS（固化在计算机主板中的一个 ROM 芯片上的程序）的计算机在启动时，BIOS 会先读取 MBR，并将控制权交给 MBR 内的程序代码，再由此程序代码来继续后续的启动工作。MBR 磁盘支持的硬盘最大容量为 2.2TB（1TB=1024GB）。

2. GPT 磁盘

GPT 磁盘使用的是一种新的磁盘分区表格式，其磁盘分区表存储在 GPT 内，如图 6-2（b）所示。GPT 位于磁盘的前端，且它有主分区表与备份分区表，可提供容错功能。使用新式 UEFI BIOS 的计算机在启动时，BIOS 会先读取 GPT，并将控制权交给 GPT 内的程序代码，再由此程序代码来继续后续的启动工作。GPT 磁盘支持的硬盘最大容量超过 2.2TB。

图6-2 MBR 磁盘与 GPT 磁盘

可以利用图形接口的磁盘管理工具或 diskpart 命令将空的 MBR 磁盘转换成 GPT 磁盘，或将空的 GPT 磁盘转换成 MBR 磁盘。

提示 ① 为了兼容，GPT 磁盘内提供了 Protective MBR（保护 MBR），使仅支持 MBR 的程序仍然可以正常运行。

② 可以在 BIOS Startup 中设置采用何种启动模式，如图 6-3 所示。

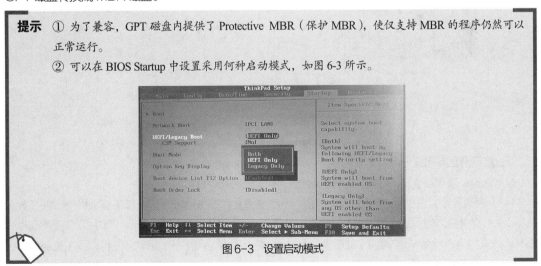

图6-3 设置启动模式

6.1.2 认识基本磁盘

Windows 操作系统将磁盘分为基本磁盘与动态磁盘两种类型。

（1）基本磁盘：传统的磁盘系统，新安装的硬盘默认是基本磁盘。

6-1 微课 认识
基本磁盘

（2）动态磁盘：支持多种特殊的磁盘分区，其中有的可以提高系统访问效率，有的可以提供容错功能，有的可以扩大磁盘的使用空间。

下面先介绍基本磁盘。

1. 主磁盘分区与扩展磁盘分区

磁盘分区分为以下两种。

（1）主磁盘分区。主磁盘分区可以用来启动操作系统。计算机启动时，MBR磁盘或GPT磁盘内的程序代码会到活动的磁盘分区内读取与执行启动程序代码，并将控制权交给此启动程序代码来启动相关的操作系统。

（2）扩展磁盘分区。扩展磁盘分区只能用来存储文件，无法用来启动操作系统。也就是说，MBR磁盘或GPT磁盘内的程序代码不会到扩展磁盘分区内读取与执行启动程序代码。

一个MBR磁盘内最多可建立4个主磁盘分区，或最多3个主磁盘分区加1个扩展磁盘分区[见图6-4（a）]。每一个主磁盘分区都可以被赋予一个驱动器号，如C、D等。扩展磁盘分区内可以建立多个逻辑驱动器。基本磁盘内的每一个主磁盘分区或逻辑驱动器又被称为基本卷（Basic Volume）。

卷是由一个或多个磁盘分区组成的，在后面介绍动态磁盘时会介绍包含多个磁盘分区的卷。

Windows操作系统的一个GPT磁盘内最多可以建立128个主磁盘分区[见图6-4（b）]，而每一个主磁盘分区都可以被赋予一个驱动器号（最多只有A～Z共26个驱动器号可用）。由于GPT磁盘内最多可以有128个主磁盘分区，因此GPT磁盘不需要扩展磁盘分区。大于2.2TB的磁盘分区需使用GPT磁盘。旧版本的Windows操作系统（如Windows 2000、32位的Windows XP等）无法识别GPT磁盘。

（a）MBR磁盘分区　　　　　　　　　　　　（b）GPT磁盘分区

图6-4　基本磁盘的分区

2. 启动分区与系统分区

Windows操作系统又将磁盘分区分为启动分区与系统分区两种。

（1）启动分区。它是用来存储Windows操作系统文件的磁盘分区。操作系统文件通常是存放在Windows文件夹内的，此文件夹所在的磁盘分区就是启动分区，如图6-5所示，其中的C盘都是存储操作系统文件（Windows文件夹）的磁盘分区，所以它们都是启动分区。启动分区可以是主磁盘分区或扩展磁盘分区内的逻辑驱动器。

（2）系统分区。如果将系统启动的程序分为两个阶段来看，则系统分区就是用于存储第1阶段所需的启动文件（如Windows启动管理器bootmgr）的。系统利用其中存储的启动信息，就可以到启动分区的Windows文件夹内读取启动Windows操作系统所需的其他文件，并进入第2阶段的启动程序。如果计算机内安装了多套Windows操作系统，则系统分区内的程序会负责显示操作系统列表来供用户选择。

例如，图 6-5（a）中的系统保留分区与图 6-5（b）中的 C 盘都是系统分区。其中图 6-5（b）中因为只有一个磁盘分区，启动文件与 Windows 文件夹都存储在此处，所以它既是系统分区，又是启动分区。

在安装 Windows Server 2022 时，安装程序会自动建立扮演系统分区角色的系统保留分区，且无驱动器号[参考图 6-5（a）]，包含 Windows 修复环境（Windows Recovery Environment，Windows RE）。用户可以自行删除此默认分区。图 6-5（b）中只有 1 个磁盘分区。

图 6-5　系统分区与启动分区

使用 UEFI BIOS 的计算机可以选择以 UEFI 模式或传统模式（以下将其称为 BIOS 模式）来启动 Windows Server 2022。若是 UEFI 模式，则启动磁盘需为 GPT 磁盘，且磁盘最少需要 3 个 GPT 磁盘分区，如图 6-6 所示。

- EFI 系统分区（EFI System Partition，ESP）。其文件系统为 FAT32，可用来存储 BIOS/OEM（Original Equipment Manufacture，原厂委托制造）厂商所需的文件、启动操作系统所需的文件、Windows RE 等。（UEFI 的上一版被称为 EFI。）
- 微软保留分区（Microsoft Reserved Partition，MSR 分区）。其为保留给操作系统使用的区域。若磁盘的容量小于 16GB，则此区域约占 32MB；若磁盘的容量大于或等于 16GB，则此区域约占 128MB。
- Windows 磁盘分区。其文件系统为 NTFS，是用来存储 Windows 操作系统文件的磁盘分区。操作系统文件通常放在 Windows 文件夹内。

在 UEFI 模式下，如果要将 Windows Server 2022 安装到一个空硬盘中，则除了以上 3 个磁盘分区之外，安装程序还会自动多建立一个恢复分区（见图 6-7），它将 Windows RE 与 EFI 系统分区分成两个磁盘分区，存储 Windows RE 的恢复分区的容量约为 300MB，此时的 EFI 系统分区的容量约为 100MB。

图 6-6　UEFI 模式下的 GPT 磁盘分区情况

图 6-7　UEFI 模式下安装 Windows Server 2022 的 GPT 磁盘分区情况

　　若是数据磁盘，则至少需要一个 MSR 分区与一个用来存储数据的磁盘分区。UEFI 模式的系统虽然也可以使用 MBR 磁盘，但 MBR 磁盘只能够作为数据磁盘，无法作为启动磁盘。

> **特别提示**　① 在安装 Windows Server 2022 之前，可能需要先进入 BIOS 内指定以 UEFI 模式工作。例如，将通过 DVD 来启动计算机的方式改为 UEFI，否则可能会以 BIOS 模式工作，而不是以 UEFI 模式工作。
>
> ② 在 UEFI 模式下安装 Windows Server 2022 后，系统会自动修改 BIOS 设置，并将其改为优先通过"Windows Boot Manager"来启动计算机。

　　如果硬盘内已经有操作系统，且硬盘是 MBR 磁盘，则必须先删除其中的所有磁盘分区，再将其转换为 GPT 磁盘，具体方法如下：在安装过程中单击修复计算机按钮进入命令提示符窗口，执行"diskpart"命令，并依次执行"select disk 0""clean""convert gpt"命令。

　　在"文件资源管理器"窗口中看不到系统保留分区、恢复分区、EFI 系统分区与 MSR 分区等磁盘分区。在 Windows 操作系统内置的磁盘管理工具"磁盘管理"中看不到 MBR、GPT、Protective MBR 等特殊信息，虽然可以看到系统保留分区（MBR 磁盘）、恢复分区与 EFI 系统分区等磁盘分区，但还是看不到 MSR 分区。例如，图 6-8 所示为 GPT 磁盘的相关信息，从中可以看到恢复分区、EFI 系统分区和主磁盘分区，但看不到 MSR 分区。

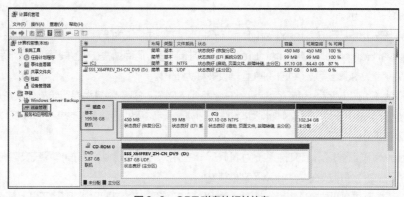

图 6-8　GPT 磁盘的相关信息

　　可以通过 diskpart 命令来查看 MSR 分区：打开命令提示符窗口或 Windows PowerShell（在"服务器管理器"窗口的"工具"菜单中），执行"diskpart"命令，并依次执行"select disk 0""list partition"命令，可以看到 4 个磁盘分区，如图 6-9 所示。

图 6-9　查看磁盘分区

6.1.3 认识动态磁盘

动态磁盘使用卷来组织空间，使用方法与基本磁盘分区的相似。动态卷可建立在不连续的磁盘空间中，且空间大小可以动态变更。动态卷的创建数量也不受限制。在动态磁盘中可以建立多种类型的卷，以提供高性能的磁盘存储能力。

6-2 微课　认识
动态磁盘

1. RAID 技术简介

如何提高磁盘的存取速度，如何防止数据因磁盘故障而丢失，如何有效利用磁盘空间，这些问题一直困扰着计算机专业人员和用户。独立磁盘冗余阵列（Redundant Arrays of Independent Disks，RAID）技术的产生解决了这些问题。

RAID 技术把多个磁盘组成一个阵列，当作单一磁盘使用。它将数据以分段（Striping）的方式存储在不同的磁盘中；存取数据时，阵列中的相关磁盘一起运作，从而大幅减少了数据的存取时间，同时也能最佳地利用空间。磁盘阵列所利用的不同技术称为 RAID 级别。不同的级别针对不同的系统及应用，以解决数据访问性能和数据安全的问题。

RAID 技术的实现可以分为硬件实现和软件实现两种。现在很多操作系统如 Windows NT 及 UNIX 等都提供软件 RAID，其性能略低于硬件 RAID，但成本较低，配置管理也非常简单。目前，Windows Server 2022 网络操作系统支持的 RAID 级别包括 RAID-0、RAID-1、RAID-4 和 RAID-5。

（1）RAID-0。RAID-0 通常被称作"条带"，它是面向性能的分条数据映射技术。这意味着被写入阵列的数据被分割成条带，并写入阵列中的成员磁盘，从而允许低费用的高效输入输出（Input/Output，I/O）性能，但是不提供冗余性。

（2）RAID-1。RAID-1 被称为"磁盘镜像"，通过在阵列中的每个成员磁盘上写入相同的数据来提供冗余性。由于镜像的简单性和高度的数据可用性，目前 RAID-1 仍然很流行。RAID-1 提供了极佳的数据可靠性，并提高了读取任务繁重的程序的执行性能，但是它的费用也相对较高。

（3）RAID-4。RAID-4 使用集中到单个磁盘驱动器上的奇偶校验来保护数据，更适合事务性的 I/O 而不是大型文件传输。专用的奇偶校验磁盘同时带来了固有的写入瓶颈。

（4）RAID-5。RAID-5 是目前使用非常普遍的 RAID 级别。通过在某些或全部阵列成员磁盘驱动器中分布奇偶校验，RAID-5 避免了 RAID-4 中固有的写入瓶颈，它唯一的性能瓶颈是奇偶计算进程。与 RAID-4 一样，其结果是性能不对称，读取性能大大优于写入性能。

2. 动态卷类型

动态磁盘提供了更好的磁盘访问性能及容错等功能，可以将基本磁盘转换为动态磁盘，而不损坏原有的数据。动态磁盘若要转换为基本磁盘，则必须先删除原有的卷。

在转换磁盘之前需要关闭这些磁盘中运行的应用程序。如果转换启动盘，或者要转换的磁盘中的卷或分区正在使用，则必须重新启动计算机才能成功转换。转换过程如下。

① 关闭所有正在运行的应用程序，选择"服务器管理器"→"工具"→"计算机管理"→"磁盘管理"选项，在右侧窗格的底端选中要升级的基本磁盘并单击鼠标右键，在弹出的快捷菜单中选择"转换到动态磁盘"选项。

② 在弹出的对话框中可以选择多个磁盘一起升级。选择好之后，单击"确定"按钮，并单击"转换"按钮即可。

Windows Server 2022 支持的动态卷包括以下几类。

- 简单卷（Simple Volume）。简单卷与基本磁盘的分区类似，只是其空间可以扩展到非连续的空间上。
- 跨区卷（Spanned Volume）。跨区卷可以将多个磁盘（至少 2 个，最多 32 个）上的未分配空间合成一个逻辑卷。使用时先写满一部分空间，再写入下一部分空间。

- 带区卷（Striped Volume）。带区卷又称条带卷，将2~32个磁盘空间中容量相同的空间组合成一个卷，写入时将数据分成64KB的大小相同的数据块，同时写入卷的每个成员磁盘。带区卷提供了很好的磁盘访问性能，但是带区卷不能被扩展或镜像，也没有容错功能。
- 镜像卷（Mirrored Volume）。镜像卷采用RAID-1技术，是将两个磁盘中相同大小的空间建立为镜像，有容错功能，但空间利用率只有50%，实现成本相对较高。
- 带奇偶校验的带区卷。其采用RAID-5技术，每个独立磁盘进行条带化分割、条带区奇偶校验，校验数据平均分布在每个磁盘中，容错性能好，应用广泛，需要3个以上的磁盘。其平均实现成本低于镜像卷。

6.2 项目设计与准备

1. 项目设计

本项目所有实例都部署在一个域环境下，域名为long60.cn，其中Server1、MS1和MS2是3台虚拟机。3台虚拟机的网络连接模式设置为"仅主机模式"。本项目只用到MS1和MS2，其他虚拟机可以临时关闭或挂起。磁盘管理网络拓扑结构如图6-10所示。

图6-10　磁盘管理网络拓扑结构

6-3 课堂慕课
配置与管理基本
磁盘和动态磁盘

2. 项目准备

（1）在VMware中安装独立服务器MS2（使用BIOS模式工作）。

新建虚拟机后，必须先对虚拟机进行设置才能正常安装。有如下几点提示。

① 设置MS2时，将"选项"选项卡中的固件类型改为"BIOS"，如图6-11所示。

② 添加一个磁盘：磁盘1（容量为127GB）。

③ 虚拟机的其他选项设置请参照项目2的有关内容，这里不赘述。

④ 安装虚拟机，将其命名为MS2，IP地址192.168.10.200/24，DNS服务器的IP地址为192.168.10.1。

（2）在MS1上添加4个SCSI磁盘。

关闭MS1，在MS1上添加4个SCSI磁盘，每个磁盘容量为127GB，步骤如下。

STEP 1 打开VMware，选中"MS1"虚拟机并单击鼠标右键，在弹出的快捷菜单中选择"设置"选项，弹出图6-12所示的"虚拟机设置"对话框。单击"添加"按钮，选择硬件类型为"硬盘"，单击"下一步"按钮，如图 6-13 所示。

STEP 2 选择磁盘类型，选中"SCSI"单选按钮，如图 6-14 所示。单击"下一步"按钮，进入图 6-15 所示的"指定磁盘容量"界面，输入磁盘容量。

图 6-11　将固件类型改为"BIOS"

图 6-12　"虚拟机设置"对话框

图 6-13　选择硬件类型

图 6-14　选择磁盘类型

STEP 3 单击"下一步"按钮，创建一个虚拟硬盘 MS1-1.vmdk（如果存在创建好的虚拟磁盘，则可以直接单击"浏览"按钮进行选择），如图 6-16 所示。单击"完成"按钮，成功添加第 1 个磁盘。

图 6-15　"指定磁盘容量"界面

图 6-16　创建虚拟硬盘

STEP 4 同理，添加另外 3 个 SCSI 磁盘。

> **特别注意** 任务不一样，使用的虚拟机（MS1或者MS2）也不同。只有MS2是采用BIOS模式启动的。虚拟机的启动模式不一样，会存在不一样的管理。

任务 6-1　管理基本磁盘

在安装 Windows Server 2022 时，硬盘将自动初始化为基本磁盘。基本磁盘中的管理任务包括磁盘分区的建立、删除、查看，以及分区的挂载和磁盘碎片整理等。

1. 使用磁盘管理工具（MS1）

Windows Server 2022 提供了一个界面非常友好的磁盘管理工具，使用此工具可以很轻松地完成各种基本磁盘和动态磁盘的配置、管理及维护工作。可以使用多种方法打开此工具。

（1）使用"计算机管理"窗口打开此工具

STEP 1 以管理员身份登录 MS1，打开"计算机管理"窗口，选择"存储"→"磁盘管理"选项，弹出图 6-17 所示的"初始化磁盘"对话框，要求对新添加的磁盘进行初始化。

图 6-17　"初始化磁盘"对话框

> **注意** 如果没有弹出"初始化磁盘"对话框，或者弹出的对话框中要进行初始化的磁盘少于预期，则可在相应的新添加的磁盘上单击鼠标右键，在弹出的快捷菜单中选择"联机"选项。完成后再选中该磁盘并单击鼠标右键，在弹出的快捷菜单中选择"初始化磁盘"选项，可对该磁盘单独进行初始化。

STEP 2 单击"确定"按钮，初始化新添加的 4 个磁盘。完成后，MS1 即新添加了 4 个磁盘。

（2）使用系统内置的 MSC 控制台文件打开此工具

选中"开始"菜单并单击鼠标右键，在弹出的快捷菜单中选择"运行"选项，在弹出的"运行"对话框的文本框中输入"diskmgmt.msc"，并单击"确定"按钮。

磁盘管理工具分别以文本和图形的方式显示出所有磁盘和分区（卷）的基本信息，这些信息包括分区（卷）的驱动器号、磁盘类型、文件系统类型，以及工作状态等。磁盘管理工具的下部以不同的颜色表示不同的分区（卷）类型，便于用户分辨不同的分区（卷）。

2. 新建基本卷（MS1）

下面在 MS1 的磁盘 1 上创建主磁盘分区和扩展磁盘分区，并在扩展磁盘分区中创建逻辑驱动器。

对于 MBR 磁盘，基本磁盘中的分区和逻辑驱动器称为基本卷，基本卷只能在基本磁盘中创建。

（1）创建主磁盘分区

STEP 1 选择MS1的"服务器管理器"→"工具"→"计算机管理"→"磁盘管理"选项，在右侧窗格中选中"磁盘1"的未分配空间并单击鼠标右键，在弹出的快捷菜单中选择"新建简单卷"选项，如图6-19所示。

STEP 2 弹出"新建简单卷向导"对话框，单击"下一步"按钮，设置卷的大小为500MB。

STEP 3 单击"下一步"按钮，分配驱动器号，如图6-20所示。

图6-18　将GPT磁盘转换成MBR磁盘

图6-19　选择"新建简单卷"选项

- 选中"装入以下空白NTFS文件夹中"单选按钮，表示指派一个在NTFS下的空文件夹来代表该磁盘分区。例如，用C:\data表示该分区，则以后所有保存到C:\data的文件都被保存到该分区中。该文件夹必须是空的文件夹，且位于NTFS卷内。这个功能特别适用于26个磁盘驱动器号（A~Z）不够使用时的网络环境。
- 选中"不分配驱动器号或驱动器路径"单选按钮，表示可以事后再指派驱动器号或指派某个空文件夹来代表该磁盘分区。

STEP 4 单击"下一步"按钮，选择格式化的文件系统，如图6-21所示。格式化结束后，继续单击"下一步"按钮，并单击"完成"按钮，完成主磁盘分区的创建。本例划分给主磁盘分区500MB的空间，赋予其驱动器号E。

图6-20　分配驱动器号 　　　　　　　　图6-21　格式化分区

STEP 5 可以重复以上步骤创建其他主磁盘分区。

（2）创建扩展磁盘分区

在Windows Server 2022中不能直接创建扩展磁盘分区，必须先创建完3个主磁盘分区后再创建扩展磁盘分区。具体步骤如下。

STEP 1 继续在MS1的磁盘1上创建两个主磁盘分区。

STEP 2 完成3个主磁盘分区的创建后，在该磁盘未分配空间上单击鼠标右键，在弹出的快捷菜单中选择"新建简单卷"选项。

STEP 3 后面的过程与创建主磁盘分区的相似，不同的是当创建完成，显示"状态良好"的分区信息后，系统会自动将刚才这个分区设置为扩展磁盘分区的一个逻辑驱动器，如图6-22所示。

图6-22　3个主磁盘分区和1个扩展磁盘分区

3. 更改驱动器号和路径（MS1）

Windows Server 2022默认为每个分区（卷）分配一个驱动器号后，分区就成为一个逻辑上的独立驱动器。有时为了便于管理，可能需要修改默认分配的驱动器号。

可以使用磁盘管理工具在本地NTFS分区（卷）的任何空文件夹中连接或装入一个本地驱动器。当在空的NTFS文件夹中装入本地驱动器时，Windows Server 2022为驱动器分配一个路径而不是驱动器号，可以装载的驱动器数量不受驱动器号限制的影响，因此可以使用挂载的驱动器在计算机上访问26个以上的驱动器。Windows Server 2022确保驱动器路径与驱动器的关联，因此可以添加或重新排列存储设备而不会使驱动器路径失效。

另外，当某个分区的空间不足且难以扩展空间容量时，也可以通过挂载一个新分区到该分区某个文件夹中的方法达到扩展磁盘分区容量的目的。挂载的驱动器会使数据更容易访问，并增加了基于工作环境和系统使用情况管理数据存储的灵活性。例如，可以在C:\Document and Settings文件夹中装入带有NTFS磁盘配额及启用容错功能的驱动器，这样用户就可以跟踪或限制磁盘的使用，并保护装入的驱动器中的用户数据，而不用在C盘中做同样的工作。也可以将C:\Temp文件夹设为挂载驱动器，为临时文件提供额外的磁盘空间。

如果C盘的空间较小，则可将程序文件移动到其他大容量驱动器中，如E盘，并将它作为C:\mytext挂载。这样所有保存在C:\mytext文件夹中的文件事实上都保存在E盘中。下面完成这个例子。（保证C:\mytext在NTFS分区中，并是空白的文件夹。）

STEP 1 在"磁盘管理"界面中选中目标驱动器E并单击鼠标右键，在弹出的快捷菜单中选择"更改驱动器号和路径"选项，弹出图6-23所示的对话框。

STEP 2 单击"更改"按钮，可以更改驱动器号；单击"添加"按钮，可弹出"添加驱动器号或路径"对话框，如图6-24所示。

STEP 3 设置完成后，单击"确定"按钮。

STEP 4 测试。在C:\my text中新建文件，并查看E盘中的信息，会发现文件实际存储在E盘中。

> **提示** 要装入的文件夹一定是事先创建好的空文件夹，该文件夹所在的位置必须是NTFS分区。

图 6-23 更改驱动器号和路径

图 6-24 "添加驱动器号或路径"对话框

4. 指定活动的磁盘分区（MS2）

如果计算机中安装了多个无法直接相互访问的不同的网络操作系统，如 Windows Server 2022、Linux 等，则计算机在启动时会启动被设为"活动"的磁盘分区内的网络操作系统。

假设当前第 1 个磁盘分区中安装的是 Windows Server 2022，第 2 个磁盘分区中安装的是 Linux。如果第 1 个磁盘分区被设为"活动"，则计算机启动时会启动 Windows Server 2022。若要下一次启动时启动 Linux，则将第 2 个磁盘分区设为"活动"即可。

以 x86/x64 计算机来说，系统分区内存储着启动文件，如启动管理器等。使用 BIOS 模式工作的计算机启动时，计算机主板上的 BIOS 会读取磁盘内的 MBR，并由 MBR 读取系统分区内的启动程序代码［位于系统分区最前端的分区启动扇区（Partition Boot Sector）内］，再由此程序代码读取系统分区内的启动文件，启动文件再到启动分区内加载操作系统文件并启动操作系统。因为 MBR 是到活动的磁盘分区读取启动程序代码，所以必须将系统分区设置为"活动"。

以管理员身份登录 MS2（使用 BIOS 模式工作），选择"开始"→"Windows 管理工具"→"计算机管理"选项，打开"计算机管理"窗口，选择"存储"→"磁盘管理"选项，进入图 6-25 所示的界面。磁盘 0 的第 2 个磁盘分区中安装着 Windows Server 2022，它是启动分区；第 1 个磁盘分区为系统保留分区，它存储着启动文件，如 bootmgr，由于它是系统分区，因此必须是活动分区。

图 6-25 磁盘 0 的启动分区、系统保留分区

在安装 Windows Server 2022 时，安装程序会自动建立两个磁盘分区，其中一个分区为系统保留分区，另一个分区用来安装 Windows Server 2022。安装程序会将启动文件放置到系统保留分区内，并将它设置为"活动"，此磁盘分区扮演系统分区的角色。若因特殊情况需要将活动磁盘分区更改为另外一个主磁盘分区，则选中相应主磁盘分区并单击鼠标右键，在弹出的快捷菜单中选择"将分区标记为活动分区"选项即可。

> **注意** 只有主磁盘分区可以设置为活动分区，扩展磁盘分区内的逻辑驱动器无法设置为活动分区。

任务 6-2　创建动态卷（MS1）

在 Windows Server 2022 动态磁盘中建立卷与在基本磁盘中建立分区的操作类似。

1. 创建 1000MB 的 RAID-5 卷

STEP 1 以管理员身份登录 MS1，选择"计算机管理"→"磁盘管理"选项，打开"磁盘管理"窗口，选中"磁盘 1"并单击鼠标右键，在弹出的快捷菜单中选择"转换到动态磁盘"选项，在弹出的对话框中选择磁盘 1～磁盘 4，如图 6-26 所示，单击"确定"按钮，将这 4 个磁盘转换为动态磁盘。请读者特别注意磁盘 1 转换为动态磁盘后其简单卷的变化。

STEP 2 在磁盘 2 的未分配空间上单击鼠标右键，在弹出的快捷菜单中选择"新建 RAID-5 卷"选项，弹出"新建 RAID-5 卷"对话框。

STEP 3 单击"下一步"按钮，进入"选择磁盘"界面，如图 6-27 所示。选择要创建的 RAID-5 卷需要使用的磁盘，选择空间容量为 1000MB。对于 RAID-5 卷来说，至少需要选择 3 个动态磁盘。这里选择磁盘 2～磁盘 4。

图 6-26　"转换为动态磁盘"对话框

图 6-27　"选择磁盘"界面

STEP 4 为 RAID-5 卷指定驱动器号和文件系统类型，完成向导设置。

STEP 5 创建完成的 RAID-5 卷如图 6-28 所示。

图 6-28　创建完成的 RAID-5 卷

2. 创建其他卷

创建其他类型动态卷的方法与创建 RAID-5 卷的类似，选中动态磁盘的未分配空间并单击鼠标右键，在弹出的快捷菜单中按需要选择相应的选项，完成不同类型动态卷的建立即可，这里不赘述。读者可以尝试创建如下动态卷。

- 在磁盘 2 上创建容量为 800MB 的简单卷。
- 在磁盘 3 上创建容量为 200MB 的扩展卷，使容量为 800MB 的简单卷变为 1000MB。
- 在磁盘 2 上创建容量为 1000MB 的跨区卷（只有磁盘容量不足时才会使用其他磁盘）。
- 在磁盘 2 上创建容量为 1000MB 的带区卷。

任务 6-3　维护动态卷（MS1）

1. 维护镜像卷

在 MS1 上提前建立镜像卷 J，容量为 1000MB，使用磁盘 1 和磁盘 2。在 J 盘中存储一个文件夹 test，供测试使用。（此处的驱动器号可能与读者的不一样，请注意！）

不再需要镜像卷的容错能力时，可以选择将镜像卷中断。方法是选中镜像卷并单击鼠标右键，在弹出的快捷菜单中选择"中断镜卷""删除镜像"或"删除卷"选项。

- 如果选择"中断镜卷"选项，则中断后的镜像卷成员会成为两个独立的卷，不再容错。
- 如果选择"删除镜像"选项，则选中的磁盘中的镜像卷会被删除，不再容错。
- 如果选择"删除卷"选项，则镜像卷成员会被删除，数据会丢失。

如果包含部分镜像卷的磁盘已经断开连接，则磁盘状态会显示为"脱机"或"丢失"。要重新使用这些镜像卷，可以尝试重新连接并激活磁盘。方法是在要重新激活的磁盘上单击鼠标右键，在弹出的快捷菜单中选择"重新激活磁盘"选项。

如果包含部分镜像卷的磁盘"丢失"且该卷没有返回"良好"状态，则应该用另一个磁盘中的新镜像替换出现故障的镜像。具体方法如下。

STEP 1 构建故障。在虚拟机 MS1 的设置中，将 SCSI 控制器上的第 2 块磁盘（虚拟机设置中的第 2 个磁盘在计算机中的标号是磁盘 1）删除并单击"应用"按钮。回到 MS1，可以看到磁盘 1 显示为"丢失"状态。

STEP 2 在显示为"丢失"或"脱机"的磁盘的"镜像卷"上单击鼠标右键，在弹出的快捷菜单中选择"删除镜像"选项，弹出图 6-29 所示的"删除镜像"对话框。查看系统日志，以确认磁盘或磁盘控制器是否出现故障。如果出现故障的镜像卷成员位于有故障的控制器上，则在有故障的控制器上安装新的磁盘并不能解决问题。本例直接删除镜像卷后重建。删除镜像卷后仍能在 J 盘中查看到 test 文件夹，这说明了镜像卷具有容错能力。

STEP 3 选中要重新添加镜像的卷（不是已删除的卷）并单击鼠标右键，在弹出的快捷菜单中选择"添加镜像"选项，弹出图 6-30 所示的"添加镜像"对话框。选择合适的磁盘（如磁盘 3）后，单击"添加镜像"按钮，系统会使用新的磁盘重建镜像。

2. 维护 RAID-5 卷

在 MS1 上提前建立 RAID-5 卷 I，容量为 1000MB，使用磁盘 2～磁盘 4。在 I 盘中创建一个文件夹 test，供测试使用。（磁盘符号根据不同情况会有所变化。）

对于 RAID-5 卷的错误，首先选中该卷并单击鼠标右键，在弹出的快捷菜单中选择"重新激活磁盘"选项进行修复。如果修复失败，则需要更换磁盘并在新磁盘中重建 RAID-5 卷。RAID-5 卷的故障恢复过程如下。

图6-29 "删除镜像"对话框

图6-30 "添加镜像"对话框

STEP 1 构建故障。在虚拟机 MS1 的设置中，将 SCSI 控制器中的第 2 块磁盘（在计算机中的标号是磁盘 1）删除并单击"应用"按钮。回到 MS1，可以看到磁盘 1 显示为"丢失"状态，I 盘显示为"失败的重复"（原来的 RAID-5 卷）。

STEP 2 在"磁盘管理"界面中，选中将要修复的 RAID-5 卷（在"丢失"的磁盘中）并单击鼠标右键，在弹出的快捷菜单中选择"重新激活卷"选项。

STEP 3 由于卷成员磁盘失效，所以会弹出提示"缺少成员"的对话框，单击"确定"按钮。

STEP 4 再次选中将要修复的 RAID-5 卷并单击鼠标右键，在弹出的快捷菜单中选择"修复卷"选项，如图 6-31 所示。

STEP 5 在图 6-32 所示的"修复 RAID-5 卷"对话框中选择新添加的动态磁盘 0，单击"确定"按钮。

STEP 6 在"磁盘管理"界面中，可以看到 RAID-5 卷在新磁盘中重新建立，并进行了数据的同步操作。同步完成后，RAID-5 卷的故障被修复成功，前面创建的文件夹 test 仍然存在。

图6-31 修复 RAID-5 卷

图6-32 "修复 RAID-5 卷"对话框

任务 6-4 管理磁盘配额（MS1）

在计算机网络中，系统管理员有一项很重要的任务，即为访问服务器资源的客户机设置磁盘配额，也就是限制它们一次性访问服务器资源的卷空间数量。这样做的目的在于防止某个客户机过量地占用服务器和网络资源，导致其他客户机无法访问服务器和使用网络。

1. 磁盘配额基本概念

在 Windows Server 2022 中，磁盘配额跟踪及控制磁盘空间的使用，使系统管理员可将 Windows 配置如下。

- 当用户使用空间超过指定的磁盘空间限额时，阻止进一步使用磁盘空间和记录事件。
- 当用户使用空间超过指定的磁盘空间警告级别时记录事件。

启用磁盘配额时，可以设置两个值："磁盘配额限度"和"磁盘配额警告级别"。磁盘配额限度指定了允许用户使用的磁盘空间容量。磁盘配额警告级别指定了用户接近其配额限度的值。例如，可以把用户的磁盘配额限度设为 50MB，并把磁盘配额警告级别设为 45MB。在这种情况下，用户可在卷中存储不超过 50MB 的文件。如果用户在卷中存储的文件超过 45MB，则把磁盘配额系统记录为系统事件。如果不想拒绝用户访问卷，但想跟踪每个用户的磁盘空间使用情况，则启用配额但不限制磁盘空间使用将非常有用。

磁盘配额默认不应用到现有的卷用户上。可以在"配额项目"对话框中添加新的配额项目，将磁盘配额应用到现有的卷用户上。

磁盘配额是以文件所有权为基础的，且不受卷中用户义件的义件夹位置限制。例如，如果用户把文件从一个文件夹移到相同卷的其他文件夹中，则卷空间用量不变。

磁盘配额只适用于卷，且不受卷的文件夹结构及物理磁盘的布局限制。如果卷有多个文件夹，则分配给该卷的配额将应用于卷中所有的文件夹。

如果单个物理磁盘包含多个卷，并把配额应用到每个卷，则每个卷的配额只适用于特定的卷。例如，如果用户共享两个不同的卷，分别是 F 卷和 G 卷，即使这两个卷在相同的物理磁盘上，也会分别对这两个卷的配额进行跟踪。

如果一个卷跨越多个物理磁盘，则整个跨区卷使用该卷的同一配额。例如，如果 F 卷有 50MB 的磁盘配额限度，则不管 F 卷是在 1 个物理磁盘上还是跨越 3 个磁盘，都不能把超过 50MB 的文件保存到 F 卷中。

在 NTFS 中，卷使用信息按 SID 存储，而不是按用户账户名称存储。第一次弹出"配额项目"对话框时，磁盘配额必须从网络域控制器或本地用户管理器中获得用户账户名称，并将这些用户账户名称与当前卷用户的 SID 相匹配。

2. 设置磁盘配额

STEP 1 以管理员身份登录 MS1，选择"开始"→"Windows 管理工具"→"计算机管理"选项，打开"计算机管理"窗口，选择"存储"→"磁盘管理"选项，选中"新加卷(E:)"并单击鼠标右键，在弹出的快捷菜单中选择"属性"选项，弹出"新加卷(E:)属性"对话框。

STEP 2 选择"配额"选项卡，如图 6-33 所示。

STEP 3 勾选"启用配额管理"复选框，为新用户设置磁盘空间限制数值。

STEP 4 若需要对原有的用户设置配额，则单击"配额项"按钮，打开图 6-34 所示的配额项窗口。

STEP 5 选择"配额"→"新建配额项"选项，或单击工具栏中的"新建配额项"按钮，弹出"选择用户"对话框。单击"高级"→"立即查找"按钮，即可在"搜索结果"列表框中选择当前计算机用户，并设置磁盘配额。关闭配额项窗口。图 6-35 所示为 Administrator 用户设置的磁盘配额。

图6-33 "配额"选项卡

图6-34 配额项窗口

图6-35 为Administrator用户设置的磁盘配额

STEP 6 回到图6-33所示的"配额"选项卡。如果需要限制受配额影响的用户使用超过配额的空间，则勾选"拒绝将磁盘空间给超过配额限制的用户"复选框，单击"确定"按钮。

任务6-5　碎片整理和优化驱动器

计算机磁盘中的文件并非保存在一个连续的磁盘空间中，而是分散存放在磁盘的许多地方，这样的分布会浪费磁盘空间，人们习惯称之为"磁盘碎片"。在经常进行添加和删除文件等操作的磁盘上，这种情况尤其严重。"磁盘碎片"会增加计算机访问磁盘的时间，降低整个计算机的运行性能。因而，计算机在使用一段时间后，就要对磁盘进行碎片整理。

碎片整理和优化驱动器程序可以重新安排计算机磁盘中的文件、程序,以及未使用的空间,使得程序运行得更快、文件打开得更快。磁盘碎片整理并不影响数据的完整性。

依次选择"服务器管理器"→"工具"→"碎片整理和优化驱动器"选项,打开图 6-36 所示的"优化驱动器"窗口,对驱动器进行"分析"和"优化"。

图 6-36 "优化驱动器"窗口

一般情况下,选择要进行磁盘碎片整理的磁盘后,首先要分析磁盘分区状态。单击"分析"按钮,可以对所选的磁盘分区进行分析。系统分析完毕会弹出提示对话框,询问是否对磁盘进行碎片整理。如果需要对磁盘进行优化操作,则选中磁盘后,直接单击"优化"按钮即可。

任务 6-6 使用存储空间

存储空间(Storage Space)使用户能够将连接在 Windows Server 2022 服务器的多个物理磁盘组合在一起来使用,且存储空间具备容错与自我修复能力,类似于 RAID,但是又与 RAID 不同。

1. 虚拟磁盘的配置类型

在存储空间的架构之下,存储池是多块物理磁盘的组合。需要先在存储池内建立虚拟磁盘(Virtual Disk),接着在虚拟磁盘内建立卷,然后赋予卷一个驱动器号,最后通过驱动器号来访问其中存储的数据。虚拟磁盘分为以下几种配置类型。

- Simple(简单)。在这种配置类型下,数据跨越各磁盘,存储在物理磁盘带区上,从而最大限度地提高容量和吞吐量,但是会降低可靠性。这种存储数据布局至少需要 1 个磁盘,且无法防止发生磁盘故障。
- Mirror(镜像)。在这种配置类型下,数据存储在各物理磁盘带区上,以便创建两个或 3 个数据副本,这样可提高可靠性,但是会降低容量。为了防止发生单磁盘故障,至少需使用两个磁盘(如果使用的是集群,则至少需使用 3 个磁盘);为了防止发生双磁盘故障,至少需使用 5 个磁盘。

- Parity（奇偶校验）。在这种配置类型下，数据和奇偶校验信息存储在物理磁盘带区上，这样可提高可靠性，但是会略微降低容量和性能。为了防止发生单磁盘故障，至少需使用3个磁盘；为了防止发生双磁盘故障，至少需使用7个磁盘。

下面完成两个存储空间的实例。

2. 存储空间实例1：使用存储池配置虚拟磁盘

（1）实例要求

- 在MS2上添加4个20GB的磁盘。
- 配置系统软件RAID-10，镜像卷的大小分别为10GB，最终带区卷的大小为20GB。
- E盘开启BitLocker；加密整个数据盘，密码为"long60"，密码文件放置到G盘中。

（2）解题思路

- 添加3个大小分别为20GB的磁盘。
- 使用上述3个磁盘新建存储池，存储池名称为Webdata，物理磁盘的分配方式为自动。

在存储池Webdata中新建虚拟磁盘Vdisk1，存储数据布局方式为Simple，类型为精简类型，指定虚拟磁盘大小为20GB，分配驱动器号E，并将虚拟磁盘格式化为NTFS。

（3）解决方案

详细解决方案请联系编者或出版社获取。

3. 存储空间实例2：安装与配置RAID-10

（1）实例要求

- 在MS2上添加4个20GB的磁盘。
- 配置系统软件RAID-10，镜像卷的大小分别为10GB，最终带区卷的大小为20GB。
- E盘开启BitLocker；加密整个数据盘，密码为"long60"。

（2）解题思路

① 生成RAID-10。

- 使用两个10GB的磁盘建立存储池Pool1，并建立虚拟磁盘Vhdisk1，存储数据布局方式为Mirror（RAID-1），类型为精简类型，指定大小为10GB。
- 使用两个10GB的磁盘建立存储池Pool2，并建立虚拟磁盘Vhdisk2，存储数据布局方式为Mirror。
- 使用磁盘管理器将Vhdisk1和Vhdisk2生成带区卷（RAID-0），驱动器号为G。

② 加密整个数据盘。

- 添加"BitLocker功能"。
- 在组策略中打开U盘支持功能，方法如下：在"运行"对话框中执行"gpedit.msc"命令，打开"本地策略编辑器"窗口，依次选择"计算机管理"→"管理模板"→"Windows组件"→"BitLocker驱动器加密"→"操作系统驱动器"→"启动时需要附加身份验证"选项，在"启动时需要附加身份验证"对话框中选择"已启用"选项后，单击"应用"和"确定"按钮。

（3）解决方案

详细解决方案请联系编者或出版社获取。

6.4 拓展阅读 国家最高科学技术奖

国家最高科学技术奖于2000年由国务院设立，由国家科学技术奖励工作办公室负责，是中国5个国家科学技术奖中最高等级的奖项，授予"在当代科学技术前沿取得重大突破或者在科学技术发展中有卓越建树的；在科学技术创新、科学技术成果转化和高技术产业化中，创造巨大经济效益、社会效益、生态环境效益或者对维护国家安全做出巨大贡献的"中国公民。

根据国家科学技术奖励工作办公室官网显示，国家最高科学技术奖每年评审一次，授予人数每次不超过两名，由国家主席亲自签署、颁发荣誉证书、奖章和奖金。截至 2021 年 11 月，共有 35 位杰出科学工作者获得该奖。其中，计算机科学家王选院士获此殊荣。

6.5 习题

一、填空题

1. 磁盘内有一个被称为_____的区域，用来存储磁盘分区的相关数据，如每一个磁盘分区的_____、_____和_____等信息。

2. 磁盘按磁盘分区表的格式可以分为_____和_____两种。其中，MBR 磁盘支持的硬盘最大容量为_____ TB。

3. GPT 磁盘使用的是一种新的磁盘分区表格式，其磁盘分区表存储在_____内，位于磁盘的前端，且它分为_____和_____，可提供容错功能。使用新式 UEFI BIOS 的计算机在启动时，BIOS 会先读取_____，并将控制权交给_____，再由此程序代码来继续后续的启动工作。

4. MBR 磁盘使用的是传统的磁盘分区表格式，其磁盘分区表存储在_____内。为了兼容，GPT 磁盘内提供了_____，让仅支持 MBR 的程序仍然可以正常运行。

5. 一个 MBR 磁盘内最多可建立_____个主磁盘分区，或最多_____个主磁盘分区加 1 个扩展磁盘分区。

6. Windows 操作系统的一个 GPT 磁盘内最多可以建立_____个主磁盘分区，因此 GPT 磁盘不需要_____分区。

7. Windows 操作系统将磁盘分为_____与_____两种。

8. 使用 UEFI BIOS 的计算机可以选择 UEFI 模式或_____来启动 Windows Server 2022。若是 UEFI 模式，则启动磁盘需为_____磁盘，且此磁盘最少需要 3 个 GPT 磁盘分区，即_____、_____和_____。

9. UEFI 模式的系统虽然也可以使用 MBR 磁盘，但 MBR 磁盘只能够当作_____磁盘，无法作为_____磁盘。

10. 从 Windows 2000 操作系统开始，Windows 操作系统将磁盘分为_____和_____。

11. 一个基本磁盘最多可分为_____个区，即_____个主磁盘分区或_____个主磁盘分区和 1 个扩展磁盘分区。

12. 动态卷类型包括_____、_____、_____、_____和_____。

13. 要将 E 盘的文件系统转换为 NTFS，可以运行命令：_____。

14. 带区卷又称为_____，RAID-1 卷又称为_____卷，RAID-5 卷又称为_____卷。

15. 镜像卷的磁盘空间利用率只有_____，所以镜像卷的花费相对较高。与镜像卷相比，RAID-5 卷的磁盘空间有效利用率为_____。

二、简答题

1. 简述基本磁盘与动态磁盘的区别。

2. 磁盘碎片整理的作用是什么？

3. Windows Server 2022 支持的动态卷类型有哪些？各有何特点？

4. 基本磁盘转换为动态磁盘应注意什么问题？如何转换？

5. 如何限制某个用户使用服务器上的磁盘空间？

6.6 项目实训 配置与管理基本磁盘和动态磁盘

一、实训目的

- 掌握磁盘阵列，以及 RAID-0、RAID-1、RAID-5 的知识。
- 掌握制作磁盘阵列的条件及方法。

二、项目环境

随着公司的发展壮大，已有的工作组模式的网络已经不能满足公司的业务需求。经过多方论证，确定了公司的服务器的网络拓扑结构，如图 6-10 所示。

三、项目要求

根据图 6-10 所示的磁盘管理网络拓扑结构，完成管理磁盘的实训。具体要求如下。

（1）公司的服务器 MS2 中新增了 2 块硬盘，请完成以下任务。

① 初始化磁盘。

② 在两个磁盘上新建分区，注意主磁盘分区和扩展磁盘分区的区别，以及在一个磁盘上能创建的主磁盘分区的数量等。

③ 格式化磁盘分区。

④ 标注磁盘分区为活动分区。

⑤ 为驱动器分配安装点文件夹路径。指派一个在 NTFS 下的空文件夹代表某磁盘分区，如 C:\data 文件夹。

⑥ 对磁盘进行碎片整理。

（2）公司的服务器 MS1 中新增了 5 块硬盘，每块硬盘大小为 4GB，请完成以下任务。

① 添加磁盘，初始化磁盘，并将磁盘转换成动态磁盘。

② 创建 RAID-1 的磁盘组，大小为 1GB。

③ 创建 RAID-5 的磁盘组，大小为 2GB。

④ 创建 RAID-0 的磁盘组，大小为 800MB×5≈4GB。

⑤ 对 D 盘进行扩容。

⑥ 对 RAID-5 卷上的数据进行恢复实验。

四、做一做

独立完成项目实训，检查学习效果。

项目7
配置与管理DNS服务器

某高校组建了校园网，为了使校园网中的计算机能简单、快捷地访问本地网络及 Internet 中的资源，需要在校园网中架设 DNS 服务器，用来提供将域名转换成 IP 地址的功能。

在完成该项目之前，首先应当确定网络中 DNS 服务器的部署环境，明确 DNS 服务器的各种角色及其作用。

学习要点

- 了解 DNS 服务器的作用及其在网络中的重要性。
- 理解 DNS 的域名空间结构及其工作过程。
- 理解并掌握主 DNS 服务器的部署方法。
- 理解并掌握辅助 DNS 服务器的部署方法。
- 理解并掌握 DNS 客户机的部署方法。
- 掌握 DNS 服务器的测试及动态更新方法。

素质要点

- "仰之弥高，钻之弥坚"。为计算机事业做出过巨大贡献的王选院士，是时代楷模，是大家学习的榜样。
- "功崇惟志，业广惟勤。"理想指引人生方向，信念决定事业成败。

7.1 项目基础知识

在 TCP/IP 网络中，每个设备必须分配一个唯一的 IP 地址。计算机在网络中通信时只能识别如 202.97.135.160 之类的 IP 地址，而人们在使用网络资源的时候，为了便于记忆和理解，更倾向于使用有代表意义的名称，如域名 www.ryjiaoyu.com（人邮教育社区网站）。

7-1 微课 DNS
服务（一）

DNS 服务器就承担了将域名转换成 IP 地址的任务。这就是在浏览器地址栏中输入如 www.ryjiaoyu.com 的域名并按 Enter 键后，能看到相应页面的原因。输入域名并按 Enter 键后，有一台称为 DNS 服务器的计算机自动把域名"翻译"成相应的 IP 地址。

DNS 服务器为客户机对域名（如 www.ryjiaoyu.com）的查询提供域名对应的 IP 地址，以便用户通过易记的名称搜索和访问必须通过 IP 地址才能定位的本地网络或 Internet 中的资源。

DNS 服务使网络服务的访问更加简单，对一个网站的推广、发布起到了极其重要的作用。许多重要网络服务（如电子邮件服务、Web 服务）的实现，也需要借助 DNS 服务。因此，DNS 服务可视为网络服务的基础。另外，在稍具规模的局域网中，DNS 服务也被大量采用。因为 DNS 服务不仅可以使网络服务的访问更加简单，还可以完美地实现网络服务与 Internet 的融合。

7.1.1　域名空间结构

DNS 的核心思想是分级。DNS 是一种分布式的、分层次的、C/S 模式的数据库管理系统。它主要用于将主机名或电子邮件地址映射成 IP 地址。一般来说，每个组织都有自己的 DNS 服务器，并维护域的名称映射数据库记录或资源记录。每个登记的域都将自己的数据库列表提供给整个网络复制。

目前负责管理全世界的 IP 地址的组织是国际互联网络信息中心（Internet Network Information Center，InterNIC），在 InterNIC 之下的 DNS 结构分为若干个域（Domain）。图 7-1 所示的树状结构称为域名空间（Domain Name Space）结构。

图 7-1　域名空间结构

> **注意**　域名和主机名只能用字母 a~z（在 Windows 操作系统中不区分字母大小写，而在 UNIX 操作系统中区分字母大小写）、数字 0~9 和"-"来表示。其他公共字符，如连接符"&"、斜线"/"、句点"."和下画线"_"都不能用于表示域名和主机名。

1. 根域

在图 7-1 中，位于层次结构最顶端的是域名树的根，提供根域名服务，用"."表示。在 Internet 中，根域是默认的，一般不需要表示出来。全世界共有 13 台根域服务器，它们分布于世界各地，并由 InterNIC 管理。根域服务器中并没有保存任何网址，只具有初始指针指向第一层域，也就是顶级域，如 org、cn、edu、com 等。

2. 顶级域

顶级域位于根域之下，数目有限，且不能轻易变动。顶级域也是由 InterNIC 统一管理的。在 Internet 中，顶级域大致分为两类：各种组织的顶级域（机构域）和各个国家或地区的顶级域（地理域）。顶级域包含的部分域名如表 7-1 所示。

表 7-1　顶级域包含的部分域名

域名	说明
com	商业机构
edu	教育机构
gov	政府机构
net	网络服务机构
org	非营利性组织
mil	军事机构
其他国家或地区代码	代表国家或地区，如 cn 表示中国，jp 表示日本

3. 子域

在域名空间中，除了根域和顶级域之外，其他域都被称为子域。子域是有上级域的，一个域可以有多个子域。子域是相对而言的，如在 www.tsinghua.edu.cn 中，tsinghua.edu 是 cn 的子域，tsinghua 是 edu.cn 的子域。表 7-2 列出了域名空间结构中的若干层。

表 7-2　域名空间结构中的若干层

域名	域名空间结构中的位置
.	根是唯一没有名称的域
.cn	顶级域名，中国子域
.edu.cn	二级域名，中国的教育系统
.tsinghua.edu.cn	子域名，中国教育网中的清华大学

和根域相比，顶级域实际上是处于第二层的域，但它们还是被称为顶级域。根域从技术的含义上讲是一个域，但常常不被当作一个域。根域只有很少几个根级成员，它们的存在只是为了支持域名树的存在。

顶级域属于单位团体、国家或地区，用域名的最后一部分（即域后缀）来分类。例如，域名 edu.cn 代表中国的教育系统。多数域后缀可以反映使用这个域名所代表的组织的性质，但并不总是很容易通过域后缀来确定其代表的组织的性质。

4. 主机

在域名空间结构中，主机可以存在于根以下的各层上。由于域名树是层次型的而不是平面型的，因此只要求主机名在每一个连续的域名空间中是唯一的，而在相同层中可以有相同的名称。例如，www.ryjiaoyu.com、www.tsinghua.edu.cn 都是有效的主机名。也就是说，即使这些主机有相同的名称 www，也都可以被正确地解析到唯一的主机，即只要主机在不同的子域，就允许重名。

7.1.2　DNS 名称的解析方法

DNS 名称的解析方法主要有两种，一种是通过 hosts 文件进行解析，另一种是通过 DNS 服务器进行解析。

1. 通过 hosts 文件进行解析

通过 hosts 文件进行解析只是 Internet 中最初使用的一种解析方法。采用 hosts 文件进行解析时，必须由人工输入、删除、修改所有 DNS 名称与 IP 地址的对应数据，即把全世界所有的 DNS 名称写在一个文件中，并将该文件存储到解析服务器中。如果客户端需要解析名称，则到解析服务器中查询 hosts 文件。全世界所有的解析服务器中的 hosts 文件都需保持一致。当网络规模较小时，通过 hosts 文件进行解析还是可以采用的。然而，当网络规模越来越大时，为保持网络中所有解析服务器的 hosts 文件的一致性，就需要进行大量的管理和维护工作。在大型网络中，这将是一项沉重的负担，此方法显然是不适用的。

在 Windows Server 2022 中，hosts 文件位于%Systemroot%\System32\drivers\etc 目录中，具体到本例为 C:\Windows\System32\drivers\etc。该文件是一个纯文本文件，如图 7-2 所示。

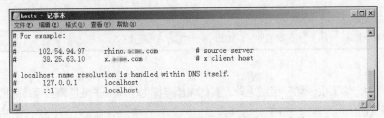

图 7-2　Windows Server 2022 中的 hosts 文件

7-2 拓展阅读
DNS 服务器的类型

2. 通过 DNS 服务器进行解析

通过 DNS 服务器进行解析是目前 Internet 中最常用也是最便捷的解析方法之一。全世界有众多 DNS 服务器，它们各司其职、互相呼应、协同工作，构成了一个分布式的 DNS 名称解析网络。例如，163***.com 的 DNS 服务器只负责本域内数据的更新，而其他 DNS 服务器并不知道，也无须知道 163***.com 域中有哪些主机，但它们知道 163***.com 的 DNS 服务器的位置；当需要解析 www.163***.com 时，它们会向 163***.com 的 DNS 服务器请求帮助。采用这种分布式解析结构时，一台 DNS 服务器出现问题并不会影响整个体系，而数据的更新操作也只在其中的一台或几台 DNS 服务器中进行，使整体的解析效率大大提高了。

7.1.3　DNS 名称解析的查询模式

当 DNS 客户端向 DNS 服务器发送解析请求，或 DNS 服务器向其他 DNS 服务器转发解析请求时，均需要使用查询模式请求其所需的解析结果。目前使用的查询模式主要有递归查询和转寄查询两种。

7-3 微课　DNS
服务（二）

1. 递归查询

递归查询是最常见的查询模式之一，域名服务器将代替提出请求的客户端（下级 DNS 服务器）进行域名查询。若域名服务器不能直接回答，则域名服务器会在域的各分支的上、下层进行递归查询，最终将查询结果返回给客户端。在域名服务器查询期间，客户端完全处于等待状态。

2. 转寄查询

当 DNS 服务器收到 DNS 工作站的查询请求后，如果在 DNS 服务器中没有查到所需数据，则该 DNS 服务器便会告诉 DNS 工作站另外一台 DNS 服务器的 IP 地址，并由 DNS 工作站自行向此 DNS 服务器进行查询，以此类推，直到查到所需数据为止。如果最后一台 DNS 服务器都没有查到所需数据，则通知 DNS 工作站查询失败。"转寄"的意思就是若在某地查不到，该地就会告诉用户其他地方的地址，让用户转到其他地方去查询。

一般 DNS 服务器之间的查询属于转寄查询（DNS 服务器也可以充当 DNS 工作站的角色），DNS

客户端与本地 DNS 服务器之间的查询属于递归查询。

下面以查询 www.ryjiaoyu.com 为例介绍转寄查询的过程，如图 7-3 所示。

图 7-3　转寄查询的过程

① DNS 客户端向本地 DNS 服务器直接查询 www.ryjiaoyu.com 的域名。

② 若本地 DNS 服务器无法解析此域名，先向根域服务器发出请求，查询.com 的 DNS 地址。

> **说明**　① 正确安装完 DNS 服务器后，在 DNS 属性的"根目录提示"选项卡中，系统显示了包含在解析名称中为要使用和参考的服务器所建议的根服务器的根提示列表，默认共有 13 个。
>
> ② 目前全球共有 13 个根域服务器。1 个为主根服务器，放置在美国；其余 12 个均为辅助根服务器，其中美国 9 个，欧洲 2 个（放置在英国和瑞典），亚洲 1 个（放置在日本）。所有的根服务器均由互联网名称与数字地址分配机构（the Internet Corporation for Assigned Names and Numbers，ICANN）统一管理。

③ 根服务器管理着.com、.net、.org 等顶级域名的地址解析。它收到请求后，把解析结果（管理.com 域的服务器地址）返回给本地 DNS 服务器。

④ 本地 DNS 服务器得到查询结果后，向管理.com 域的 DNS 服务器（即 com 名称服务器）发出查询请求，要求得到 ryjiaoyu.com 的 DNS 地址。

⑤ com 名称服务器把解析结果（管理 ryjiaoyu.com 域的服务器地址）返回给本地 DNS 服务器。

⑥ 本地 DNS 服务器得到查询结果后，向管理 ryjiaoyu.com 域的 DNS 服务器（即 ryjiaoyu.com 名称服务器）发出查询具体的主机 IP 地址的请求，要求得到满足要求的主机 IP 地址。

⑦ ryjiaoyu.com 名称服务器把解析结果返回给本地 DNS 服务器。

⑧ 本地 DNS 服务器得到了最终的查询结果，并把这个结果返回给 DNS 客户端，从而使 DNS 客户端能够和远程主机通信。

7.1.4　DNS 区域

为了便于根据实际情况来减轻 DNS 名称管理工作的负荷，将 DNS 名称空间划分为区域（Zone）来进行管理。区域是 DNS 服务器的管辖范围，是由 DNS 名称空间中的单个域或由具有上下隶属关系的、紧密相邻的多个子域组成的一个管理单位。因此，DNS 服务器是通过区域来管理名称空间的，而并非以域为单位来管理名称空间，但区域的名称与其管理的 DNS 名称空间的域的名称是一一对应的。

一台 DNS 服务器可以管理一个或多个区域，而一个区域也可以由多台 DNS 服务器来管理（例如，由一台主 DNS 服务器和多台辅助 DNS 服务器来管理）。在 DNS 服务器中必须先建立区域，再根据需要在区域中建立子域及在区域或子域中添加资源记录，才能完成其解析工作。

1. 正向解析和反向解析

将 DNS 名称解析成 IP 地址的过程称为正向解析，递归查询和转寄查询两种查询模式都是正向解析。将 IP 地址解析成 DNS 名称的过程称为反向解析，它依据 DNS 客户端提供的 IP 地址来查询它的主机名。由于 DNS 名称空间中的域名与 IP 地址之间无法建立直接对应关系，所以必须在 DNS 服务器中创建一个反向查询的区域，该区域名称的最后部分为 in-addr.arpa。

DNS 服务器分别通过正向查找区域和反向查找区域来管理正向解析和反向解析。在 Internet 中，正向解析的应用非常普遍；而反向解析会占用大量的系统资源，给网络带来风险，所以通常不提供反向解析。

2. 主要区域、辅助区域和存根区域

不论是正向解析还是反向解析，均可以针对一个区域建立 3 种类型的区域，即主要区域、辅助区域和存根区域。

（1）主要区域。一个区域的主要区域建立在该区域的主 DNS 服务器中。主要区域的数据库文件是可读、可写的，所有针对该区域的添加、修改和删除等写入操作都必须在主要区域中进行。

（2）辅助区域。一个区域的辅助区域建立在该区域的辅助 DNS 服务器中。辅助区域的数据库文件是主要区域数据库文件的副本，需要定期地通过区域传送从主要区域中复制以获得更新。辅助区域的主要作用是均衡 DNS 解析的负载以提高解析效率，同时提供容错能力。必要时，可以将辅助区域转换为主要区域。辅助区域内的记录是只读的，不可以修改。例如，图 7-4 所示的 DNS 服务器 B 与 DNS 服务器 C 内都各有一个辅助区域，其中的记录是从 DNS 服务器 A 复制过来的，换句话说，DNS 服务器 A 是它们的主服务器。

（3）存根区域。一个区域的存根区域类似于辅助区域，也是主要区域的只读副本，但存根区域只从主要区域中复制 SOA 记录、NS 记录，以及粘附 A 记录（即解析 NS 记录所需的 A 记录），而不是所有的区域数据库信息。存根区域所属的主要区域通常是一个受委派区域，如果该受委派区域部署了辅助 DNS 服务器，则通过存根区域可以让委派服务器获得该受委派区域的权威 DNS 服务器列表（包括主 DNS 服务器和所有辅助 DNS 服务器）。

图 7-4　辅助区域

> **说明** 在 Windows Server 2022 中，DNS 服务支持增量区域传送（Incremental Zone Transfer），也就是在更新区域中的记录时，DNS 服务器之间只传输发生改变的记录，因此提高了传输的效率。
>
> 在以下情况下可以启动增量区域传送：管理区域的辅助 DNS 服务器启动、区域的刷新时间间隔过期、主 DNS 服务器中的记录发生改变并设置了 DNS 通告列表。这里，所谓 DNS 通告是利用"推"的机制，当 DNS 服务器中的区域记录发生改变时，它将通知选定的 DNS 服务器进行更新，被通知的服务器启动区域复制操作。

3. 资源记录

DNS 数据库文件由区域文件、缓存文件和反向搜索文件等组成，其中区域文件是最主要的，它保存着 DNS 服务器所管辖区域的主机的域名记录。区域文件默认的文件名是"区域名.dns"，在 Windows Server 2022 中，其位于 %Systemroot%\System32\dns 目录中。而缓存文件用于保存根域中的 DNS 服务器名称与 IP 地址的对应表，文件名为 cache.dns。DNS 服务就是依赖于 DNS 数据库文件来实现的。

每个区域文件都是由资源记录构成的。资源记录是 DNS 服务器提供名称解析的依据，当收到解析请求后，DNS 服务器会查找资源记录并予以响应。常见的资源记录主要包括 SOA 记录、NS 记录、A 记录、CNAME 记录、PTR 记录及 MX 记录等类型，如表 7-3 所示。

表 7-3　常见的资源记录类型及说明

资源记录类型	说明
SOA（Start Of Authority）	起始授权机构记录，用于表示一个区域的开始。SOA 记录后的所有信息均是用于控制这个区域的。每个区域文件都必须包含一个 SOA 记录，并且必须是其中的第 1 个资源记录，用以标识 DNS 服务器所管理的起始位置
NS（Name Server）	名称服务器记录，用于标识一个区域的 DNS 服务器
A（Address）	地址记录，也称为主机（Host）记录，实现正向解析，建立 DNS 名称到 IP 地址的映射，用于正向解析
CNAME（Canonical NAME）	规范名称记录，也称为别名（Alias）记录，定义 A 记录的别名，用于将 DNS 域名映射到另一个主要的或规范的名称，该名称可能是 Internet 中规范的名称，如 www
PTR（PoinTeR）	指针记录，实现反向解析，建立 IP 地址到 DNS 名称的映射
MX（Mail eXchanger）	邮件交换器记录，用于指定交换或者转发邮件信息的服务器（该服务器知道如何将邮件传送到最终目的地）

标准的资源记录的基本格式如下。

```
[name]        [ttl]        IN        type      rdata
```

- name。此字段是名称字段，是资源记录引用的域对象名，可以是一台单独的主机，也可以是整个域。name 字段可以有以下 4 种取值："."表示根域；"@"表示默认域，即当前域；"标准域名"是以"."结束的域名，或是一个相对域名；"空（空值）"适用于最后一个带有名称的域对象。
- ttl。此字段是生存时间字段，它以秒为单位定义该资源记录中的信息存放在 DNS 缓存中的时间长度。此字段值通常为空，表示采用 SOA 记录中的最小 ttl 值。
- IN。此字段用于将当前资源记录标识为一个 Internet 的 DNS 资源记录。

- type。此字段是类型字段，用于标识当前资源记录的类型。
- rdata。此字段是数据字段，用于指定与当前资源记录有关的数据。数据字段的内容取决于类型字段。

7.2 项目设计与准备

1. 部署需求

在部署 DNS 服务器之前需做以下准备工作。

- 设置 DNS 服务器的 TCP/IP 属性，手动指定 IP 地址、子网掩码、默认网关和 DNS 服务器的 IP 地址等。
- 部署域环境，域名为 long60.cn。

2. 部署环境

任务 7-1～任务 7-3 的所有实例都部署在同一个网络环境下，DNS1、DNS2、DNS3、DNS4 是 4 台不同角色的 DNS 服务器（可将前面的 4 台域控制器使用快照功能恢复初始安装，再修改计算机名称），网络操作系统是 Windows Server 2022。Client1 是 DNS 客户端，安装 Windows Server 2022 或 Windows 10 操作系统。架设 DNS 服务器的网络拓扑结构如图 7-5 所示。

图 7-5　架设 DNS 服务器的网络拓扑结构

在项目实施过程中需要说明以下 3 点。

（1）这是全部 DNS 项目实施的拓扑结构。在单个任务中，如果有些计算机不需要使用，则可以将其挂起或关闭，以免影响响应效率，请读者灵活处理。

（2）唯缓存 DNS 服务器和辅助 DNS 服务器通常无法同时由一台计算机承担。本项目仅仅是为了提高操作效率才做这样的安排。

（3）所有虚拟机的网络连接模式都设置为"仅主机模式"。

> **特别提示**　DNS1～DNS4 由 Server1～Server4 的初始安装快照恢复而来，但要记得修改主机名、IP 地址等参数。将 MS1 重命名为 Client1。

任务 7-1 添加 DNS 服务器

设置 DNS 服务器的首要任务是建立 DNS 区域和域的树状结构。DNS 服务器以区域为单位来管理服务。区域是一个数据库，用来链接 DNS 名称和相关数据，如 IP 地址和网络服务，在 Internet 环境中一般用二级域名来命名，如 long60.cn。而 DNS 区域分为两类：一类是正向查找区域，即域名到 IP 地址的数据库，用于提供将域名转换为 IP 地址的服务；另一类是反向查找区域，即 IP 地址到域名的数据库，用于提供将 IP 地址转换为域名的服务。

7-4 课堂慕课
配置与管理 DNS
服务器

1. 安装 DNS 服务器角色

在 DNS1 上通过"服务器管理器"窗口安装 DNS 服务器角色。具体步骤如下。

STEP 1 选择"服务器管理器"→"仪表板"→"添加角色和功能"选项，持续单击"下一步"按钮，直到进入图 7-6 所示的"选择服务器角色"界面，勾选"DNS 服务器"复选框，在弹出的"添加角色和功能向导"对话框中单击"添加功能"按钮。

图 7-6 "选择服务器角色"界面

STEP 2 持续单击"下一步"按钮，最后单击"安装"按钮，开始安装 DNS 服务器。安装完毕，单击"关闭"按钮，完成 DNS 服务器角色的安装。

2. DNS 服务的启动和停止

启动或停止 DNS 服务可使用 net 命令、"DNS 管理器"窗口或"服务"窗口。具体步骤如下。

（1）使用 net 命令

以域管理员账户登录 DNS1，在命令提示符窗口中执行"net stop dns"命令可停止 DNS 服务，执行"net start dns"命令可启动 DNS 服务。

（2）使用"DNS 管理器"窗口

选择"服务器管理器"→"工具"→"DNS"选项，打开"DNS 管理器"窗口，在左侧树状列表中选中"DNS1"选项并单击鼠标右键，在弹出的快捷菜单中选择"所有任务"→"停止""启动"或"重新启动"选项，即可停止或启动DNS服务，如图7-7所示。

图7-7 "DNS管理器"窗口

（3）使用"服务"窗口

选择"服务器管理器"→"工具"→"服务"选项，打开"服务"窗口，找到"DNS Server"服务，选择"启动"或"停止"选项即可启动或停止DNS服务。

任务7-2 部署主DNS服务器的DNS区域

在实际应用中，因为DNS服务器一般会与活动目录区域集成，所以当安装完DNS服务器，并新建区域后，可直接将该服务器升级为域控制器，将新建区域更新为活动目录集成区域。

1. 创建正向查找区域

在DNS服务器上创建正向查找区域"long60.cn"，具体步骤如下。

STEP 1 在DNS1上选择"服务器管理器"→"工具"→"DNS"选项，打开"DNS管理器"窗口，在左侧的树状列表中选中"正向查找区域"选项并单击鼠标右键，在弹出的快捷菜单中选择"新建区域"选项，如图7-8所示，弹出"新建区域向导"对话框。

STEP 2 单击"下一步"按钮，进入图7-9所示的"区域类型"界面，选择要创建的区域的类型。有"主要区域""辅助区域""存根区域"3个选择，若要创建新的区域，则应当选中"主要区域"单选按钮。

> **注意** 如果当前DNS服务器上安装了Active Directory域服务，则将自动勾选"在Active Directory中存储区域(只有DNS服务器是可写域控制器时才可用)"复选框。

STEP 3 单击"下一步"按钮，在"区域名称"文本框中设置要创建的区域名称，如long60.cn，如图7-10所示。区域名称用于指定DNS名称空间，由此实现DNS服务器的管理。

STEP 4 单击"下一步"按钮，创建区域文件long60.cn.dns，如图7-11所示。

图 7-8　选择"新建区域"选项

图 7-9　"区域类型"界面

图 7-10　设置区域名称

图 7-11　创建区域文件

STEP 5 单击"下一步"按钮，进入"动态更新"界面，选中"允许非安全和安全动态更新"单选按钮，如图 7-12 所示。

> **注意** 因为会将 long60.cn 区域更新为活动目录集成区域，所以这里一定不能选中"不允许动态更新"单选按钮，否则无法将 long60.cn 更新为活动目录集成区域。

STEP 6 单击"下一步"按钮，显示新建区域摘要。单击"完成"按钮，完成区域的创建。

> **注意** 如果是活动目录集成区域，则不指定区域文件，否则指定区域文件为 long60.cn.dns。

2. 创建反向查找区域

反向查找区域用于通过 IP 地址来查询 DNS 名称。具体步骤如下。

STEP 1 在"DNS 管理器"窗口中选中"反向查找区域"选项并单击鼠标右键，在弹出的快捷菜单中选择"新建区域"选项，并在"区域类型"界面中选中"主要区域"单选按钮。

图7-12 "动态更新"界面

STEP 2 在"反向查找区域名称"界面中选中"IPv4 反向查找区域"单选按钮，如图 7-13 所示。

STEP 3 在图 7-14 所示的界面中输入网络 ID 或者反向查找区域名称。本例中输入的是网络 ID，反向查找区域名称根据网络 ID 自动生成。例如，当输入网络 ID 为 192.168.10 时，反向查找区域名称自动变为 10.168.192.in-addr.arpa。

图 7-13 "反向查找区域名称"界面

图 7-14 输入网络 ID

STEP 4 单击"下一步"按钮，选中"允许非安全和安全动态更新"单选按钮。

STEP 5 单击"下一步"按钮，显示新建区域摘要。单击"完成"按钮，完成区域的创建。图 7-15 所示为创建正向查找区域、反向查找区域后的 DNS 管理器。

图 7-15 创建正向查找区域、反向查找区域后的 DNS 管理器

3. 创建资源记录

DNS 服务器需要根据区域中的资源记录提供该区域的名称解析。因此，在区域创建完成之后，需要在区域中创建所需的资源记录。

（1）创建 A 记录

创建 DNS2 对应的 A 记录，具体步骤如下。

STEP 1 以域管理员账户登录 DNS1，打开"DNS 管理器"窗口，在左侧树状列表中选择要创建资源记录的正向查找区域"long60.cn"，在右侧窗格空白处单击鼠标右键，或选中要创建资源记录的正向查找区域并单击鼠标右键，在弹出的快捷菜单中选择相应选项创建资源记录，如图 7-16 所示。

STEP 2 选择"新建主机(A 或 AAAA)"选项，弹出"新建主机"对话框，通过此对话框可以创建 A 记录，如图 7-17 所示。

图 7-16　创建资源记录

图 7-17　创建 A 记录

- 在"名称(如果为空则使用其父域名称)"文本框中输入 A 记录的名称，该名称即主机名，本例为"DNS2"。
- 在"IP 地址"文本框中输入该主机的 IP 地址，本例为 192.168.10.2。
- 若勾选"创建相关的指针(PTR)记录"复选框，则在创建 A 记录的同时，可在已经存在的对应的反向查找区域中创建 PTR 记录。若之前没有创建对应的反向查找区域，则无法成功创建 PTR 记录。本例不勾选此复选框，后面单独创建 PTR 记录。

STEP 3 用同样的方法创建 DNS1 对应的 A 记录，IP 地址是 192.168.10.1。

（2）创建 CNAME 记录

DNS1 同时是 Web 服务器，为其设置别名 www。具体步骤如下。

STEP 1 在图 7-16 所示的快捷菜单中选择"新建别名(CNAME)"选项，打开"新建资源记录"对话框的"别名(CNAME)"选项卡，通过此选项卡可以创建 CNAME 记录，如图 7-18 所示。

STEP 2 在"别名(如果为空则使用父域)"文本框中输入一个规范的名称（本例为 www）。单击"浏览"按钮，选中需要定义别名的目的服务器的域名（本例为 DNS1.long60.cn），或者直接输入目的服务器的名称。在"目标主机的完全合格的域名(FQDN)"文本框中输入需要定义别名的完整 DNS 服务器域名。

（3）创建 MX 记录

当将邮件发送到邮件服务器（SMTP 服务器）后，此邮件服务器必须将邮件转发到目的邮件服务器，但是邮件服务器如何得知目的邮件服务器的 IP 地址呢？

答案是向 DNS 服务器查询 MX 记录，因为 MX 记录中记录着负责某个域邮件接收的邮件服务器。

DNS2 同时是邮件服务器。在图 7-16 所示的快捷菜单中选择"新建邮件交换器(MX)"选项，打开"新建资源记录"对话框的"邮件交换器(MX)"选项卡，通过此选项卡可以创建 MX 记录，如图 7-19 所示。

图 7-18　创建 CNAME 记录

图 7-19　创建 MX 记录

STEP 1　在"主机或子域"文本框中输入 MX 记录的名称，该名称将与所在区域的名称一起构成邮件地址中"@"后面的后缀。例如，如果邮件地址为 yy@long60.cn，则应将 MX 记录的名称设置为空（使用其所属域的名称 long60.cn）；如果邮件地址为 yy@mail.long60.cn，则应输入 mail 为 MX 记录的名称记录。本例输入"mail"。

STEP 2　在"邮件服务器的完全限定的域名(FQDN)"文本框中输入该邮件服务器的名称（此名称必须是已经创建的对应于邮件服务器的 A 记录）。本例输入"DNS2.long60.cn"。

STEP 3　在"邮件服务器优先级"文本框中设置当前 MX 记录的优先级；如果存在两个或更多的 MX 记录，则在解析时将首选优先级高的 MX 记录。本例输入"10"。单击"确定"按钮即可。

（4）创建 PTR 记录

STEP 1　以域管理员账户登录 DNS1，打开"DNS 管理器"窗口。

STEP 2　在左侧树状列表中选择要创建资源记录的反向查找区域"10.168.192.in-addr.arpa"，在右侧窗格空白处单击鼠标右键，或选中要创建资源记录的反向查找区域并单击鼠标右键，在弹出的快捷菜单中选择"新建指针(PTR)"选项，如图 7-20 所示；在弹出的"新建资源记录"对话框的"指针(PTR)"选项卡中即可创建 PTR 记录，如图 7-21 所示。同理，可创建 192.168.10.2 的 PTR 记录。

STEP 3　资源记录创建完成之后，在"DNS 管理器"窗口和区域文件中都可以看到这些资源记录，如图 7-22 所示。

图 7-20 选择"新建指针(PTR)选项

图 7-21 创建 PTR 记录

图 7-22 通过"DNS 管理器"窗口查看反向查找区域中的资源记录

> **注意** 如果 DNS 区域是和 Active Directory 域服务集成的，那么资源记录将保存到活动目录中；如果 DNS 区域不是和 Active Directory 域服务集成的，那么资源记录将保存到区域文件中。默认 DNS 服务器的区域文件存储在"C:\Windows\System32\dns"中。若不集成活动目录，则本例正向查找区域文件为 long60.cn.dns，反向查找区域文件为 10.168.192.in-addr.arpa.dns。这两个文件可以用记事本打开。

4. 将 long60.cn 区域更新为活动目录集成区域

将 DNS1 服务器升级为域控制器，升级过程可参考项目 3 的相关内容。活动目录集成区域 long60.cn 如图 7-23 所示。

图 7-23 活动目录集成区域 long60.cn

> **注意** 注意图 7-23 中的框选部分，请读者对照图 7-22 查看有什么区别，总结独立区域与活动目录集成区域有什么不同。

任务 7-3 配置 DNS 客户端并测试主 DNS 服务器

可以通过手动方式配置 DNS 客户端，也可以通过 DHCP 自动配置 DNS 客户端（要求 DNS 客户端是 DHCP 客户端）。

1. 配置 DNS 客户端

STEP 1 以管理员账户登录 DNS 客户端 Client1，在"Internet 协议版本 4(TCP/IPv4)属性"对话框的"首选 DNS 服务器"文本框中设置所部署的主 DNS 服务器 DNS1 的 IP 地址为"192.168.10.1"，单击"确定"按钮。

STEP 2 通过 DHCP 自动配置 DNS 客户端，参考项目 8。

2. 测试 DNS 服务器

部署完主 DNS 服务器并启动 DNS 服务后，应该对 DNS 服务器进行测试，常用的测试命令是 nslookup 命令和 ping 命令。

nslookup 命令是用来进行手动 DNS 查询的常用命令，可以判断 DNS 服务器是否正常工作。如果有故障，则可以判断可能的故障原因。其一般语法格式如下。

nslookup　[-option...]　[host to find]　[server]

这个工具有两种模式：非交互模式和交互模式。

图 7-24 在非交互模式下测试 DNS 服务器配置

（1）非交互模式

非交互模式要在命令提示符窗口中输入完整的命令，如"nslookup www.long60.cn"，如图 7-24 所示。

（2）交互模式

输入"nslookup"命令并按 Enter 键，不需要参数，即可进入交互模式。在交互模式下，直接输入 FQDN（Fully Qualified Domain Name，完全限定的域名）即可进行查询。

任何一种模式都可以将参数传递给 nslookup，但在域名服务器出现故障时，使用交互模式更多。在交互模式下，可以在命令提示符">"后输入"help"或"?"来获得帮助信息。

下面在客户端 Client1 的交互模式下，测试前面部署的 DNS 服务器。

STEP 1 进入 Windows PowerShell 或者在"运行"对话框中输入"cmd"，在命令提示符窗口中输入"nslookup"命令并按 Enter 键，测试 DNS 服务器配置，如图 7-25 所示。

STEP 2 测试 A 记录，如图 7-26 所示。

图 7-25 测试 DNS 服务器配置

图 7-26 测试 A 记录

STEP 3 测试正向解析的邮件交换记录，如图 7-27 所示。
STEP 4 测试 MX 记录，如图 7-28 所示。

图 7-27　测试正向解析的邮件交换记录

图 7-28　测试 MX 记录

> **说明** set type 表示设置查找的类型。set type=MX 表示查找邮件交换器记录；set type=CNAME 表示查找别名记录；set type=A 表示查找主机记录；set type=PTR 表示查找指针记录；set type=NS 表示查找名称服务器记录。

STEP 5 测试 PTR 记录，如图 7-29 所示。
STEP 6 查找 NS 记录，如图 7-30 所示。结束后退出交互模式。

图 7-29　测试 PTR 记录　　　　图 7-30　查找 NS 记录

> **做一做** 可以利用 "ping 域名或 IP 地址" 简单测试 DNS 服务器与客户端的配置。

3. 管理 DNS 客户端缓存

① 进入 Windows PowerShell 或者在"运行"对话框中输入"cmd"，打开命令提示符窗口。
② 执行以下命令，查看 DNS 客户端缓存。
```
>ipconfig /displaydns
```
③ 执行以下命令，清空 DNS 客户端缓存。
```
>ipconfig /flushdns
```

任务 7-4　部署唯缓存 DNS 服务器

尽管所有的 DNS 服务器都会缓存其已解析的结果，但唯缓存 DNS 服务器是仅执行查询、缓存解析结果的 DNS 服务器，不存储任何区域数据库。唯缓存 DNS 服务器对任何域来说都不是权威的，且它包含的信息仅限于解析查询时已缓存的内容。

唯缓存 DNS 服务器初次启动时并没有缓存任何信息，其只有在响应客户端请求时才会缓存。如果 DNS 客户端位于远程网络，且该远程网络与主 DNS 服务器（或辅助 DNS 服务器）所在的网络通过慢速广域网链路进行通信，则在远程网络中部署唯缓存 DNS 服务器是一种合理的解决方案。因此，一旦唯缓存 DNS 服务器（或辅助 DNS 服务器）建立了缓存，其与主 DNS 服务器的通信量便会减少。此外，唯缓存 DNS 服务器不需要执行区域传送，因此不会出现由区域传送导致网络通信量增大的情况。

1. 部署唯缓存 DNS 服务器的需求和环境

任务 7-4 的所有实例均按图 7-31 所示的信息来部署网络环境。其中，DNS2 为唯缓存 DNS 转发器，仅安装 DNS 服务器角色和功能，不创建任何区域；DNS2 的 IP 地址为 192.168.10.2/24，首选 DNS 服务器的 IP 地址是 192.168.10.2，且 DNS2 是 Windows Server 2022 的独立服务器。

图 7-31　部署唯缓存 DNS 服务器的网络拓扑结构

2. 配置 DNS 转发器

（1）更改 DNS 客户端 IP 地址指向。

STEP 1 登录 DNS 客户端 Client1，将其首选 DNS 服务器的 IP 地址指向 192.168.10.2，备用 DNS 服务器设置为空。

STEP 2 打开命令提示符窗口，执行"ipconfig /flushdns"命令清空 Client1 上的缓存。执行"ping www.long60.cn"命令发现无法解析，因为该记录存储于 DNS1 上，但不存储于 DNS2 上。

（2）在唯缓存 DNS 服务器上安装 DNS 服务器并配置 DNS 转发器。

STEP 1 以具有管理员权限的用户账户登录将要部署唯缓存 DNS 服务器的 DNS2。

STEP 2 参考任务 7-1 安装 DNS 服务器角色和功能。

STEP 3 打开"DNS 管理器"窗口，在左侧树状列表中选中"DNS2"选项并单击鼠标右键，在弹出的快捷菜单中选择"属性"选项。

STEP 4 在弹出的"DNS2 属性"对话框中选择"转发器"选项卡，如图 7-32 所示。

STEP 5 单击"编辑"按钮，弹出"编辑转发器"对话框。在"转发服务器的 IP 地址"列表框中添加需要转发到的 DNS 服务器的 IP 地址"192.168.10.1"，该计算机能解析到相应服务器的 FQDN，如图 7-33 所示，单击"确定"按钮即可。

STEP 6 采用同样的方法，根据需要配置其他区域的 DNS 转发器。

图 7-32 "转发器"选项卡 　　　　　　　　　 图 7-33 "编辑转发器"对话框

3. 根提示服务器

注意图 7-32 中的"如果没有转发器可用,请使用根提示"复选框。那么什么是根提示呢?

根提示内的 DNS 服务器就是图 7-1 所示的根域内的 DNS 服务器,这些服务器的名称与 IP 地址等数据存储在%Systemroot%\System32\DNS\cache.dns 文件中;也可以在"DNS 管理器"窗口中选中 DNS 服务器并单击鼠标右键,在弹出的快捷菜单中选择"属性"选项,在弹出的对话框中选择"根提示"选项卡,以查看这些信息,如图 7-34 所示。

可以在"根提示"选项卡中添加、编辑与删除 DNS 服务器,这些数据变化会被存储到 cache.dns 文件中,也可以单击"从服务器复制"按钮,从其他 DNS 服务器复制根提示。

当 DNS 服务器收到 DNS 客户端的查询请求后,如果要查询的记录不在其所管辖的区域内(或不在缓存区内),那么此 DNS 服务器默认会转向根提示内的 DNS 服务器进行查询。如果企业内部拥有多台 DNS 服务器,则可能会出于安全考虑,只允许其中一台 DNS 服务器可以直接与外界 DNS 服务器通信,并使其他 DNS 服务器将查询请求委托给这一台 DNS 服务器来负责,也就是说,这一台 DNS 服务器是其他 DNS 服务器的转发器。

4. 测试唯缓存 DNS 服务器

在 Client1 上打开命令提示符窗口,使用 nslookup 命令测试唯缓存 DNS 服务器,如图 7-35 所示。

图 7-34 "根提示"选项卡

图 7-35　在 Client1 上测试唯缓存 DNS 服务器

任务 7-5　部署辅助 DNS 服务器

辅助区域用来存储区域内的副本记录，这些记录是只读的，不能修改。下面利用图 7-36 所示的信息来建立辅助区域。

这里将在 DNS2 上建立一个辅助区域 long60.cn，此区域内的记录是从其主服务器 DNS1 通过区域传送复制过来的。

（1）DNS1 仍沿用任务 7-4 的 DNS 服务器，确保已经建立了 A 记录（FQDN 为 DNS2. long60.cn，IP 地址为 192.168.10.2）。首选 DNS 服务器是其本身，备用 DNS 服务器的 IP 地址是 192.168.10.2。

（2）DNS2 仍沿用任务 7-4 的 DNS 服务器，但是将转发器删除。首选 DNS 服务器的 IP 地址是 192.168.10.2，备用 DNS 服务器的 IP 地址是 192.168.10.1。

1. 新建辅助区域（DNS2）

STEP 1　在 DNS2 上安装 DNS 服务器角色和功能。

STEP 2　在 DNS2 上选择"服务器管理器"→"工具"→"DNS"选项，在打开的窗口中选中"正向查找区域"选项并单击鼠标右键，在弹出的快捷菜单中选择"新建区域"选项，在弹出的对话框中单击"下一步"按钮。

STEP 3　在图 7-37 所示的界面中选中"辅助区域"单选按钮，单击"下一步"按钮。

图 7-36　辅助 DNS 服务器配置　　　　　　　　图 7-37　选择区域类型

STEP 4　在图 7-38 所示的界面中输入区域名称"long60.cn"，单击"下一步"按钮。

STEP 5　在图 7-39 所示的界面中输入主 DNS 服务器（DNS1）的 IP 地址后按 Enter 键，单击"下一步"按钮，在弹出的对话框中单击"完成"按钮。

图 7-38　输入区域名称　　　　　　　　　图 7-39　输入主 DNS 服务器的 IP 地址

STEP 6 重复 STEP 2~STEP 5，新建反向查找区域的辅助区域。操作类似，此处不赘述。

2. 确认 DNS1 是否允许区域传送

如果 DNS1 不允许将区域记录传送给 DNS2，那么 DNS2 向 DNS1 提出区域传送请求时会被拒绝。下面先设置让 DNS1 允许将区域记录传送给 DNS2。

STEP 1 在 DNS1 上选择"开始"→"Windows 管理工具"→"DNS"选项，打开"DNS 管理器"窗口，展开"DNS1"和"正向查找区域"选项，选中"long60.cn"选项（见图 7-40）并单击"属性"按钮 📖。

图 7-40 选中"long60.cn"选项

STEP 2 在弹出的"long60.cn 属性"对话框中选择"区域传送"选项卡，勾选"允许区域传送"复选框，选中"只允许到下列服务器"单选按钮，单击"编辑"按钮以便选择 DNS2 的 IP 地址，如图 7-41 所示。

> **提示** 也可以选中"到所有服务器"单选按钮，此时 DNS1 将接收其他任何一台 DNS 服务器提出的区域传送请求。建议不要选中此单选按钮，否则此区域记录将被轻易地传送到其他外部 DNS 服务器中。

STEP 3 在"允许区域传送"对话框中输入 DNS2 的 IP 地址后，按 Enter 键，单击"确定"按钮，如图 7-42 所示。

图 7-41 "区域传送"选项卡

图 7-42 "允许区域传送"对话框

> **注意** DNS1 会通过反向查询来尝试解析拥有此 IP 地址的 DNS 主机名——FQDN。如果没有反向查找区域可供查询，则会显示无法解析的警告信息，此时可以不必理会此信息，它并不会影响到区域传送。本例中已事先建好了 PTR 记录。

STEP 4 单击"确定"按钮，完成区域传送设置。

类似地，重复 STEP 1~STEP 4，允许反向查找区域向 DNS2 进行区域传送。

3. 测试辅助 DNS 服务器是否设置成功（DNS2）

回到 DNS2 服务器。

STEP 1 在 DNS2 上打开"DNS 管理器"窗口，其中正向查找区域 long60.cn 和反向查找区域 10.168.192.in-addr.arpa 的记录是自动从其主服务器 DNS1 复制过来的，如图 7-43 和图 7-44 所示（如果不能正常复制，则可以重新启动 DNS2）。

图 7-43　自动从其主服务器 DNS1 复制的正向查找区域数据

图 7-44　自动从其主服务器 DNS1 复制的反向查找区域数据

> **提示** 如果设置都正确，但一直看不到这些记录，则可选中区域 long60.cn 后按 F5 键刷新，如果仍看不到，则可将"DNS 管理器"窗口关闭后重新打开，或者重新启动 DNS2。

STEP 2 存储辅助区域的 DNS 服务器默认会每隔 15 分钟自动向主服务器请求执行区域传送的操作。也可以选中辅助区域后单击鼠标右键，在弹出的快捷菜单中选择"从主服务器传输"或"从主服务器传送区域的新副本"选项来手动要求执行区域传送操作，如图 7-45 所示。

图 7-45 手动执行区域传送操作

- 从主服务器传输：它会执行常规的区域传送操作，即如果依据 SOA 记录内的序号判断出在主服务器内有新版本的记录，则执行区域传送操作。

- 从主服务器传送区域的新副本：不理会 SOA 记录内的序号，重新从主服务器复制完整的区域记录。

 提示 如果发现此窗口中显示的记录存在异常，则可以尝试选中辅助区域并单击鼠标右键，在弹出的快捷菜单中选择"重新加载"选项从区域文件中重新加载记录。

任务 7-6　部署委派域

1. 部署子域和委派的需求及环境

本任务的所有实例都部署在图 7-46 所示的网络环境中。在原有网络环境中增加主机名为 DNS3 的委派 DNS 服务器，其 IP 地址为 192.168.10.3/24，首选 DNS 服务器的 IP 地址是 192.168.10.3，它是子域控制器，同时是 DNS 服务器。

图 7-46 配置 DNS 委派域的网络拓扑结构

2. 区域委派

DNS 名称解析是通过分布式结构来管理和实现的，它允许将 DNS 名称空间根据层次结构分割成一个或多个区域，并将这些区域委派给不同的 DNS 服务器进行管理。例如，某区域的 DNS 服务器（以下称"委派服务器"）可以将其子域委派给另一台 DNS 服务器（以下简称"受委派服务器"）全权管理，由受委派服务器维护该子域的数据库，并负责响应针对该子域的名称解析请求。而委派服务器则无须进行任何针对该子域的管理工作，也无须保存该子域的数据库，只需保留到达受委派服务器的指向，即当 DNS 客户端请求解析该子域的名称时，委派服务器将无法直接响应该请求，但其明确知道应由哪个受委派服务器来响应该请求。

采用区域委派可有效均衡负载。将子域的管理和解析任务分配到各个受委派服务器，可以大幅度降低父级或顶级域名服务器的负载，提高解析效率。同时，这种分布式结构使得真正提供解析的受委派服务器更接近于客户端，从而减少了带宽资源的浪费。

部署区域委派需要在委派服务器和受委派服务器中都进行必要的配置。

根据图 7-46，受委派服务器 DNS3 上要创建主要区域"china.long60.cn"，且要在该区域中创建资源记录，然后在委派服务器 DNS1 上创建委派区域"china"。具体步骤如下。

（1）配置受委派服务器

STEP 1 使用具有管理员权限的用户账户登录受委派服务器 DNS3。

STEP 2 在受委派服务器上安装 DNS 服务器角色和功能。

STEP 3 在受委派服务器 DNS3 上创建正向主要区域 china.long60.cn（正向主要区域的名称必须与受委派区域的名称相同），如图 7-47 和图 7-48 所示。

图 7-47　创建正向主要区域 china.long60.cn（1）　　　图 7-48　创建正向主要区域 china.long60.cn（2）

STEP 4 在受委派服务器 DNS3 上创建反向主要区域 10.168.192.in-addr.arpa。

STEP 5 创建区域完成后，新建资源记录，如主机 Client1.china.long60.cn 对应的 IP 地址是 192.168.10.100，DNS1.china.long60.cn 对应的 IP 地址是 192.168.10.1，DNS2.china.long60.cn 对应的 IP 地址是 192.168.10.2，DNS3.china.long60.cn 对应的 IP 地址是 192.168.10.3（必须新建），MS2.china.long60.cn 对应的 IP 地址是 192.168.10.200。受委派服务器配置完成后的界面如图 7-49 所示。

图 7-49　受委派服务器配置完成后的界面

（2）配置委派服务器

委派服务器 DNS1 将在 long60.cn 中新建 china 委派域，并将其委派给 DNS3（IP 地址为 192.168.10.3）进行管理。

STEP 1　使用具有管理员权限的用户账户登录委派服务器 DNS1。

STEP 2　打开"DNS 管理器"窗口，在区域"long60.cn"下创建 DNS3 的 A 记录，该 A 记录是被委派 DNS 服务器的 A 记录（DNS3.long60.cn 对应的 IP 地址是 192.168.10.3）。

STEP 3　选中"long60.cn"选项并单击鼠标右键，在弹出的快捷菜单中选择"新建委派"选项，弹出"新建委派向导"对话框。

STEP 4　单击"下一步"按钮，进入"受委派域名"界面，在此界面中指定要委派给受委派服务器进行管理的域名 china，如图 7-50 所示。

STEP 5　单击"下一步"按钮，进入"名称服务器"界面，在此界面中指定受委派服务器，单击"添加"按钮，弹出"新建名称服务器记录"对话框，在"服务器完全限定的域名(FQDN)"文本框中输入受委派服务器的 A 记录的 FQDM"DNS3.china.long60.cn"，在"此 NS 记录的 IP 地址"列表框中输入受委派 DNS 服务器的 IP 地址"192.168.10.3"后按 Enter 键，如图 7-51 所示。注意，由于目前无法解析到 DNS3.china.long60.cn 的 IP 地址，因此输入 FQDN 后不要单击"解析"按钮。

图 7-50　指定受委派域名

图 7-51　指定受委派服务器

STEP 6　单击"确定"按钮，返回"名称服务器"界面，从中可以看到受委派服务器，如图 7-52 所示。

STEP 7　单击"下一步"按钮，进入"完成"界面，单击"完成"按钮，返回"DNS 管理器"窗口。在"DNS 管理器"窗口中可以看到已经添加的委派子域"china"，委派服务器配置完成。完成委派设置的界面如图 7-53 所示（注意，一定不要在 long60.cn 域中建立 china 子域）。

> **注意** 受委派服务器必须在委派服务器中有一个对应的 A 记录，以便委派服务器指向受委派服务器。该 A 记录可以在新建委派之前创建，否则在新建委派时会自动创建。

图7-52 "名称服务器"界面

图7-53 完成委派设置的界面

（3）将DNS3升级为子域控制器

需要说明的是，将DNS3升级为子域控制器在部署委派域时并不是必需的。

STEP 1 参考项目3的相关内容，在DNS3上安装 Active Directory 域服务。

STEP 2 打开图 7-54 所示的窗口时，选中"将新域添加到现有林"单选按钮，选择域类型为"子域"，父域名为"long60.cn"，子域名为"china"，单击"更改"按钮，在弹出的"Windows 安全中心"对话框中输入域 long60.cn 的域管理员账户和密码，单击"确定"按钮。

图7-54 子域的部署配置

STEP 3 单击"下一步"按钮，直到完成安装，计算机会自动重新启动。至此，DNS3 成功升级为子域 china.long60.cn 的域控制器。

3. 测试委派

STEP 1 使用具有管理员权限的用户账户登录客户端 Client1。首选 DNS 服务器的 IP 地址设为

192.168.10.1。

STEP 2 使用nslookup命令测试Client1. china.long60. cn。如果成功，则说明 IP 地址为 192.168.10.1 的服务器到 IP 地址为 192.168.10.3 的服务器的委派成功，如图 7-55 所示。

图 7-55　测试委派

任务 7-7　部署存根区域

存根区域（Stub Zone）与委派域类似，但是此区域内只包含 SOA、NS 与粘附 A（记载授权服务器的 IP 地址）记录，利用这些记录可得知此区域的授权服务器。存根区域与委派域的主要差别如下。

- 存根区域内的 SOA、NS 与 A 记录是从其主服务器（此区域的授权服务器）复制过来的，当主服务器内的这些记录发生变化时，会通过区域传送的方式复制过来。存根区域的区域传送只会传送 SOA、NS 与 A 记录。其中，A 记录用来记载授权服务器的 IP 地址，此 A 记录需要跟随 NS 记录一并被复制到存根区域中，否则拥有存根区域的服务器无法解析到授权服务器的 IP 地址。这条 A 记录被称为 glue A 记录。
- 委派域内的 NS 记录是在执行委派操作时建立的，以后如果此域内有新授权的服务器，则需由系统管理员手动将此新 NS 记录输入委派域内。

当有 DNS 客户端来查询（查询模式为递归查询）存根区域内的资源记录时，DNS 服务器会利用区域内的 NS 记录得知此区域的授权服务器，并向授权服务器查询（查询模式为转寄查询）。如果无法从存根区域内找到此区域的授权服务器，那么 DNS 服务器会采用标准方式向根域服务器查询。

1. 部署存根区域的需求和环境

在 DNS2 上建立一个正、反向查找的存根区域 smile60.cn，并将此区域的查询请求转发给此区域的授权服务器 DNS4 来处理，如图 7-56 所示。

图 7-56　配置 DNS 存根区域的网络拓扑结构

（1）DNS2可沿用任务7-6的DNS服务器，也可重新建立。DNS2是独立服务器、DNS服务器，首选DNS服务器的IP地址为192.168.10.2，备用DNS服务器的IP地址为192.168.10.4。

（2）新建一台服务器或者由Server4的初始安装快照恢复而来，设定其IP地址为192.168.10.4/24、首选DNS服务器的IP地址为192.168.10.4，备用DNS服务器的IP地址为192.168.10.2，主机名称为DNS4，设置完成后重新启动计算机。

2. 确认是否允许区域传送

DNS2的存根区域内的记录是利用区域传送从授权服务器DNS4复制过来的，如果DNS4不允许将区域记录传送给DNS2，那么DNS2向DNS4提出区域传送请求时会被拒绝。这里先设置DNS4可以将记录通过区域传送复制给DNS2。下面在DNS4上进行操作。

STEP 1 以管理员身份登录DNS4，同时安装Active Directory域服务与DNS服务器角色和功能。

STEP 2 将DNS4升级为域控制器，域名为smile60.cn（添加新域目录林）。

STEP 3 打开"DNS管理器"窗口，在DNS4上建立smile60.cn域的反向主要区域。

STEP 4 在smile60.cn中新建多条用来测试的A记录和PTR记录，如图7-57所示，并应包含DNS4自己的A记录（系统自建）和PTR记录。先新建A记录，再新建相应的PTR记录。

图7-57 新建A记录和PTR记录

注意 DNS4的A记录是系统自建的，但其PTR记录务必手动建立，否则后面会出错。

STEP 5 选中"smile60.cn"选项并单击鼠标右键，在弹出的快捷菜单中选择"属性"选项，在弹出的对话框中选择"区域传送"选项卡，勾选"允许区域传送"复选框，选中"只允许到下列服务器"单选按钮，单击"编辑"按钮，以便选择DNS2的IP地址。

STEP 6 输入DNS2的IP地址后直接按Enter键，单击"确定"按钮。注意，它会通过反向查询来尝试解析拥有此IP地址的主机名（FQDN）。如果服务器DNS4没有反向查找区域可供查询，则显示无法解析的警告信息，如图7-58所示，但它并不会影响到区域传送。本例中第1步就要求建立反向主要区域，而新建A记录的同时要新建PTR记录。请读者注意，不用理会警告信息。

STEP 7 依次单击"确定"→"应用"→"确定"按钮。

STEP 8 类似地，选中图7-57所示的"反向查找区域"中的"10.168.192.in-addr.arpa"选项并单击鼠标右键，在弹出的快捷菜单中选择"属性"选项，重复STEP 5～STEP 7，设置DNS4可以将反向查找区域的记录通过区域传送复制给DNS2。

图 7-58　警告信息

3. 建立存根区域

在 DNS2 上建立存根区域 smile60.cn，并让它从 DNS4 复制区域记录。

STEP 1 在 DNS2 上选择"开始"→"Windows 管理工具"→"DNS"选项，在打开的窗口中选中"正向查找区域"并单击鼠标右键，在弹出的快捷菜单中选择"新建区域"选项。

STEP 2 进入"欢迎使用新建区域向导"界面时，单击"下一步"按钮。

STEP 3 在图 7-59 所示的界面中选中"存根区域"单选按钮后，单击"下一步"按钮。

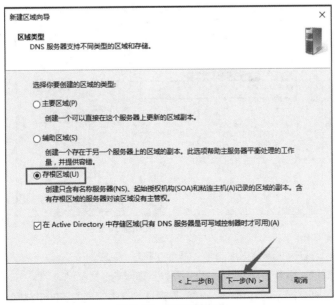

图 7-59　选择区域类型

STEP 4 在图 7-60 所示的界面中输入区域名称"smile60.cn"后，单击"下一步"按钮。

163

图 7-60　输入区域名称

STEP 5　在"区域文件"界面中直接单击"下一步"按钮，以采用默认的区域文件名。

STEP 6　在图 7-61 示的界面中输入主 DNS 服务器 DNS4 的 IP 地址后按 Enter 键，单击"下一步"按钮。注意，它会通过反向查询来尝试解析拥有此 IP 地址的主机名（FQDN）。如果反向查找区域可供查询或反向查询区域内没有对应记录，则会显示无法解析的警告信息，此时可以不必理会此信息，它并不会影响区域传送。

图 7-61　输入主 DNS 服务器的 IP 地址

STEP 7　在"正在完成新建区域向导"界面中单击"完成"按钮。

STEP 8　类似地，重复 STEP 1~STEP 7，新建反向查找区域。

STEP 9　图 7-62 所示的 smile60.cn 就是建立的存根区域的正向查找区域，其内的 SOA 记录、NS 记录与记载着授权服务器 IP 地址的 A 记录是自动由其主服务器 DNS4 复制过来的。同样，DNS2 存根区域的反向查找区域也正确地从 DNS4 复制过来了。

图 7-62　存根区域

存储存根区域的 DNS 服务器默认会每隔 15 分钟自动请求其主机服务器执行区域传送的操作。也可以选中存根区域后单击鼠标右键，在弹出的快捷菜单中选择"从主服务器传输"或"从主服务器传送区域的新副本"选项来手动要求执行区域传送操作，但它只会传送 SOA 记录、NS 记录与记载着授权服务器的 IP 地址的 A 记录。

4. 到客户端验证

现在可以利用 DNS 客户端 Client1 来测试存根区域了。Client1 的 DNS 服务器的 IP 地址设置为 192.168.10.2。使用 nslookup 命令来测试，图 7-63 所示为客户端验证结果，表明成功得到了 IP 地址。

图 7-63　客户端验证结果

7.4　拓展阅读　为计算机事业做出过巨大贡献的王选院士

王选院士曾经为中国的计算机事业做出过巨大贡献，并因此获得国家最高科学技术奖。你知道王选院士吗？

王选院士（1937—2006 年）是享誉国内外的著名科学家，汉字激光照排技术创始人，中国科学院院士、中国工程院院士、发展中国家科学院院士。北京大学王选计算机研究所主要创建者，历任副所长、所长，博士生导师。他曾任第十届全国政协副主席、九三学社副主席、中国科学技术协会副主席。

王选院士发明的汉字激光照排系统两次获国家科技进步一等奖（1987 年、1995 年），两次被评为全国十大科技成就（1985 年、1995 年），并获国家重大技术装备成果特等奖。王选院士荣获了国家最高科学技术奖、联合国教科文组织科学奖、陈嘉庚科学奖、美洲中国工程师学会个人成就奖、何梁何利基金科学与技术进步奖等20多项荣誉。

1975年开始，以王选院士为首的科研团队决定跨越当时日本的光机式二代机和欧美的阴极射线管式三代机阶段，开创性地研制当时国外尚无商品的第四代激光照排系统。针对汉字印刷的特点和难点，他们发明了高分辨率字形的高倍率信息压缩技术和高速复原方法，率先设计出相应的专用芯片，在世界上首次使用控制信息（参数）描述笔划特性。第四代激光照排系统获1项欧洲专利和8项中国专利，并获第14届日内瓦国际发明展金奖、中国专利发明创造金奖，2007年入选"首届全国杰出发明专利创新展"。

7.5 习题

一、填空题

1. _____是一个用于存储单个DNS域名的数据库，是域名空间树状结构的一部分，它将域名空间分区为较小的区段。

2. DNS顶级域名中表示政府单位的是_____。

3. _____表示邮件交换的资源记录。

4. 可以用来检测DNS资源是否创建正确的两个工具是_____和_____。

5. DNS服务器的查询模式有_____和_____。

二、选择题

1. 某企业的网络工程师安装了一台基本的DNS服务器，用来提供域名解析服务。网络中的其他计算机都作为这台DNS服务器的客户机。其在服务器中创建了一个标准主要区域，在一台客户机上使用nslookup命令查询某个主机名称，DNS服务器能够正确地将其IP地址解析出来。可是当使用nslookup命令查询相应IP地址时，DNS服务器却无法将其主机名称解析出来。要想解决这个问题，应该（　　）。

    A. 在DNS服务器反向解析区域中，为这条A记录创建相应的PTR记录

    B. 在DNS服务器区域属性上设置允许动态更新

    C. 在要查询的这台客户机上运行"ipconfig /registerdns"命令

    D. 重新启动DNS服务器

2. 在Windows Server 2022的DNS服务器上不可以新建的区域类型有（　　）。

    A. 转发区域   B. 辅助区域   C. 存根区域   D. 主要区域

3. DNS提供了一个（　　）命名方案。

    A. 分级   B. 分层   C. 多级   D. 多层

4. DNS顶级域名中表示商业组织的是（　　）。

    A. com   B. gov   C. mil   D. org

5. （　　）表示别名的资源记录。

    A. MX   B. SOA   C. CNAME   D. PTR

三、简答题

1. DNS服务器的查询模式有哪几种？

2. DNS服务器的常见资源记录有哪些？

3. DNS服务器的管理与配置流程是什么？

4. DNS服务器属性中"转发器"的作用是什么？

5. 什么是DNS服务器的动态更新？

四、案例分析

某企业安装了自己的 DNS 服务器，为企业内部客户端提供主机名称解析服务。然而，企业内部的用户除了访问内部的网络资源外，还想访问 Internet 资源。作为企业的网络管理员，应该怎样配置 DNS 服务器？

7.6 项目实训 配置与管理 DNS 服务器

一、实训目的

- 掌握 DNS 服务器的安装与配置方法。
- 掌握两个以上的 DNS 服务器的建立与管理方法。
- 掌握 DNS 正向查询和反向查询的功能及其配置方法。
- 掌握各种 DNS 服务器的配置方法。
- 掌握 DNS 资源记录的规划和创建方法。

二、项目环境

本项目实训依据的网络拓扑结构分别如图 7-5、图 7-31 和图 7-46 所示。

三、项目要求

（1）依据图 7-5 完成任务：添加 DNS 服务器，部署主 DNS 服务器，配置 DNS 客户端并测试主 DNS 服务器的配置。

（2）依据图 7-31 完成任务：部署唯缓存 DNS 服务器，配置转发器，测试唯缓存 DNS 服务器。

（3）依据图 7-46 完成任务：部署 DNS 服务器的委派服务。

四、做一做

根据项目实训视频进行项目的实训，检查学习效果。

项目8
配置与管理DHCP服务器

　　某高校已经组建了校园网。然而，随着笔记本电脑的普及，教师移动办公及学生移动学习的现象越来越普遍。当计算机从一个网络移动到另一个网络时，需要重新获知新网络的 IP 地址、默认网关等信息，并对计算机进行设置。这样，客户端就需要知道整个网络的部署情况，需要知道自己处于哪个网段、哪些 IP 地址是空闲的，以及默认网关是多少等。这不仅让用户觉得烦琐，还给网络管理员规划网络、分配 IP 地址带来了困难。网络中的用户需要无论处于网络中的什么位置，都不用配置 IP 地址、默认网关等信息就能够上网。这就需要在网络中部署 DHCP 服务器。

　　在完成该项目之前，首先应当对整个网络进行规划，确定网段的划分及每个网段可能的主机数量等信息。

学习要点

- 了解 DHCP 服务器在网络中的作用。
- 理解 DHCP 服务的工作过程。
- 掌握 DHCP 服务器的基本配置方法。
- 掌握 DHCP 客户端的配置和测试方法。

- 掌握常用 DHCP 选项的配置方法。
- 理解在网络中部署 DHCP 服务器的解决方案。
- 掌握常见 DHCP 服务器的维护方法。

素质要点

- "雪人计划"服务于国家的"信创产业"。通过了解"雪人计划"，激发学生的爱国情怀和求知求学的斗志。

- "靡不有初，鲜克有终。""莫等闲，白了少年头，空悲切。"学生要始善始终、不负韶华。

8.1　项目基础知识

　　手动设置每一台计算机的 IP 地址是管理员十分不愿意做的一件事，于是出现了自动配置 IP 地址的方法，这就是 DHCP。DHCP 可以自动为局域网中的每一台计算机分配 IP 地址，并完成每台计算机的 TCP/IP 配置，包括 IP 地址、子网掩码、网关及 DNS 服务器的 IP 地址等。DHCP 服务器能够从预先设置的 IP 地址池中自动给主机分配 IP 地址，它不仅能够解决 IP 地址冲突的问题，还能及时回收 IP 地址，以提高 IP 地址的利用率。

8.1.1　何时使用 DHCP 服务

8-1 微课　DHCP
服务

网络中每一台主机的 IP 地址与相关配置可以采用以下两种方式获得：手动配置和自动获得（自动向 DHCP 服务器获取）。

在网络主机少的情况下，可以手动为网络中的主机分配静态的 IP 地址，但当网络主机很多时，就需要使用动态 IP 地址方案。在该方案中，每台计算机并不设定固定的 IP 地址，而是在计算机开机时才被分配一个 IP 地址，这台计算机被称为 DHCP 客户端。在网络中提供 DHCP 服务的计算机称为 DHCP 服务器。DHCP 服务器利用 DHCP 为网络中的主机分配动态 IP 地址，并提供子网掩码、默认网关、路由器的 IP 地址及一个 DNS 服务器的 IP 地址等。

动态 IP 地址方案可以减少管理员的工作量。只要 DHCP 服务器正常工作，IP 地址就不会发生冲突。要大批量更改计算机的所在子网或其他 IP 地址参数时，只需在 DHCP 服务器上进行操作即可，管理员不必为每一台计算机设置 IP 地址等参数。

需要动态分配 IP 地址的情况包括以下 3 种。

- 网络的规模较大，网络中需要分配 IP 地址的主机很多。特别是要在网络中增加和删除主机或者要重新配置网络时，使用手动分配 IP 地址的方式工作量很大，且常常会因为用户不遵守规则而出现错误，如导致 IP 地址的冲突等。
- 网络中的主机多，而 IP 地址不够用。例如，某个网络中有 200 台计算机，采用静态 IP 地址时，每台计算机都需要预留一个 IP 地址，即共需要 200 个 IP 地址。然而，这 200 台计算机并不同时开机，甚至可能只有 20 台计算机会同时开机，这样就浪费了 180 个 IP 地址。这种情况对因特网服务提供方（the Internet Service Provider，ISP）来说十分严重。如果 ISP 有 100 000 个用户，则是否需要 100 000 个 IP 地址？解决这个问题的方法就是使用 DHCP 服务。
- 计算机从一个网络移动到另一个网络。计算机的每次移动都需要改变 IP 地址，并且移动的计算机在每个网络中都需要占用一个 IP 地址。

拨号上网实际上就是从 ISP 那里动态获得一个公有的 IP 地址。

8.1.2　DHCP 地址分配方式

DHCP 允许 3 种地址分配方式。

（1）自动分配方式。当 DHCP 客户端第一次成功地从 DHCP 服务器租用到 IP 地址之后，就永远使用这个地址。

（2）动态分配方式。当 DHCP 客户端第一次从 DHCP 服务器租用到 IP 地址之后，并非永久地使用该地址，只要租约到期，DHCP 客户端就要释放这个 IP 地址，以让其他工作站使用。当然，DHCP 客户端可以比其他主机更优先地更新租约，或是租用其他 IP 地址。

（3）手动分配方式。DHCP 客户端的 IP 地址是由网络管理员指定的，DHCP 服务器只是把指定的 IP 地址告诉 DHCP 客户端。

8.1.3　DHCP 服务的工作过程

1. DHCP 客户端第一次登录网络

当 DHCP 客户端第一次登录网络时，它通过以下步骤从 DHCP 服务器获得租约。

① DHCP 客户端在本地子网中发送 DHCP Discover 报文。此报文以广播的形式发送，因为 DHCP

客户端现在不知道 DHCP 服务器的 IP 地址。

② DHCP 服务器收到 DHCP 客户端广播的 DHCP Discover 报文后，会向 DHCP 客户端发送 DHCP Offer 报文，其中包括一个可租用的 IP 地址。

如果没有 DHCP 服务器对 DHCP 客户端的请求做出反应，则可能发生以下两种情况。

- 如果用户使用的是 Windows 2000 及后续版本的操作系统，且自动设置 IP 地址的功能处于激活状态，那么 DHCP 客户端将自动从微软保留 IP 地址段中选择一个自动专用 IP 地址（Automatic Private IP Addressing，APIPA）作为自己的 IP 地址。自动专用 IP 地址的范围是 169.254.0.1～169.254.255.254。使用自动专用 IP 地址可以确保在 DHCP 服务器不可用时，DHCP 客户端之间仍然可以利用自动专用 IP 地址进行通信。所以，即使网络中没有 DHCP 服务器，计算机之间仍能通过网上邻居发现彼此。

- 如果使用其他操作系统或自动设置 IP 地址的功能被禁止，则 DHCP 客户端无法获得 IP 地址，初始化失败。但 DHCP 客户端在后台会每隔 5 分钟发送 4 次 DHCP Discover 报文，直到它收到 DHCP Offer 报文。

③ 一旦 DHCP 客户端收到 DHCP Offer 报文，它就会发送 DHCP Request 报文到 DHCP 服务器，表示它将使用服务器提供的 IP 地址。

④ DHCP 服务器在收到 DHCP Request 报文后，会立即发送 DHCP ACK 报文，以确定此租约成立，且此报文还包含其他 DHCP 选项信息。

DHCP客户端 DHCP服务器

| IP地址租约发现 |
| IP地址租约提供 |
| IP地址租约请求 |
| IP地址租约确认 |

图 8-1　过程解析

DHCP 客户端收到确认信息后，利用其中的信息配置其 TCP/IP 并加入网络。上述过程解析如图 8-1 所示。

2. DHCP 客户端第二次登录网络

DHCP 客户端获得 IP 地址后再次登录网络时，就不需要再发送 DHCP Discover 报文了，而是直接发送包含前一次所分配的 IP 地址的 DHCP Request 报文。DHCP 服务器收到 DHCP Request 报文后，会尝试让 DHCP 客户端继续使用原来的 IP 地址，并回答一个 DHCP ACK 报文。

如果 DHCP 服务器无法分配给 DHCP 客户端原来的 IP 地址，则回答一个 DHCP NACK 报文。当 DHCP 客户端接收到 DHCP NACK 报文后，必须重新发送 DHCP Discover 报文来请求新的 IP 地址。

3. DHCP 租约的更新

IP 地址被分配给 DHCP 客户端后，有租用时间的限制，DHCP 客户端必须在该次租约过期前对它进行更新。DHCP 客户端在 50%的租约时间过去以后，每隔一段时间就开始请求 DHCP 服务器更新当前租约。如果 DHCP 服务器应答，则租约延期。如果 DHCP 服务器始终没有应答，则在有效租约时间到达 87.5%时，DHCP 客户端应该与任何一个其他 DHCP 服务器通信，并请求更新它的配置信息。如果 DHCP 客户端不能和其他 DHCP 服务器取得联系，则租约时间到后，它必须放弃当前的 IP 地址，并重新发送一个 DHCP Discover 报文开始请求新的 IP 地址。

DHCP 客户端可以主动向 DHCP 服务器发出 DHCP Release 报文，以将当前的 IP 地址释放。

8.2　项目设计与准备

部署 DHCP 服务器之前应该先进行规划，明确哪些 IP 地址用于自动分配给客户端（作用域中应包含的 IP 地址），哪些 IP 地址用于手动指定给特定的服务器。例如，在本项目中，IP 地址 192.168.10.10/24～

192.168.10.200/24 用于自动分配；将 IP 地址 192.168.10.100/24~192.168.10.120/24、192.168.
10.10/24、192.168.10.20/24 排除，预留给需要手动指定 TCP/IP 参数的服务器；将 192.168.10.200/24
用作保留地址等。

根据图 8-2 所示的网络拓扑结构来部署 DHCP 服务器。虚拟机的网络连接模式全部采用"仅主机
模式"。

图 8-2　部署 DHCP 服务器的网络拓扑结构

> **注意**　用于手动配置的 IP 地址一定是地址池之外的地址，或者是地址池内但已经被排除的地址，否则会
> 造成 IP 地址冲突。请读者思考原因。

8.3　项目实施

（1）若利用虚拟环境来练习，则请将这些计算机连接的虚拟网络的 DHCP 服务器功能禁用；如果利
用物理计算机进行练习，则请将网络中其他的 DHCP 服务器关闭或停用，如停用 IP 共享设备或宽带路
由器内的 DHCP 服务器功能。这些 DHCP 服务器都会干扰实验。

（2）若 Client1、Client2 与 DNS1 的硬盘是从同一个虚拟硬盘复制来的，则需要执行 C:\Windows\
System32\Sysprep 内的程序 sysprep.exe，并勾选"通用"复选框。

任务 8-1　安装 DHCP 服务器角色

8-2 课堂慕课
配置与管理
DHCP 服务器

DNS1 已经安装了活动目录集成的 DNS 服务器。下面在其上安装 DHCP 服
务器。

STEP 1　选择"开始"→"Windows 管理工具"→"服务器管理器"→"仪
表板"→"添加角色和功能"选项，在弹出的对话框中持续单击"下一步"按钮，直
到进入图 8-3 所示的"选择服务器角色"界面，勾选"DHCP 服务器"复选框，在弹出的"添加角色和
功能向导"对话框中单击"添加功能"按钮。

STEP 2　持续单击"下一步"按钮，最后单击"安装"按钮，开始安装 DHCP 服务器。安装完
毕，单击"关闭"按钮，完成 DHCP 服务器角色的安装。

STEP 3　选择"开始"→"Windows 管理工具"→"DHCP"选项，打开"DHCP"窗口，
如图 8-4 所示，可以在此配置和管理 DHCP 服务器。

图8-3 "选择服务器角色"界面

图8-4 "DHCP"窗口

提示 因为 DHCP 服务器是安装在域控制器上的，尚没有被"授权"，且 IP 作用域尚没有被新建和"激活"，所以在"IPv4"选项处显示红色向下箭头。

任务 8-2 授权 DHCP 服务器

Windows Server 2022 为使用活动目录的网络提供了集成的安全性支持。针对 DHCP 服务器，它提供了授权的功能。使用这一功能可以对网络中配置正确的合法 DHCP 服务器进行授权，允许它们为客户端自动分配 IP 地址；同时，能够检测未授权的非法 DHCP 服务器，以及防止这些服务器在网络中启动或运行，从而提高网络的安全性。

1. 对域中的 DHCP 服务器进行授权

如果 DHCP 服务器是域的成员，且在安装 DHCP 服务器的过程中没有选择授权，那么在安装完成后必须先授权，才能为客户端计算机提供 IP 地址。独立服务器不需要授权。具体步骤如下。

图8-5 DHCP 服务器已授权

在图 8-4 所示的窗口中选中 DHCP 服务器"dns1. long60.cn"选项并单击鼠标右键，在弹出的快捷菜单中选择"授权"选项，即可为 DHCP 服务器授权。重新打开"DHCP"窗口，如图 8-5 所示，显示 DHCP 服务器已授权："IPv4"选项前面的红色向下箭头变为了绿色对勾。

2. 为什么要授权 DHCP 服务器

由于 DHCP 服务器为 DHCP 客户端自动分配 IP 地址时均采用广播机制，且 DHCP 客户端在发送 DHCP Request 报文进行 IP 地址租用选择时，也只是简单地选择第一个收到的 DHCP Offer 报文，这意味着在整个 IP 地址租用过程中，网络中所有的 DHCP 服务器都是平等的。如果网络中的 DHCP 服务器都是正确配置的，则网络将能够正常运行。如果网络中出现了错误配置的 DHCP 服务器，则可能会引发网络故障。例如，错误配置的 DHCP 服务器可能会为 DHCP 客户端分配不正确的 IP 地址，导致 DHCP 客户端无法进行正常的网络通信。在图 8-6 所示的网络环境中，配置正确的合法 DHCP 服务器 DHCP1 可以为 DHCP 客户端提供符合网络规划的 IP 地址 192.168.10.51/24～192.168.10. 150/24，而配置错误的非法 DHCP 服务器 bad_dhcp 为 DHCP 客户端提供的是不符合网络规划的 IP 地址 10.0.0.21/24～10.0.0.100/24。对于网络中的 DHCP 客户端 Client1 来说，由于在自动获取 IP 地址的过程中，两台 DHCP 服务器具有平等的被选择权，因此 Client1 将有 50%的可能性获得一个由 bad_dhcp 提供的 IP 地址，这意味着网络出现故障的可能性将高达 50%。

图 8-6　网络中出现非法的 DHCP 服务器

为了解决这一问题，Windows Server 2022 引入了 DHCP 服务器的授权机制。通过授权机制，DHCP 服务器在服务于 DHCP 客户端之前，需要验证是否已在活动目录中被授权。如果未经授权，则其将不能为 DHCP 客户端分配 IP 地址。这样就避免了由网络中出现错误配置的 DHCP 服务器导致的大多数意外网络故障。

注意　① 在工作组环境中，DHCP 服务器肯定是独立服务器，无须授权（也不能授权）也能向 DHCP 客户端提供 IP 地址。

② 在域环境中，域控制器或域成员身份的 DHCP 服务器能够被授权，为 DHCP 客户端提供 IP 地址。

③ 在域环境中，独立服务器身份的 DHCP 服务器不能被授权，若域中有被授权的 DHCP 服务器，则此服务器不能为 DHCP 客户端提供 IP 地址；若域中没有被授权的 DHCP 服务器，则此服务器可以为 DHCP 客户端提供 IP 地址。

任务 8-3　管理 DHCP 作用域

一台 DHCP 服务器可以创建多个不同的作用域。作用域在安装 DHCP 服务器的过程中创建，也可以在 DHCP 服务器安装完成后在"DHCP"窗口中创建。

1. 创建 DHCP 作用域

若在安装时没有创建作用域，则可以单独创建 DHCP 作用域。具体步骤如下。

STEP 1 在 DNS1 上打开"DHCP"窗口，展开服务器名，选中"IPv4"选项并单击鼠标右键，在弹出的快捷菜单中选择"新建作用域"选项。

STEP 2 单击"下一步"按钮，进入"作用域名"界面，在"名称"文本框中输入新作用域的名称，用来与其他作用域区分。本例为"作用域 1"。

STEP 3 单击"下一步"按钮，进入图 8-7 所示的"IP 地址范围"界面，在"起始 IP 地址"和"结束 IP 地址"文本框中输入欲分配的 IP 地址范围。

STEP 4 单击"下一步"按钮，进入图 8-8 所示的"添加排除和延迟"界面，设置客户端的排除地址。在"起始 IP 地址"和"结束 IP 地址"文本框中输入欲排除的 IP 地址或 IP 地址段，单击"添加"按钮，将其添加到"排除的地址范围"列表框中。

图 8-7 "IP 地址范围"界面　　　　　　　　图 8-8 "添加排除和延迟"界面

STEP 5 单击"下一步"按钮，进入"租用期限"界面，在此界面设置客户端租用 IP 地址的时间。

STEP 6 单击"下一步"按钮，进入"配置 DHCP 选项"界面，提示是否配置 DHCP 选项，选中默认的"是，我想现在配置这些选项"单选按钮。

STEP 7 单击"下一步"按钮，进入图 8-9 所示的"路由器(默认网关)"界面，在"IP 地址"文本框中输入要分配的网关，单击"添加"按钮将其添加到列表框中。本例为"192.168.10.254"。

STEP 8 单击"下一步"按钮，进入"域名称和 DNS 服务器"界面，在"父域"文本框中输入进行 DNS 解析时使用的父域，在"IP 地址"文本框中输入 DNS 服务器的 IP 地址，单击"添加"按钮将其添加到列表框中，如图 8-10 所示。本例为"long60.cn"和"192.168.10.1"。

STEP 9 单击"下一步"按钮，进入"WINS 服务器"界面，设置 WINS 服务器。如果网络中没有配置 WINS 服务器，则不必设置。

STEP 10 单击"下一步"按钮，进入"激活作用域"界面，询问是否要激活作用域。建议选中默认的"是，我想现在激活此作用域"单选按钮。

STEP 11 单击"下一步"按钮，进入"正在完成新建作用域向导"界面。

STEP 12 单击"完成"按钮，作用域创建完成并自动激活。

图 8-9 "路由器(默认网关)"界面   图 8-10 "域名称和 DNS 服务器"界面

2. 创建多个 IP 作用域

可以在一台 DHCP 服务器中创建多个 IP 作用域,以便为多个子网内的 DHCP 客户端提供服务。图 8-11 所示的 DHCP 服务器内有两个 IP 作用域:一个用来提供 IP 地址给左侧网络内的 DHCP 客户端,此网络的标识符为 192.168.10.0;另一个用来提供 IP 地址给右侧网络内的 DHCP 客户端,此网络的标识符为 192.168.20.0。

图 8-11 超级作用域应用实例

右侧网络内的 DHCP 客户端在向 DHCP 服务器租用 IP 地址时,DHCP 服务器会选择 192.168.20.0 作用域的 IP 地址,而不是 192.168.10.0 作用域的 IP 地址:右侧网络内的 DHCP 客户端发出的租用 IP 地址的数据包是通过路由器转发的,路由器会在这个数据包内的 GIADDR(Gateway IP Address,网关 IP 地址)字段中填入路由器的 IP 地址(192.168.20.254),因此 DHCP 服务器便可以通过此 IP 地址得知 DHCP 客户端位于 192.168.20.0 的网段内,选择 192.168.20.0 作用域的 IP 地址分发给 DHCP 客户端。

> **注意** 除了 GIADDR,有些网络环境中的路由器还需要使用 DHCP option 82 内的更多信息来判断应该租用什么 IP 地址给 DHCP 客户端。该实例很有意思,读者不妨亲自搭建并测试一下。

左侧网络内的 DHCP 客户端在向 DHCP 服务器租用 IP 地址时,DHCP 服务器会选择 192.168.10.0 作用域的 IP 地址,而不是 192.168.20.0 作用域的 IP 地址:左侧网络内的 DHCP 客户端发出的租用 IP 地址的数据包是直接由 DHCP 服务器来接收的,因此数据包内的 GIADDR 字段中的路由器 IP 地址为

0.0.0.0，当 DHCP 服务器发现此 IP 地址为 0.0.0.0 时，就知道是同一个网段（192.168.10.0）内的客户端要租用 IP 地址，它会选择 192.168.10.0 作用域的 IP 地址分发给 DHCP 客户端。

任务 8-4　保留特定的 IP 地址

如果用户想保留特定的 IP 地址给指定的客户机，以便 DHCP 客户端在每次启动时都获得相同的 IP 地址，则需要将该 IP 地址与客户端的介质访问控制（Medium Access Control，MAC）地址绑定。具体步骤如下。

STEP 1　打开"DHCP"窗口，在左侧窗格中选择作用域中的"保留"选项。

图 8-12　"新建保留"对话框

STEP 2　选择"操作"→"新建保留"选项，弹出"新建保留"对话框，如图 8-12 所示。

STEP 3　在"保留名称"文本框中输入用户名称。注意，此名称只是一般的说明文字，并不是用户账户的名称，但此处不能为空白。

STEP 4　在"IP 地址"文本框中输入要保留的 IP 地址。本例为"192.168.10.200"。

STEP 5　在"MAC 地址"文本框中输入保留 IP 地址对应的 MAC 地址。本例为"000C299E7CE5"，可以在目标客户机的命令提示符窗口中使用"ipconfig /all"命令查询 MAC 地址。

STEP 6　如果有需要，则可以在"描述"文本框中输入一些描述此用户的说明性文字。设置完成后单击"添加"按钮。

添加完成后，用户可选择作用域中的"地址租用"选项进行查看。大部分情况下，客户端使用的仍然是以前的 IP 地址。也可使用以下命令进行更新。

- ipconfig /release：释放现有 IP 地址。
- ipconfig /renew：更新 IP 地址。

STEP 7　在 MAC 地址为 000C299E7CE5 的计算机 Client2 上进行测试，该计算机的 IP 地址为保留地址，测试结果如图 8-13 所示。

图 8-13　测试结果

　注意　如果在设置保留地址时，网络中有多台 DHCP 服务器，则用户需要在其他服务器中将此保留地址排除，使客户端可以获得正确的保留地址。

任务 8-5   配置 DHCP 选项

DHCP 服务器除了可以为 DHCP 客户端提供 IP 地址外，还可以设置 DHCP 客户端启动时的工作环境，如客户端登录的域名称、DNS 服务器、WINS 服务器、路由器、默认网关等。

1. DHCP 选项

在 DHCP 客户端启动或更新租约时，DHCP 服务器可以自动设置 DHCP 客户端启动后的 TCP/IP 环境。由于目前大多数 DHCP 客户端不支持全部的 DHCP 选项，因此，在实际应用中，通常只需对一些常用的 DHCP 选项进行配置。常用的 DHCP 选项如表 8-1 所示。

表 8-1   常用的 DHCP 选项

选项代码	选项名称	说明
003	路由器	DHCP 客户端所在 IP 子网的默认网关的 IP 地址
006	DNS 服务器	DHCP 客户端解析 FQDN 时需要使用的首选和备用 DNS 服务器的 IP 地址
015	DNS 域名	DHCP 客户端在解析只包含主机但不包含域名的不完整 FQDN 时应使用的默认域名
044	WINS 服务器	DHCP 客户端解析 NetBIOS 名称时需要使用的首选和备用 WINS 服务器的 IP 地址
046	WINS/NBT 节点类型	DHCP 客户端使用的 NetBIOS 名称解析方法

DHCP 服务器提供了许多选项，选项包括以下 4 种类型。

- 默认服务器选项：这些选项的设置影响"DHCP"窗口中相应服务器的所有作用域中的客户和类选项。
- 作用域选项：这些选项的设置只影响相应作用域中的地址租约。
- 类选项：这些选项的设置只影响被指定使用相应 DHCP 类 ID 的客户端。
- 保留客户选项：这些选项的设置只影响指定的保留客户。

如果在默认服务器选项与作用域选项中设置了不同的选项，则作用域选项起作用，即在应用时，作用域选项将覆盖默认服务器选项。同理，类选项会覆盖作用域选项，保留客户选项会覆盖其他 3 种选项，它们的优先级如下。

保留客户选项 ＞ 类选项 ＞ 作用域选项 ＞ 默认服务器选项

2. 配置 DHCP 默认服务器选项和作用域选项

为帮助读者进一步了解选项设置，以在作用域中添加 DNS 选项为例说明 DHCP 的选项设置。

STEP 1   打开"DHCP"窗口，在左侧窗格中展开服务器，选择"作用域选项"选项，选择"操作"→"配置选项"选项。

STEP 2   弹出"作用域选项"对话框，如图 8-14 所示。在"常规"选项卡的"可用选项"列表框中勾选"006 DNS 服务器"复选框，添加 IP 地址，单击"确定"按钮。

3. 配置 DHCP 类选项

（1）类选项概述

通过策略为特定的客户端计算机分配不同的 IP 地址与选项时，可以通过 DHCP 客户端发送的用户类、供应商类来区分客户端计算机。

图 8-14 "作用域选项"对话框

- 用户类。可以为某些 DHCP 客户端计算机设置用户类标识符。例如，用户类标识符为"IT"，当这些客户端向 DHCP 服务器租用 IP 地址时，会将这个用户类标识符一并发送给服务器，而服务器会依据此用户类标识符来为这些客户端分配专用的选项设置。

- 供应商类。可以根据操作系统厂商提供的供应商类标识符来设置选项。Windows Server 2022 网络操作系统的 DHCP 服务器已具备识别 Windows 客户端的能力，并通过以下 4 个内置的供应商类选项来设置客户端的 DHCP 选项。

① DHCP Standard Options：适用于所有的客户端。

② Microsoft Windows 2000 Options：适用于 Windows 2000 操作系统（含）后的客户端。

③ Microsoft Windows 98 Options：适用于 Windows 98/ME 操作系统的客户端。

④ Microsoft Options：适用于其他 Windows 操作系统的客户端。

如果要支持其他操作系统的客户端，则应先查询其供应商类标识符，再在 DHCP 服务器内新建此供应商类标识符，并针对这些客户端来设置选项。安卓系统的供应商类标识符的前 6 位为 dhcpcd，因此可以利用 dhcpcd*来代表所有的安卓设备。

（2）用户类实例的问题需求

以下将通过用户类标识符来识别客户端计算机，且仍然采用图 8-2 所示的网络环境。假设客户端 Client1 的用户类标识符为"IT"。当 Client1 向 DHCP 服务器租用 IP 地址时，会将标识符"IT"传递给服务器，我们希望服务器根据此标识符来分配客户端的 IP 地址，IP 地址的范围为 192.168.10.150/24～192.168.10.180/24，并将客户端 DNS 服务器的 IP 地址设置为 192.168.10.1。

（3）在 DHCP 服务器 DNS1 上新建用户类标识符

`STEP 1` 选择"IPv4"选项并单击鼠标右键，在弹出的快捷菜单中选择"定义用户类"选项，如图 8-15 所示。

`STEP 2` 在弹出的对话框中单击"添加"按钮，在"新建类"对话框的"显示名称"文本框中输入"技术部"，直接在"ASCII"处输入用户类标识符"IT"后，单击"确定"按钮，如图 8-16 所示。注意，此处区分字母大小写，例如，"IT"与"it"是不同的。

图 8-15 选择"定义用户类"选项

图 8-16 添加用户类标识符"IT"

 提示 若要新建供应商类标识符，则在选择"IPv4"选项并单击鼠标右键后，在弹出的快捷菜单中选择"定义供应商类"选项。

（4）在 DHCP 服务器中针对用户类标识符"IT"设置类选项

假设客户端计算机是通过前面建立的作用域"作用域 1"来租用 IP 地址的，因此要通过此作用域的策略来将 DNS 服务器的 IP 地址 192.168.10.1 分配给用户类标识符为"IT"的客户端。

STEP 1 选择"作用域 1[192.168.10.0]"→"策略"选项并单击鼠标右键，在弹出的快捷菜单中选择"新建策略"选项，如图 8-17 所示。

图 8-17　选择"新建策略"选项

STEP 2 在弹出的"DHCP 策略配置向导"对话框中设置此策略的名称（假设是 TestIT）后单击"下一步"按钮。

STEP 3 单击"添加"按钮以设置筛选条件，在弹出的对话框中将"条件"下拉列表中的"用户类"设置为"技术部"（其标识符为"IT"），单击"确定"按钮，如图 8-18 所示。

图 8-18　设置"用户类"为"技术部"

STEP 4 返回"DHCP 策略配置向导"对话框，单击"下一步"按钮。

STEP 5 根据需求，要在此策略内分配 IP 地址，设置 IP 地址的范围为 192.168.10.150～192.168.10.180，单击"下一步"按钮，如图 8-19 所示。

STEP 6 将 DNS 服务器的 IP 地址设置为 192.168.10.1，单击"下一步"按钮，如图 8-20 所示。

图8-19　设置IP地址的范围

图8-20　设置DNS服务器的IP地址

STEP 7　进入"摘要"界面时单击"完成"按钮。

STEP 8　图8-21所示的TestIT为刚才创建的策略，DHCP服务器会将这个策略中的设置分配给用户类标识符为"IT"的客户端计算机。

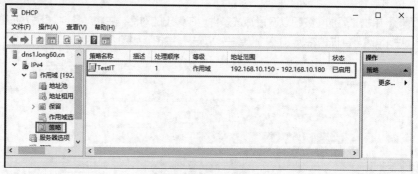

图8-21　创建的TestIT策略

（5）DHCP客户端的设置

STEP 1　需要先将DHCP客户端的用户类标识符设置为"IT"，假设客户端为Client1，选择"开始"→"Windows系统"选项，弹出"Windows系统"对话框，选择"命令提示符"选项并单击鼠标右键，在弹出的快捷菜单中选择"更多"→"以管理员身份运行"选项，使用"ipconfig /setclassid "Ethernet0" IT"命令来设置用户类标识符（用户类标识符区分字母大小写），如图8-22所示。

图8-22　在DHCP客户端设置用户类标识符

> **提示** 图 8-22 中的 "Ethernet0" 是网络连接的名称，Windows 10 操作系统的客户端可以选中 "开始" 菜单并单击鼠标右键，在弹出的快捷菜单中选择 "运行" 选项，在 "运行" 对话框的 "打开" 文本框中输入 "control" 后按 Enter 键，选择 "网络和 Internet" → "网络和共享中心" 选项来查看网络连接名称，每一个网络连接都可以设置一个用户类标识符，如图 8-23 所示。

图 8-23　查看网络连接名称

STEP 2 客户端设置完成后，可以使用 "ipconfig /all" 命令来检查，如图 8-24 所示。

图 8-24　客户端设置完成

STEP 3 在用户类标识符为 "IT" 的客户端计算机上使用 "ipconfig /renew" 命令来向服务器租用 IP 地址或更新 IP 地址租约，此时其得到的 DNS 服务器的 IP 地址会是前面设置的 192.168.10.1，得到的 IP 地址也应处在所设的 IP 地址范围之内。在客户端计算机上使用图 8-25 所示的 "ipconfig /all" 命令来查看，可发现客户端测试成功。可在客户端计算机上使用 "ipconfig /setclassid"Ethernet0"" 命令来删除用户类标识符。

图 8-25　客户端测试成功

> **提示** 完成任务 8-5 后，可以在 DNS1 上删除 DHCP 服务器的策略并重新启动计算机。在 Client1 上使用
> "ipconfig /setclassid "Ethernet0""命令将 DHCP 客户端的用户类标识符设置为空。

任务 8-6 DHCP 中继代理

1. 跨网络 DHCP 服务器的使用

如果 DHCP 服务器与客户端分别位于不同的网络，则由于 DHCP 报文以广播为主，而连接这两个网络的路由器不会将此广播报文转发到另外一个网络，因此限制了 DHCP 的有效使用范围。此时可采用以下方法来解决这个问题。在每一个网络内都安装一台 DHCP 服务器，它们各自对所属网络内的客户端提供服务。

（1）选用符合 RFC 1542 规范的路由器。

符合 RFC 1542 规范的路由器可以将 DHCP 报文转发到不同的网络。图 8-26 所示为 DHCP 客户端 A 通过路由器转发 DHCP 报文的步骤，图中的数字就是其工作顺序。

① DHCP 客户端 A 利用广播报文（DHCP Discover）查找 DHCP 服务器。

② 路由器收到此报文后，将此广播报文转发到另一个网络。

③ 另一个网络内的 DHCP 服务器收到此报文后，直接响应一个报文（DHCP Offer）给路由器。

④ 路由器将此报文（DHCP Offer）广播给 DHCP 客户端 A。

之后由 DHCP 客户端 A 发出的 DHCP Request 报文及由 DHCP 服务器发出的 DHCP ACK 报文也都是通过路由器来转发的。

图 8-26 通过路由器转发 DHCP 报文

（2）如果路由器不符合 RFC 1542 规范，则可在没有 DHCP 服务器的网络内将一台 Windows 服务器设置为 DHCP 中继代理（DHCP Relay Agent），因为它具备将 DHCP 报文直接转发给 DHCP 服务器的功能。

图 8-27 所示为客户端 A 通过 DHCP 中继代理来获取 DHCP 服务的工作步骤。

① DHCP 客户端 A 利用广播报文（DHCP Discover）查找 DHCP 服务器。

② DHCP 中继代理收到此报文后，将其直接发送给另一个网络内的 DHCP 服务器。

③ DHCP 服务器直接响应报文（DHCP Offer）给 DHCP 中继代理。

④ DHCP 中继代理将此报文（DHCP Offer）广播给 DHCP 客户端 A。

图 8-27　DHCP 中继代理的工作步骤

之后由 DHCP 客户端 A 发出的 DHCP Request 报文及由 DHCP 服务器发出的 DHCP ACK 报文也都是通过 DHCP 中继代理来转发的。

2. 中继代理网络拓扑结构

这里以图 8-28 所示的网络拓扑结构为例来说明如何设置 DHCP 中继代理。当 DHCP 中继代理 GW1 收到 DHCP 客户端的 DHCP 报文时，会将其转发到"网络 B"的 DHCP 服务器中。

GW1 担任 DHCP 中继代理，同时代替路由器实现网络间的路由功能。DNS1、Client1 和 GW1 的网卡 1（对应的 IP 地址为 192.168.10.254/24）的虚拟机网络连接模式使用自定义网络的"VMnet1"，Client2 和 GW1 的网卡 2（对应的 IP 地址为 192.168.20.254/24）的虚拟机网络连接模式使用自定义网络的"VMnet2"。注意：自定义网络的子网可以通过选择 VMware 菜单栏中的"编辑"→"虚拟网络编辑器"选项，在打开的"虚拟网络编辑器"对话框中进行添加，如图 8-29 所示。

图 8-28　完整的 DHCP 中继代理网络拓扑结构

配置宿主机的 VMware Network Adapter VMnet1，其 IP 地址是 192.168.10.101；VMware Network Adapter VMnet2，其 IP 地址是 192.168.20.101。

图 8-29 "虚拟网络编辑器"对话框

> **提示** GW1 可由项目 7 的 DNS2 重命名、安装双网卡，以及修改 IP 地址等参数来实现。

3. 在 DNS1 上新建两个作用域

以管理员身份登录 DNS1，打开"DHCP"窗口，新建两个作用域"DHCP10"和"DHCP20"。DHCP10 作用域要求：IP 地址范围是 192.168.10.21～192.168.10.200，默认网关是 192.168.10.254。DHCP20 作用域要求：IP 地址范围是 192.168.20.21～192.168.20.200，默认网关是 192.168.20.254。设置完成后，可以自行测试（Client1 可以成功获取 IP 地址）。

4. 在 GW1 上安装路由和远程访问服务

需要在 GW1 上安装远程访问角色，并通过其提供的路由和远程访问服务来设置 DHCP 中继代理。GW1 是双网卡。

STEP 1 打开"服务器管理器"窗口，单击"仪表板"处的"添加角色和功能"，在弹出的对话框中持续单击"下一步"按钮，直到进入图 8-30 所示的"选择服务器角色"界面，勾选"远程访问"复选框。

STEP 2 持续单击"下一步"按钮，直到进入图 8-31 所示的"选择角色服务"界面，勾选"DirectAccess 和 VPN (RAS)"复选框，单击"下一步"按钮，在新弹出的"添加角色和功能向导"对话框中单击"添加功能"→"确定"按钮。

STEP 3 持续单击"下一步"按钮，直到进入"确认安装所选内容"界面，单击"安装"按钮。完成安装后单击"关闭"按钮，重新启动计算机并登录。

STEP 4 在"服务器管理器"窗口中选择"工具"→"路由和远程访问"选项，打开"路由和远程访问"窗口，选中本地计算机并单击鼠标右键，在弹出的快捷菜单中选择"配置并启用路由和远程访问"选项，如图 8-32 所示。在弹出的对话框中单击"下一步"按钮。

图 8-30 "选择服务器角色"界面

图 8-31 "选择角色服务"界面

图 8-32 选择"配置并启用路由和
远程访问"选项

STEP 5 在图 8-33 所示的"配置"界面中选中"自定义配置"单选按钮,单击"下一步"按钮。

STEP 6 在图 8-34 所示的"自定义配置"界面中勾选"LAN 路由"复选框后单击"下一步"按钮(此时若进入"无法启动路由和远程访问"警告界面,则不必理会,直接单击"确定"按钮即可)。

STEP 7 配置完成后,单击"启动服务"按钮。

5. 在 GW1 上设置中继代理

STEP 1 在 GW1 上打开"DHCP"窗口,展开服务器名,选择"IPv4"→"常规"选项并单击鼠标右键,在弹出的快捷菜单中选择"新增路由协议"选项,在弹出的"新路由协议"对话框中选择"DHCP Relay Agent"选项,单击"确定"按钮,如图 8-35 所示。

STEP 2 选择"DHCP 中继代理"选项后,单击"属性"按钮,在弹出的"DHCP 中继代理 属性"对话框的"服务器地址"文本框中输入 DHCP 服务器的 IP 地址(192.168.10.1),单击"确定"按钮,如图 8-36 所示。

图8-33 "配置"界面   图8-34 "自定义配置"界面

图8-35 新增路由协议   图8-36 添加DHCP服务器的IP地址

STEP 3 选中"DHCP中继代理"选项并单击鼠标右键，在弹出的快捷菜单中选择"新增接口"选项，在弹出的对话框中选择"Ethernet1"选项，单击"确定"按钮，如图8-37所示。当DHCP中继代理收到通过"Ethernet1"传输的DHCP数据包时，会将它转发给DHCP服务器。这里选择的就是图8-28中IP地址为192.168.20.254的网络接口（通过未被选择的网络接口发送过来的DHCP数据包不会被转发给DHCP服务器）。

图8-37 新增接口

注意 Ethernet0 连接在 VMnet1 上，其 IP 地址是 192.168.10.254；Ethernet1 连接在 VMnet2 上，其 IP 地址是 192.168.20.254。

STEP 4 在图 8-38 所示的对话框中直接单击"确定"按钮。

- 跃点计数阈值。跃点计数阈值表示 DHCP 数据包在转发过程中最多能够经过多少个符合 RFC 1542 规范的路由器。
- 启动阈值（秒）。在 DHCP 中继代理收到 DHCP 数据包后，会等此处的时间过后再将数据包转发给远程 DHCP 服务器。如果本地与远程网络内都有 DHCP 服务器，而又希望由本地网络的 DHCP 服务器优先提供服务，则可以通过此处的设置来延迟将消息发送到远程 DHCP 服务器，因为在这段时间内，可以让同一网络中的 DHCP 服务器有机会先响应客户端的请求。

STEP 5 测试能否成功路由。为了测试方便，请将 GW1 和 DNS1 的防火墙关闭。使用 ping 命令进行测试，两台计算机间应该通信顺畅。

6. 在 Client2 上测试 DHCP 中继代理

将客户端 Client2 的 IP 地址设置为自动获取，在其命令提示符窗口中进行测试，如图 8-39 所示。

图 8-38　中继 DHCP 数据包

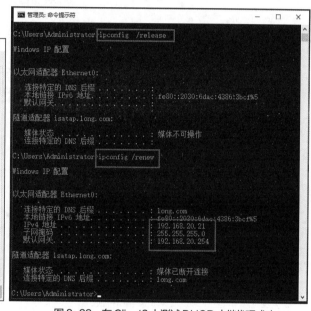

图 8-39　在 Client2 上测试 DHCP 中继代理成功

任务 8-7　配置超级作用域

超级作用域是运行 Windows Server 2022 的 DHCP 服务器的一种管理功能。当 DHCP 服务器中有多个作用域时，就可组成超级作用域，将它们作为单个实体来管理。超级作用域常用于多网配置。多网是指在同一物理网段上使用两个或多个 DHCP 服务器以管理分离的逻辑 IP 网络。在多网配置中，可以使用 DHCP 超级作用域来组合多个作用域，为网络中的客户机提供来自多个作用域的租约。

1. 超级作用域网络环境

超级作用域网络拓扑结构如图 8-40 所示。

在图 8-40 中，GW1 是网关服务器，可以由带 3 块网卡的 Windows Server 2022 充当，3 块网卡分别连接虚拟机的 VMnet1、VMnet2 和 VMnet3；DNS1 是 DHCP 服务器，作用域 1 的 "003 路由器" 为 192.168.10.254，作用域 2 的 "003 路由器" 为 192.168.20.254，作用域 3 的 "003 路由器" 为 192.168.30.254。

图8-40　超级作用域网络拓扑结构

3 台 DHCP 客户端分别连接到虚拟机的 VMnet1、VMnet2 和 VMnet3，DHCP 客户端的 IP 地址获取方式是自动获取。

- DHCP 客户端 1 应该获取到 192.168.10.0/24 网络中的 IP 地址，网关是 192.168.10.254。
- DHCP 客户端 2 应该获取到 192.168.20.0/24 网络中的 IP 地址，网关是 192.168.20.254。
- DHCP 客户端 3 应该获取到 192.168.30.0/24 网络中的 IP 地址，网关是 192.168.30.254。

> **特别说明**　如果在实训中，GW1 由 Windows Server 2022 代替，则需满足以下两个条件。
>
> ① 安装 3 块网卡，启用路由。可参考任务 8-6 中的 "4. 在 GW1 上安装路由和远程访问服务" 的相关内容。
>
> ② GW1 必须和 DNS1 集成到一台安装 Windows Server 2022 的计算机上。因为使用 Windows Server 2022 代替路由器无法转发 DHCP 广播报文，除非在 GW1 上部署 DHCP 中继代理。

2. 超级作用域设置方法

（1）在 GW1 上安装路由和远程访问服务

请读者参照任务 8-6 中的 "4. 在 GW1 上安装路由和远程访问服务" 的相关内容进行安装，安装完成后进行路由测试。

（2）在 DNS1 上新建超级作用域（原作用域可删除）

STEP 1 在 "DHCP" 窗口中，按要求分别新建作用域 1、作用域 2 和作用域 3。

STEP 2 选择 "DHCP 服务器" → "IPv4" 选项并单击鼠标右键，在弹出的快捷菜单中选择 "新建超级作用域" 选项，弹出 "新建超级作用域向导" 对话框。在 "选择作用域" 界面，可选择要加入超级作用域管理的作用域，本例中将作用域 1、作用域 2 和作用域 3 全部加入超级作用域，如图 8-41 所示。

STEP 3 超级作用域创建好后会显示在 "DHCP" 窗口中，如图 8-42 所示。还可以将其他作用域也添加到该超级作用域中。

图 8-41　选择作用域

　　DHCP 客户端向 DHCP 服务器租用 IP 地址时，DHCP 服务器会从超级作用域中的任何一个普通作用域中选择一个 IP 地址。超级作用域可以解决多网结构中的某些 DHCP 部署问题。比较典型的情况是当前活动作用域的可用地址池几乎已耗尽，而又要向网络中添加更多的计算机时，可使用另一个网络的 IP 地址范围，以扩展同一物理网段的 IP 地址空间。

图 8-42　"DHCP"窗口中的超级作用域

> **注意**　超级作用域只是一个简单的容器，删除超级作用域时并不会删除其中的子作用域。

（3）在 DHCP 客户端上进行测试

分别在 DHCP 客户端 1、DHCP 客户端 2 和 DHCP 客户端 3 上进行测试。

任务 8-8　配置和测试 DHCP 客户端

目前常用的操作系统均可作为 DHCP 客户端，本任务仅以 Windows 平台作为客户端进行介绍。

1. 配置 DHCP 客户端

在 Windows 平台上配置 DHCP 客户端非常简单。在客户端 Client1 上，在"Internet 协议版本

4(TCP/IPv4)属性"对话框中选中"自动获得 IP 地址"和"自动获得 DNS 服务器地址"两个单选按钮即可。

提示 由于 DHCP 客户端是在开机的时候自动获得 IP 地址的，因此并不能保证每次获得的 IP 地址都是相同的。

2. 测试 DHCP 客户端

在 DHCP 客户端上打开命令提示符窗口，使用 ipconfig /all 和 ping 命令对 DHCP 客户端进行测试。

3. 手动释放 DHCP 客户端 IP 地址租约

在 DHCP 客户端上打开命令提示符窗口，使用 ipconfig /release 命令手动释放 DHCP 客户端 IP 地址租约。

4. 手动更新 DHCP 客户端 IP 地址租约

在 DHCP 客户端上打开命令提示符窗口，使用 ipconfig /renew 命令手动更新 DHCP 客户端 IP 地址租约。

5. 在 DHCP 服务器上验证租约

使用具有管理员权限的用户账户登录 DHCP 服务器，打开"DHCP"窗口。在左侧树状列表中双击 DHCP 服务器，在展开的树中双击作用域，选择"地址租用"选项，可以看到从当前 DHCP 服务器的当前作用域中租用 IP 地址的租约，如图 8-43 所示。

图 8-43　IP 地址租约

6. 客户端的备用设置

如果客户端因故无法向 DHCP 服务器租用到 IP 地址，则客户端会每隔 5 分钟自动去找 DHCP 服务器租用 IP 地址。在未租用到 IP 地址之前，客户端可以暂时使用其他 IP 地址，此 IP 地址可以通过图 8-44 所示的"备用配置"选项卡进行设置。

- 自动专用 IP 地址。这是默认值，当客户端无法从 DHCP 服务器租用到 IP 地址时，它会自动使用 169.254.0.0/16 格式的自动专用 IP 地址。
- 用户配置。客户端会自动使用此处的 IP 地址与设置值。它特别适用于客户端计算机需要在不同网络中使用的场合。例如，客户端为笔记本电脑，在公司使用时，它是向 DHCP 服务器租用 IP 地址的；但在家庭中使用时，如果家里没有 DHCP 服务器，它无法租用到 IP 地址，就自动使用此处设置的 IP 地址。

图 8-44 "备用配置"选项卡

任务 8-9　部署复杂网络的 DHCP 服务器

根据网络的规模，可在网络中安装一个或多个 DHCP 服务器。对于较复杂的网络，主要涉及以下几种情况：在单物理子网中配置多个 DHCP 服务器、多宿主 DHCP 服务器和跨网段的 DHCP 中继代理。

1. 在单物理子网中配置多个 DHCP 服务器

在一些比较重要的网络中，通常单物理子网中需要配置多个 DHCP 服务器。这样做有两大好处：一是提供容错功能，如果一个 DHCP 服务器出现故障或不可用，则另一个 DHCP 服务器可以取代它，并继续提供租用新的 IP 地址或续租现有 IP 地址的服务；二是负载均衡，起到在网络中平衡 DHCP 服务器负载的作用。

为了平衡 DHCP 服务器的使用，较好的方法是使用 80/20 规则划分两个 DHCP 服务器之间的作用域地址。例如，将 DHCP1 配置为可使用大多数地址（约为 IP 地址数的 80%），则 DHCP2 可以配置为使客户端使用其他地址（约为 IP 地址数的 20%）。图 8-45 所示为 80/20 规则的典型应用示例。

图 8-45　80/20 规则的典型应用示例

注意 要实现图 8-45 所示的目标，可以利用 DHCP 拆分作用域配置向导来帮助自动在辅助服务器中建立作用域，并自动将主、辅助两个 DHCP 服务器的 IP 地址分配率设置好。由于篇幅限制，该内容请感兴趣的读者自行参考相关书籍进行学习。

2. 多宿主 DHCP 服务器

多宿主 DHCP 服务器是指一个 DHCP 服务器为多个独立的网段提供服务，其中每个网络连接都必须连入独立的物理网络。这种情况要求在计算机中使用额外的硬件，典型的情况是安装多块网卡。

例如，某个 DHCP 服务器连接了两个网络，网卡 1 的 IP 地址为 192.168.10.100，网卡 2 的 IP 地址为 192.168.20.100，在服务器中创建两个作用域，一个作用域面向的网络为 192.168.10.0，另一个作用域面向的网络为 192.168.20.0。这样，当与网卡 1 位于同一网段的 DHCP 客户端访问 DHCP 服务器时，将从与网卡 1 对应的作用域中获取 IP 地址；同样，与网卡 2 位于同一网段的 DHCP 客户端也将获得相应的 IP 地址。

提示 跨网段的 DHCP 中继代理的相关内容，请联系编者获取电子资料，在此不详细讲解。

任务 8-10　维护 DHCP 数据库

DHCP 服务器的数据库文件中存储着 DHCP 的配置数据，如 IP 地址作用域、出租地址、保留地址与选项设置等，系统默认将数据库文件存储在%Systemroot%\System32\dhcp 文件夹中，如图 8-46 所示，%Systemroot%是指系统根目录，本例中是 C:\Windows。其中，最主要的是数据库文件 dhcp.mdb，其他是辅助文件，请勿随意更改或删除这些文件，否则 DHCP 服务器可能无法正常运行。

图 8-46　DHCP 数据库

注意 可以选中 DHCP 服务器并单击鼠标右键，在弹出的快捷菜单中选择"内容"→"数据库路径"选项来变更存储数据库的文件夹。

1. 数据库的备份

可以对 DHCP 数据库进行备份，以便数据库有问题时利用备份来进行修复。

- 自动备份。DHCP 服务默认每隔 60 分钟自动将 DHCP 数据库文件备份到 %Systemroot%\
  System32\dhcp\backup\new 文件夹中。如果要更改此间隔时间,则可修改 BackupInterval
  注册表的设置值,它位于以下路径内。

HKEY_LOCAL_MACHINE\SYSTEM\CurrentControlSet\Services\DHCPServer\Parameters

- 手动备份。可以选中 DHCP 服务器并单击鼠标右键,在弹出的快捷菜单中选择"备份"选项来
  手动将 DHCP 数据库文件备份到指定文件夹中,系统默认将其备份到 %Systemroot%\
  System32\dhcp\backup\new 文件夹中。

> **注意** 可以通过选中 DHCP 服务器并单击鼠标右键,在弹出的快捷菜单中选择"属性"→"备份路径"
> 选项的方法来更改备份的默认路径。

2. 数据库的还原

数据库的还原有以下两种方式。

- 自动还原。如果 DHCP 服务检查到数据库已损坏,则会自动修复数据库。它利用存储在
  %Systemroot%\System32\dhcp\backup\new 文件夹中的备份文件来还原数据库。DHCP 服
  务启动时会自动检查数据库是否损坏。
- 手动还原。可以选中 DHCP 服务器并单击鼠标右键,在弹出的快捷菜单中选择"还原"选项来
  手动还原 DHCP 数据库。

特别说明,即使数据库没有损坏,也可以要求 DHCP 服务在启动时修复数据库(将备份的数据库文
件复制到 DHCP 文件夹中),方法是先将位于以下路径的注册表值 RestoreFlag 设置为 1,再重新启动
DHCP 服务。

HKEY_LOCAL_MACHINE\SYSTEM\CurrentControlSet\Services\DHCPServer\Parameters

3. 作用域的协调

DHCP 服务器会将作用域内的 IP 地址租用详细信息存储在 DHCP 数据库中,同时将摘要信息存储
到注册表中。如果 DHCP 数据库与注册表出现不一致的情况,例如,IP 地址 192.168.10.120 已经租
用给客户端 A,在 DHCP 数据库与注册表中也都记载了此租用信息,但后来 DHCP 数据库因故损坏。
而在利用备份数据库(旧的数据库)来还原数据库后,虽然注册表中记载着 IP 地址 192.168.10.120 已
租用给客户端 A,但是还原的 DHCP 数据库中并没有此记录,此时可以执行协调(Reconcile)操作,
使系统根据注册表的内容更新 DHCP 数据库,之后即可在"DHCP"窗口中看到这条租用数据记录。

要协调某个作用域时,请进行如下操作:选中作用域并单击鼠标右键,在弹出的快捷菜单中选择"协
调"选项,如图 8-47 所示,单击"验证"按钮来协调此作用域;或选中"IPv4"选项并单击鼠标右键,
在弹出的快捷菜单中选择"协调所有的作用域"选项,单击"验证"按钮来协调此服务器内的所有 IPv4
作用域。

4. 将 DHCP 数据库移动到其他服务器中

当需要将现有的一台使用 Windows Server 网络操作系统的 DHCP 服务器删除,改由另外一台使
用 Windows Server 网络操作系统的 DHCP 服务器来提供 DHCP 服务时,可以通过以下步骤将原先存
储在旧 DHCP 服务器中的数据库移动到新 DHCP 服务器中。

STEP 1 在旧 DHCP 服务器上打开"DHCP"窗口,选中"DHCP"选项并单击鼠标右键,在
弹出的快捷菜单中选择"备份"选项来备份 DHCP 数据库,假设备份到 C:\DHCPBackup 文件夹中,
其中包含 new 子文件夹。

193

图 8-47　协调作用域

STEP 2　选中"DHCP"选项并单击鼠标右键，在弹出的快捷菜单中选择"所有任务"→"停止"选项或使用"net stop dhcpserver"命令将 DHCP 服务停止。此步骤可防止 DHCP 服务器继续租用 IP 地址给 DHCP 客户端。

STEP 3　选择"开始"→"Windows 管理工具"→"服务"选项，双击"DHCP Server"选项，在启动类型处选择"禁用"选项。此步骤可避免 DHCP 服务器被重新启动。

STEP 4　将 STEP 1 备份的数据库文件复制到新的 DHCP 服务器中，假设复制到 C:\DHCPBackup 文件夹中，其中包含 new 子文件夹。

STEP 5　如果新 DHCP 服务器尚未安装 DHCP 服务器角色，则可打开"服务器管理器"窗口，单击"仪表板"处的"添加角色和功能"进行安装。

STEP 6　新 DHCP 服务器中的 DHCPBackup 文件夹需要赋予 NETWORK SERVICE 用户组"修改"的 NTFS 权限。选中新 DHCP 服务器中的 DHCPBackup 文件夹并单击鼠标右键，在弹出的快捷菜单中选择"属性"选项，在"DHCPBackup 属性"对话框中选择"安全"选项卡，单击"编辑"按钮，在弹出的"DHCPBackup 的权限"对话框中添加"NETWORK SERVICE"用户组，并勾选允许"修改"复选框，单击"应用"→"确定"按钮，如图 8-48 所示。

图 8-48　设置"DHCPBackup"文件夹的 NTFS 权限

STEP 7 在新 DHCP 服务器上打开"DHCP"窗口，选中"DHCP"选项并单击鼠标右键，在弹出的快捷菜单中选择"还原"选项，将 DHCP 数据库还原，并选择从旧 DHCP 服务器复制过来的文件。

注意，请选择 C:\DHCPBackup 文件夹，而不是 C:\DHCPBackup\new 文件夹。

任务 8-11　监视 DHCP 服务器的运行

收集、查看与分析 DHCP 服务器的相关信息，可以帮助我们了解 DHCP 服务器的工作情况，找出效能瓶颈、问题所在，以作为改善的参考。

1. 服务器的统计信息

可以查看整个服务器或某个作用域的统计信息。首先，启用 DHCP 统计信息的自动更新功能，选择"IPv4"选项，单击其上方的"属性"按钮，在弹出的"IPv4 属性"对话框中勾选"自动更新统计信息的时间间隔"复选框，设定自动更新间隔时间，如图 8-49 所示，单击"确定"按钮。

图 8-49　自动更新统计信息的时间间隔

如果要查看整个 DHCP 服务器的统计信息，则可以在图 8-50 所示的窗口中选中"IPv4"选项并单击鼠标右键，在弹出的快捷菜单中选择"显示统计信息"选项。

图 8-50　查看整个 DHCP 服务器的统计信息

- 开始时间：DHCP 服务的启动时间。
- 正常运行时间：DHCP 服务已经持续运行的时间。
- 发现数：已收到的 DHCP Discover 数据包数量。
- 提供数：已发出的 DHCP Offer 数据包数量。
- 延迟提供：被延迟发出的 DHCP Offer 数据包数量。
- 请求数：已收到的 DHCP Request 数据包数量。
- 回答数：已发出的 DHCP ACK 数据包数量。
- 未回答数：已发出的 DHCP NACK 数据包数量。
- 拒绝数：已收到的 DHCP Decline 数据包数量。
- 释放数：已收到的 DHCP Release 数据包数量。
- 作用域总计：DHCP 服务器中现有的作用域数量。
- 配置了延迟的范围：DHCP 服务器内设置了延迟响应客户端请求的作用域数量。
- 地址总计：DHCP 服务器可提供给客户端的 IP 地址总数。
- 使用中：DHCP 服务器中已租用的 IP 地址总数。
- 可用：DHCP 服务器中尚未租用的 IP 地址总数。

如果要查看某个作用域的统计信息，可选中作用域并单击鼠标右键，在弹出的快捷菜单中选择"显示统计信息"选项。

2. DHCP 审核日志

DHCP 审核日志中记录着与 DHCP 服务有关的事件，如服务的启动与停止时间，服务器是否已被授权，IP 地址的租用、更新、释放、拒绝等信息。

系统默认已启用审核日志功能，如果要更改设置，则可选中"IPv4"选项并单击鼠标右键，在弹出的快捷菜单中选择"属性"选项，在"IPv4 属性"对话框中勾选或取消勾选"启用 DHCP 审核记录"复选框，如图 8-49 所示。日志文件默认是被存储到%Systemroot%\System32\dhcp 文件夹中的，其文件格式为 DhcpV6SrvLog-day.log，其中 day 为星期一到星期日的英文缩写。例如，星期六的文件名为 DhcpV6SrvLog-Sat.log，其内容如图 8-51 所示。

如果要更改日志文件的存储位置，则可选中"IPv4"选项并单击鼠标右键，在弹出的快捷菜单中选择"属性"选项，弹出"IPv4 属性"对话框，通过"高级"选项卡中的"审核日志文件路径"来进行设置，如图 8-52 所示。

图 8-51　审核日志文件内容

图 8-52　更改日志文件的存储位置

8.4 拓展阅读 "雪人计划"

"雪人计划"（Yeti DNS Project）是基于全新技术架构的全球下一代互联网（IPv6）根服务器测试和运营实验项目，旨在打破现有的根服务器困局，为下一代互联网提供更多的根服务器解决方案。

"雪人计划"是 2015 年 6 月 23 日在 ICANN 第 53 届会议上正式对外发布的。

发起者包括中国"下一代互联网关键技术和评测北京市工程研究中心"、日本 WIDE 机构（现国际互联网 M 根运营者）、国际互联网名人堂入选者保罗·维克西（Paul Vixie）博士等组织和个人。

2019 年 12 月 9 日，工业和信息化部同意中国互联网络信息中心设立域名根服务器（J、K 镜像服务器）及域名根服务器运行机构。"雪人计划"于 2016 年在中国、美国、日本、印度、俄罗斯、德国、法国等全球 16 个国家完成 25 台 IPv6 根服务器架设，其中 1 台主根服务器和 3 台辅根服务器部署在中国，事实上形成了 13 台原有根服务器加 25 台 IPv6 根服务器的新格局，为建立多边、透明的国际互联网治理体系打下坚实基础。

8.5 习题

一、填空题

1. DHCP 在工作过程中会使用到_____、_____、_____和_____4 种报文。

2. 如果 Windows 操作系统的 DHCP 客户端无法获得 IP 地址，则它将自动从微软保留 IP 地址段中选择一个作为自己的地址。

3. 在 Windows Server 2022 的 DHCP 服务器中，根据不同的应用范围划分的不同级别的 DHCP 选项包括_____、_____、_____和_____。

4. 在 Windows Server 2022 环境中，查看 IP 地址配置应使用_____命令，释放 IP 地址应使用_____命令，续订 IP 地址应使用_____命令。

5. 在域环境中，_____服务器能够被授权，_____服务器不能被授权。

6. 通过策略为特定的客户端计算机分配不同的 IP 地址与选项时，可以通过 DHCP 客户端发送的_____和_____来区分客户端计算机。

7. 当 DHCP 服务器上有多个作用域时，可组成_____，将它们作为单个实体来管理。

8. 为了平衡 DHCP 服务器的使用，较好的方法是使用_____规则划分两个 DHCP 服务器之间的作用域地址。

9. DHCP 服务器系统默认将数据库文件存储在_____文件夹内，其中最主要的是数据库文件_____。

10. DHCP 服务默认每隔_____分钟自动将数据库文件备份到_____文件夹内。

二、选择题

1. 在一个局域网中利用 DHCP 服务器为网络中的所有主机提供动态 IP 地址分配，DHCP 服务器的 IP 地址为 192.168.2.1/24，在服务器上创建一个作用域 192.168.2.11/24～192.168.2.200/24 并激活。在 DHCP 服务器选项中设置 003 为 192.168.2.254，在作用域选项中设置 003 为 192.168.2.253，则网络中租用到 IP 地址 192.168.2.20 的 DHCP 客户端所获得的默认网关地址应为（　　）。

    A. 192.168.2.1   B. 192.168.2.254

    C. 192.168.2.253   D. 192.168.2.20

2. 在 DHCP 选项的设置中，不可以设置的是（　　）。

    A. DNS 服务器　　　　B. DNS 域名　　　　C. WINS 服务器　　　D. 计算机名

3. 使用 Windows Server 2022 的 DHCP 服务器时，当客户机租约使用时间超过租约的 50%时，客户机会向服务器发送（　　）数据包，以更新现有的地址租约。

    A. DHCP Discover　　B. DHCP Offer　　　　C. DHCP Request　　D. DHCP NACK

4. 用来显示网络适配器的 DHCP 类别信息的命令是（　　）。

    A. ipconfig /all　　　　　　　　　　　　　B. ipconfig /release

    C. ipconfig /renew　　　　　　　　　　　D. ipconfig /showclassid

三、简答题

1. 动态 IP 地址方案有什么优点和缺点？简述 DHCP 服务器的工作过程。

2. 如何配置 DHCP 作用域选项？如何备份与还原 DHCP 数据库？

四、案例分析

1. 某企业用户反映，将计算机从人事部搬到财务部后就不能连接到 Internet 了。这是什么原因？应该怎么处理？

2. 某学校因为计算机数量增加，需要在 DHCP 服务器上添加一个新的作用域，但用户反映客户端计算机并不能从服务器获得新的作用域中的 IP 地址。出现这个问题的原因可能是什么？如何处理？

8.6　项目实训　配置与管理 DHCP 服务器

一、实训目的

- 掌握 DHCP 服务器的配置方法。
- 掌握 DHCP 用户类的配置方法。
- 掌握测试 DHCP 服务器的方法。

二、项目环境

本项目实训根据图 8-2 所示的环境来部署 DHCP 服务。

三、项目要求

① 将 DHCP 服务器的 IP 地址池设为 192.168.20.10/24～192.168.20.200/24。

② 将 IP 地址 192.168.20.104/24 预留给需要手动指定 TCP/IP 参数的服务器。

③ 将 IP 地址 192.168.20.100 用作保留地址。

④ 增加一台客户端 Client2，同时，使 Client1 与 Client2 自动获取的默认网关和 DNS 服务器地址不同。

⑤ 完成任务 8-7。注意，GW1 和 DNS1 可以用一台 Windows Server 2022 来代替。

四、做一做

独立完成项目实训，检查学习效果。

项目9
配置与管理Web服务器

目前，大部分公司有自己的网站，可以用来实现信息发布、资料查询、数据处理、网络办公、远程教育和视频点播等功能，还可以用来提供电子邮件服务。搭建网站要靠 Web 服务来实现，而在中小型网络中使用最多的网络操作系统是 Windows Server，因此微软公司的 IIS 提供的 Web 服务和 FTP 服务也成为使用非常广泛的服务。

学习要点

- 学会安装 Web 服务器角色。
- 学会创建 Web 站点。
- 学会管理 Web 站点的目录。
- 学会架设多个 Web 站点。

素质要点

- 在全球浮点运算性能最强的 500 台超级计算机中，中国部署的超级计算机数量多年领先。这是中国崛起的重要见证。

- "三更灯火五更鸡，正是男儿读书时。黑发不知勤学早，白首方悔读书迟。"祖国的发展日新月异，我们拿什么报效祖国？唯有勤奋学习，惜时如金，才无愧盛世年华。

9.1 项目基础知识

互联网信息服务（Internet Information Services，IIS）提供了基本服务，包括发布信息、传输文件、支持用户通信和更新这些服务所依赖的数据存储等。

9-1 微课 WWW

1. 万维网发布服务

通过将客户端 HTTP 请求连接到在 IIS 中运行的网站上，万维网（World Wide Web，WWW，以下简称 Web）发布服务向 IIS 最终用户提供 Web 发布。Web 服务管理着 IIS 的核心组件，这些组件处理 HTTP 请求并配置和管理 Web 应用程序。

2. FTP 服务

通过 FTP 服务，IIS 提供对管理和处理文件的完全支持。该服务使用 TCP，从而确保了文件传输的完成和数据传输的准确性。该版本的 FTP 支持在站点级别上隔离用户，以帮助管理员保护其 Internet 站点的安全并使之商业化。

3. SMTP 服务

通过 SMTP 服务，IIS 能够发送和接收电子邮件。例如，为确认用户提交表格成功，可以对服务器编程以自动发送电子邮件来响应事件。也可以使用 SMTP 服务接收来自网站用户的反馈消息。SMTP 不支持完整的电子邮件服务，要提供完整的电子邮件服务，可使用 Microsoft Exchange Server。

4. 网络新闻传送协议服务

可以使用网络新闻传送协议（Network News Transfer Protocol，NNTP）服务主控单个计算机中的 NNTP 本地讨论组。因为该功能完全符合 NNTP，所以用户可以使用任何新闻客户端程序加入新闻组进行讨论。

5. 管理服务

管理服务管理着 IIS 配置数据库，并为 Web 服务、FTP 服务、SMTP 服务和 NNTP 服务更新 Windows 操作系统注册表。配置数据库用来保存 IIS 的各种配置参数。管理服务对其他应用程序公开配置数据库，这些应用程序包括 IIS 核心组件、在 IIS 上建立的应用程序，以及独立于 IIS 的第三方应用程序（如管理或监视工具）。

9.2 项目设计与准备

在架设 Web 服务器之前，读者需要了解本项目实例的部署需求和实训环境。

1. 部署需求

在部署 Web 服务前需做以下准备工作。

- 设置 Web 服务器的 TCP/IP 属性，手动指定 IP 地址、子网掩码、默认网关和 DNS 服务器的 IP 地址等。

图 9-1 架设 Web 服务器的网络拓扑结构

- 部署域环境，域名为 long60.cn。

2. 部署环境

本项目所有实例都部署在一个域环境下，域名为 long60.cn。其中，Web 服务器主机名为 DNS1，其本身也是域控制器和 DNS 服务器，IP 地址为 192.168.10.1/24；两台 Web 客户端主机，分别命名为 WIN10-1 和 WIN10-2，客户端主机安装 Windows 10 操作系统，IP 地址分别为 192.168.10.210/24 和 192.168.10.220/24。架设 Web 服务器的网络拓扑结构如图 9-1 所示。

9.3 项目实施

9-2 课堂慕课
配置与管理 Web
服务器

任务 9-1 安装 Web 服务器（IIS）角色

在 DNS1 上的"服务器管理器"窗口中安装 Web 服务器（IIS）角色，具体步骤如下。

STEP 1 选择"开始""Windows 管理工具"→"服务器管理器"→"仪表

板"→"添加角色和功能"选项，在弹出的对话框中持续单击"下一步"按钮，直到进入图 9-2 所示的"选择服务器角色"界面，勾选"Web 服务器(IIS)"复选框。

图 9-2 "选择服务器角色"界面

STEP 2 持续单击"下一步"按钮，在"选择角色服务"界面中勾选"安全性"和"常见 HTTP 功能"复选框，取消勾选"HTTP 重定向"和"WebDAV 发布"复选框，同时勾选"FTP 服务器"复选框，如图 9-3 所示。

图 9-3 "选择角色服务"界面

> **提示** 如果在前面安装某些角色时安装了某些功能和部分 Web 角色，则界面将稍有不同，此时请注意勾选"安全性""常见 HTTP 功能""FTP 服务器"复选框。

STEP 3 持续单击"下一步"按钮，直到显示"安装"按钮，单击"安装"按钮，开始安装 Web 服务器。安装完成后，进入"安装结果"界面，单击"关闭"按钮完成安装。

> **提示** 在此勾选了"FTP 服务器"复选框，在安装 Web 服务器的同时安装了 FTP 服务器。建议将"角色服务"的全部选项都安装上，特别是身份验证方式。如果"角色服务"安装不完全，则后面做有关"网站安全"的实训时会有部分功能无法使用。

安装完 IIS 以后，还应对该 Web 服务器进行测试，以检测网站是否正确安装并运行。在局域网中的一台计算机（本例为 WIN10-1）上，打开浏览器并使用以下两种地址格式进行测试。

- DNS 域名地址（延续前面的 DNS 设置）: http://DNS1.long60.cn/。
- IP 地址: http://192.168.10.1/。

如果 IIS 安装成功，则会在 IE 浏览器中显示图 9-4 所示的网页。如果没有显示该网页，则检查 IIS 是否出现问题或重新启动 IIS 服务，也可以删除 IIS 并重新进行安装。

图 9-4　IIS 安装成功的网页

任务 9-2　创建 Web 站点

在 Web 服务器上创建一个 Web 站点，使用户在客户端计算机上能通过 IP 地址和域名进行访问。

1. 创建使用 IP 地址访问的 Web 站点

创建使用 IP 地址访问的 Web 站点的具体步骤如下。

（1）停止默认网站（Default Web Site）

以域管理员账户登录 Web 服务器，选择"开始"→"Windows 管理工具"→"Internet Information Services(IIS)管理器"选项，打开"Internet Information Services(IIS)管理器"窗口。在左侧树状列表中依次展开服务器和"网站"选项，选中"Default Web Site"选项并单击鼠标右键，在弹出的快捷菜单中选择"管理网站"→"停止"选项，即可停止正在运行的默认网站，如图 9-5 所示。设置完成后，默认网站的状态显示为"停止"。

（2）准备 Web 站点内容

在 C 盘中创建文件夹 Web 作为网站的主目录，并在该文件夹中存放网页文件 index.htm 作为网站的主页文件，网站主页文件可以用记事本或 Dreamweaver 软件编写。

（3）创建 Web 站点

STEP 1 在"Internet Information Services(IIS)管理器"窗口中展开服务器选项，选中"网站"

选项并单击鼠标右键，在弹出的快捷菜单中选择"添加网站"选项，弹出"添加网站"对话框。在该对话框中可以指定网站名称、应用程序池、物理路径、传递身份验证、类型、IP 地址、端口、主机名等。在此设置网站名称为"Test Web"，物理路径为"C:\Web"，类型为"http"，IP 地址为"192.168.10.1"，端口为"80"，如图 9-6 所示，单击"确定"按钮，完成 Web 站点的创建。

STEP 2 返回"Internet Information Services(IIS)管理器"窗口，可以看到刚才创建的网站已经启动，如图 9-7 所示。

图 9-5 停止默认网站

图 9-6 设置网站信息

图 9-7 "Internet Information
Services(IIS)管理器"窗口

STEP 3 在 WIN10-1 上打开浏览器，在其地址栏中输入"http://192.168.10.1"并按 Enter 键就可以访问刚才创建的网站了。

特别注意 在图 9-7 所示的窗口中双击"默认文档"选项，打开"默认文档"窗格，可以对默认文档进行添加、删除及更改顺序等操作，如图 9-8 所示。

图9-8　设置默认文档

默认文档是指在 Web 浏览器中输入 Web 站点的 IP 地址或域名即进入的 Web 页面,也就是通常所说的主页(Home Page)。IIS 10 默认文档的文件名有 5 种, 分别为 Default.htm、Default.asp、index.htm、index.html 和 iisstart.htm。这也是一般网站中常用的主页的文件名。如果 Web 站点无法找到这 5 个文件中的任何一个, 那么将在 Web 浏览器上显示"该页无法显示"的提示。默认文档既可以是一个, 又可以是多个。当设置多个默认文档时, IIS 将按照排列的前后顺序依次调用这些文档。当第一个文档存在时, 将直接把它显示在用户的浏览器上, 而不再调用后面的文档; 当第一个文档不存在时, 将第二个文档显示给用户, 以此类推。

思考与实践　由于本例主页的文件名为 index.htm, 所以在客户端直接输入 IP 地址即可浏览网站。如果网站主页的文件名不在列出的 5 个默认文档中, 则该如何处理? 请读者试着做一下。

2. 创建使用域名访问的 Web 站点

创建使用域名 www.long60.cn 访问的 Web 站点, 具体步骤如下。

STEP 1　在 DNS1 上打开"DNS 管理器"窗口, 依次展开服务器和"正向查找区域"选项。

STEP 2　选中"long60.cn"选项并单击鼠标右键, 在弹出的快捷菜单中选择"新建别名(CNAME)"选项, 弹出"新建资源记录"对话框。在"别名(如果为空则使用父域)"文本框中输入"www", 在"目标主机的完全合格的域名(FQDN)"文本框中输入"DNS1.long60.cn", 或者单击"浏览"按钮, 查找 DNS1 的 FQDN 并将其选中。

STEP 3　单击"确定"按钮, 别名创建完成。

STEP 4　在 WIN10-1 上打开浏览器, 在其地址栏中输入"http://www.long60.cn"并按 Enter键就可以访问刚才创建的网站了。

注意　保证 WIN10-1 的 DNS 服务器的 IP 地址是 192.168.10.1。

任务 9-3　管理 Web 站点的目录

在 Web 站点中，Web 内容文件都会保存在一个或多个目录树下，包括 HTML 内容文件、Web 应用程序和数据库等，有的甚至会保存在多个计算机上的多个目录中。因此，为了使其他目录中的内容和信息也能够通过 Web 站点发布，可通过创建虚拟目录来实现。当然，也可以在物理目录下直接创建目录来管理内容。

1. 虚拟目录与物理目录

在 Internet 上浏览网页时，经常会看到一个网站下有许多子目录，这就是虚拟目录。虚拟目录只是一个文件夹，并不一定位于主目录中，但在浏览 Web 站点的用户看来其就像位于主目录中一样。

对于任何一个网站，都需要使用目录来保存文件，即将所有的网页及相关文件都存放到网站的主目录之下，也就是在主目录之下建立文件夹，并将文件放到这些文件夹中，这些文件夹也称为物理目录。也可以将文件保存到其他物理文件夹中，如本地计算机或其他计算机中，并通过虚拟目录映射到这个文件夹，每个虚拟目录都有一个别名。虚拟目录的好处是在不需要改变别名的情况下，可以随时改变其对应的文件夹。

在 Web 站点中，默认发布主目录中的内容。但如果要发布其他物理目录中的内容，就需要创建虚拟目录。虚拟目录也就是网站的子目录，每个网站都可能会有多个子目录，不同子目录的内容也不同，在磁盘中会用不同的文件夹来存放不同的文件。例如，使用 BBS 文件夹存放论坛程序，使用 image 文件夹存放网站图片等。

2. 创建虚拟目录

在 www.long60.cn 对应的网站上创建一个名为 BBS 的虚拟目录，其路径为本地磁盘中的"C:\MY_BBS"文件夹，该文件夹下有一个文件 index.htm。具体创建过程如下。

STEP 1 以域管理员账户登录 DNS1。在 IIS 管理器中展开左侧的"网站"选项，选中要创建虚拟目录的网站"Test Web"并单击鼠标右键，在弹出的快捷菜单中选择"添加虚拟目录"选项，弹出"添加虚拟目录"对话框。利用该对话框便可为该虚拟网站创建不同的虚拟目录。

STEP 2 在"别名"文本框中设置该虚拟目录的别名，本例为"BBS"，用户用该别名来连接虚拟目录。该别名必须唯一，不能与其他网站或虚拟目录重名。在"物理路径"文本框中输入该虚拟目录的文件夹路径，或单击"浏览"按钮选择路径，本例为"C:\MY_BBS"。这里既可以使用本地计算机上的路径，又可以使用网络中的文件夹路径。设置完成后的界面如图 9-9 所示，单击"确定"按钮。

图 9-9　设置完成后的界面

STEP 3 在 WIN10-1 上打开浏览器，在其地址栏中输入"http://www.long60.cn/BBS"并按 Enter 键就可以访问 C:\MY_BBS 中的默认网站了。

任务 9-4　架设多个 Web 站点

使用 IIS 10.0 的虚拟主机技术，通过分配 TCP 端口、IP 地址和主机头名，可以在一台服务器上建立多个虚拟 Web 站点。每个网站都具有唯一的，由端口号、IP 地址和主机头名 3 部分组成的网站标识，用来接收来自客户端的请求。不同的 Web 站点可以提供不同的 Web 服务，且每一台虚拟主机和一台独立的主机完全一样。这种方式适用于企业或组织需要创建多个网站的情况，可以节省成本。

架设多个 Web 站点可以使用以下 3 种方式。

（1）使用不同端口号架设多个 Web 站点。

（2）使用不同主机头名架设多个 Web 站点。

（3）使用不同 IP 地址架设多个 Web 站点。

在创建一个 Web 站点时，要根据企业本身现有的条件，如投资的多少、IP 地址的多少、网站性能的要求等，选择不同的架设技术。

1. 使用不同端口号架设多个 Web 站点

利用一个 IP 地址，使用不同的端口号也可以达到架设多个网站的目的。

其实，用户访问所有的网站都需要使用相应的 TCP 端口。但 Web 服务器默认的 TCP 端口为 80，在用户访问时不需要输入；但如果网站的 TCP 端口不为 80，则在输入网址时必须添加端口号。利用 Web 服务的这个特点，可以架设多个网站，每个网站均使用不同的端口号。使用这种方式创建的网站，其域名或 IP 地址部分完全相同，仅端口号不同。用户在使用网址访问网站时，必须添加相应的端口号。

在同一台 Web 服务器上使用同一个 IP 地址、两个不同的端口号（80、8080）创建两个网站，具体步骤如下。

图9-10 新建网站

（1）创建第 2 个 Web 站点

STEP 1 以域管理员账户登录到 Web 服务器 DNS1 上。

STEP 2 在"Internet Information Services (IIS)管理器"窗口中创建第 2 个 Web 站点，网站名称为"Web8080"，物理路径为"C:\Web2"，IP 地址为"192.168.10.1"，端口为"8080"，如图 9-10 所示。

（2）在客户端上访问两个网站

在 WIN10-1 上打开 IE 浏览器，分别在其地址栏中输入"http://192.168.10.1"和"http://192.168.10.1:8080"并按 Enter 键，这时会发现打开了两个不同的网站 Test Web 和 Web8080。

提示 如果在访问第 2 个 Web 站点时出现不能访问的情况，则请检查防火墙，最好将全部防火墙（包括域的防火墙）关闭！后面类似问题不再说明。在本例中也可以使用防火墙设置中的高级设置定义入站规则为允许 8080 端口通过。

2. 使用不同主机头名架设多个 Web 站点

使用 www.long60.cn 访问第 1 个 Web 站点 Test Web，使用 www1.long60.cn 访问第 2 个 Web 站点 Web8080，具体步骤如下。

（1）在区域 long60.cn 上创建 CNAME 记录

STEP 1 以域管理员账户登录到 Web 服务器 DNS1 上。

STEP 2 打开"DNS 管理器"窗口，依次展开服务器和"正向查找区域"选项。

STEP 3 创建 CNAME 记录。选中"long60.cn"区域并单击鼠标右键，在弹出的快捷菜单中选择"新建别名(CNAME)"选项，弹出"新建资源记录"对话框。在"别名(如果为空则使用父域)"文本框中输入"www1"，在"目标主机的完全合格的域名(FQDN)"文本框中输入"DNS1.long60.cn"。

STEP 4 单击"确定"按钮，别名创建完成，DNS 配置结果如图 9-11 所示。

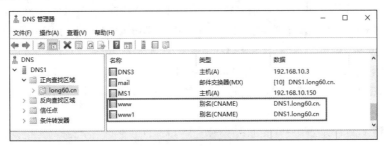

图 9-11　DNS 配置结果

（2）设置 Web 站点的主机名

STEP 1 以域管理员账户登录到 Web 服务器 DSN1 上，选中第 1 个 Web 站点"Test Web"并单击鼠标右键，在弹出的快捷菜单中选择"编辑绑定"选项，在弹出的对话框中选中"192.168.10.1"地址行，单击"编辑"按钮，弹出"编辑网站绑定"对话框，在"主机名"文本框中输入"www.long60.cn"，将 IP 地址设为"192.168.10.1"，端口设为"80"，如图 9-12 所示，单击"确定"按钮即可。

STEP 2 选中第 2 个 Web 站点"Web8080"并单击鼠标右键，在弹出的快捷菜单中选择"编辑绑定"选项，在弹出的对话框中选中"192.168.10.1"地址行，单击"编辑"按钮，弹出"编辑网站绑定"对话框，在"主机名"文本框中输入"www1.long60.cn"，将 IP 地址设为"192.168.10.1"，端口设为"80"，如图 9-13 所示，单击"确定"按钮即可。

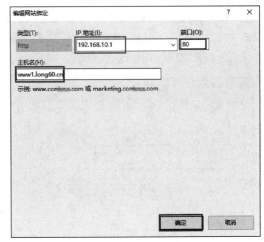

图 9-12　设置第 1 个 Web 站点的主机名　　　　图 9-13　设置第 2 个 Web 站点的主机名

（3）在客户端上访问两个网站

在 WIN10-1 上，保证首选 DNS 服务器的 IP 地址是 192.168.10.1。打开 IE 浏览器，分别在其地址栏中输入"http://www.long60.cn"和"http://www1.long60.cn"并按 Enter 键，此时会发现打开了两个不同的网站 Test Web 和 Web8080。

3. 使用不同 IP 地址架设多个 Web 站点

如果要在一台 Web 服务器上创建多个网站，则为了使每个网站域名都能对应于独立的 IP 地址，一般使用多个 IP 地址来实现。这种方案称为 IP 虚拟主机技术，也是比较传统的解决方案。当然，为了使用户在浏览器中可使用不同的域名来访问不同的 Web 站点，必须将主机名及其对应的 IP 地址添加到 DNS 中。如果使用此方法在 Internet 上维护多个网站，则需要通过 InterNIC 注册域名。

要使用多个 IP 地址架设多个网站，首先需要在一台服务器上绑定多个 IP 地址。而 Windows Server 网络操作系统支持在一台服务器上安装多块网卡，一块网卡可以绑定多个 IP 地址，再将这些 IP 地址分配给不同的虚拟网站，就可以达到一台服务器利用多个 IP 地址来架设多个 Web 站点的目的。例如，要在一台服务器上创建 Linux.long60.cn 和 Windows.long60.cn 两个网站，其对应的 IP 地址分别为 192.168.10.1 和 192.168.10.5，需要在服务器中添加这两个地址，具体步骤如下。

（1）在 DNS1 上添加第 2 个 IP 地址

STEP 1 以域管理员账户登录到 Web 服务器 DSN1 上，选中桌面右下方的网络连接图标并单击鼠标右键，在弹出的快捷菜单中选择"打开网络和共享中心"选项，打开"网络和共享中心"窗口。

STEP 2 单击"本地连接"按钮，弹出"本地连接状态"对话框。

STEP 3 单击"属性"按钮，弹出"本地连接属性"对话框。Windows Server 2022 中包含 IPv6 和 IPv4 两个版本的 Internet 协议，且默认都已启用。

STEP 4 在"此连接使用下列项目"列表框中选择"Internet 协议版本 4(TCP/IPv4)"选项，单击"属性"按钮，弹出"Internet 协议版本 4(TCP/IPv4)属性"对话框。单击"高级"按钮，弹出"高级 TCP/IP 设置"对话框。

STEP 5 单击"添加"按钮，输入 IP 地址为"192.168.10.5"、子网掩码"255.255.255.0"，单击"确定"按钮，完成设置，如图 9-14 所示。

（2）更改第 2 个网站的 IP 地址和端口号

以域管理员账户登录到 Web 服务器 DSN1 上。选中第 2 个 Web 站点"Web8080"并单击鼠标右键，在弹出的快捷菜单中选择"编辑绑定"选项，在弹出的对话框中选中"192.168.10.1"地址行，单击"编辑"按钮，弹出"编辑网站绑定"对话框，清空"主机名"文本框中原有的内容，将 IP 地址设为"192.168.10.5"，端口设为"80"，如图 9-15 所示，单击"确定"按钮即可。

图 9-14 "高级 TCP/IP 设置"对话框

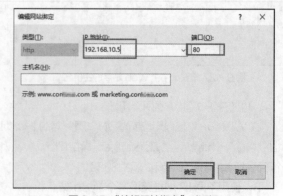

图 9-15 "编辑网站绑定"对话框

（3）在客户端上进行测试

在 WIN10-1 上打开 IE 浏览器，分别在地址栏中输入"http://192.168.10.1"和"http://192.168.10.5"并按 Enter 键，此时会发现打开了两个不同的网站 Test Web 和 Web8080。

9.4 拓展阅读　中国的超级计算机

你知道全球超级计算机 500 强榜单吗？你知道中国目前的水平吗？

2022 年 11 月发布的第 60 期全球超级计算机排行榜 TOP500 榜单显示，在全球浮点运算性能最强的 500 台超级计算机中，中国部署的超级计算机数量继续位列全球第一，达到 162 台，比欧洲多 31 台，比美国多 36 台，稳居世界第一的宝座。其中"神威·太湖之光"和"天河 2A"分列榜单第七位、第十位。

全球超级计算机 500 强榜单始于 1993 年，每半年发布一次，是给全球已安装的超级计算机排名的知名榜单。

9.5 习题

一、填空题

1. Windows Server 2022 系列的 IIS 在_____、_____或_____上提供了集成、可靠、可伸缩、安全和可管理的 Web 服务器功能，是为动态网络应用程序创建强大的通信平台的工具。

2. Web 中的目录分为两种类型：_____和_____。

二、简答题

1. 简述架设多个 Web 站点的方法。

2. IIS 10.0 提供的服务有哪些？

3. 什么是虚拟主机？

9.6 项目实训　配置与管理 Web 服务器

一、实训目的

掌握 Web 服务器的配置方法。

二、项目环境

本项目实训根据图 9-1 所示的环境来部署 Web 服务器。

三、项目要求

根据图 9-1，完成如下任务。

（1）安装 Web 服务器。

（2）创建 Web 站点。

（3）管理 Web 站点的目录。

（4）架设多个 Web 站点。

四、做一做

根据项目实训视频进行项目的实训，检查学习效果。

209

项目10
配置与管理FTP服务器

10

FTP 是用来在两台计算机之间传输文件的通信协议，其中一台是 FTP 服务器，另一台是 FTP 客户端。FTP 客户端可以从 FTP 服务器上下载文件，也可以将文件上传到 FTP 服务器中。配置与管理 FTP 服务器是网络技术人员必须具备的专业技能。

学习要点

- 了解 FTP 概述。
- 掌握安装 FTP 服务器的方法。
- 掌握创建虚拟目录的方法。

- 创建虚拟主机。
- 在域环境下隔离 FTP 服务器用户。

素质要点

- "龙芯"是中国人的骄傲。大学生应为"龙芯""863""973""核高基"等国家重大项目自豪。

- "人无刚骨，安身不牢。"骨气是人的"脊梁"，是前行的支柱。新时代的大学生要有"富贵不能淫，贫贱不能移，威武不能屈"的气节，要有"自信人生二百年，会当水击三千里"的勇气，还要有"我将无我，不负人民"的担当。

10.1 项目基础知识

以 HTTP 为基础的 Web 服务功能虽然强大，但对于文件传输来说略显不足。一种专门用于文件传输的服务——FTP 服务应运而生。

FTP 服务就是文件传输服务，它具备更强的文件传输可靠性和更高的效率。

10.1.1 FTP 的工作原理

FTP 大大简化了文件传输的复杂性，它能够使文件通过网络从一台计算机传送到另一台计算机中，却不受计算机和操作系统类型的限制。无论是个人计算机、服务器、大型计算机等，还是 iOS、Linux、Windows 等操作系统，只要双方都支持 FTP，就可以方便、可靠地传输文件。

FTP 服务的具体工作过程如图 10-1 所示。

10-1 微课　FTP
服务器

（1）FTP 客户端向 FTP 服务器发出连接请求，同时 FTP 客户端系统动态地打开一个大于 1024 的端口（如 1031 端口）等候 FTP 服务器连接。

（2）若 FTP 服务器在端口 21 监听到该请求，则会在 FTP 客户端的 1031 端口和 FTP 服务器的 21 端口之间建立一个 FTP 会话连接。

（3）当需要传输数据时，FTP 客户端再动态地打开一个大于 1024 的端口（如 1032 端口）连接到 FTP 服务器的 20 端口，并在这两个端口之间传输数据。当数据传输完毕，这两个端口（1032 端口和 20 端口）会自动关闭。

（4）FTP 客户端的 1031 端口和 FTP 服务器的 21 端口之间的会话连接继续保持，等待接收其他客户进程发起的请求。

（5）当 FTP 客户端断开与 FTP 服务器的连接时，FTP 客户端上动态分配的端口将自动释放。

图 10-1　FTP 服务的具体工作过程

10.1.2　匿名用户

FTP 服务不同于 Web 服务，它要求先登录服务器，再传输文件，这对很多公开提供软件下载的服务器来说十分不便，于是匿名用户访问就诞生了。通过使用一个共同的用户名 anonymous、密码不限的管理策略（一般使用用户的邮箱作为密码即可），任何用户都可以很方便地从这些服务器上下载软件。

10.2　项目设计与准备

在架设 FTP 服务器之前，需要了解本项目实例的部署需求和实训环境。

1. 部署需求

在部署FTP服务器前需做以下准备工作。

- 设置FTP服务器的TCP/IP属性，手动指定IP地址、子网掩码、默认网关和DNS服务器的IP地址等。

- 部署域环境，域名为long60.cn。

角色：域控制器、DNS服务器、
FIP服务器
主机名：DNS1
IP地址：192.168.10.1/24
192.168.10.5/24
操作系统：Windows Server 2022

角色：FIP客户端
主机名：WIN10-2
IP地址：192.168.10.40/24
DNS：192.168.10.1
操作系统：Windows 10

角色：FIP客户端
主机名：WIN10-1
IP地址：192.168.10.30/24
DNS：192.168.10.1
操作系统：Windows 10

图10-2 架设FTP服务器的网络拓扑结构

2. 部署环境

本项目所有实例都部署在一个域环境下，域名为 long60.cn。其中，FTP服务器主机名为DNS1，其本身也是域控制器和DNS服务器，IP地址为192.168.10.1/24和192.168.10.5/24；两台FTP客户端主机，分别命名为WIN10-1和WIN10-2，客户端主机安装Windows 10操作系统，IP地址分别为192.168.10.30/24和192.168.10.40/24。架设FTP服务器的网络拓扑结构如图10-2所示。

10.3 项目实施

任务10-1 创建和访问FTP站点

10-2课堂慕课
配置与管理FTP
服务器

在DNS1的"服务器管理器"窗口中安装Web服务器（IIS）角色，同时安装FTP服务器。

在FTP服务器中创建一个新网站Test FTP，使用户在客户端计算机上能通过IP地址和域名进行访问。

1. 创建使用IP地址访问的FTP站点

创建使用IP地址访问的FTP站点的具体步骤如下。

（1）准备FTP主目录

在C盘中创建文件夹ftp作为FTP主目录，并在该文件夹中存放一个文件test.txt，供用户在客户端计算机上下载和上传测试。

（2）创建FTP站点

STEP 1 在"Internet Information Services(IIS)管理器"窗口中，选中服务器DNS1并单击鼠标右键，在弹出的快捷菜单中选择"添加FTP站点"选项，如图10-3所示。

STEP 2 在弹出的"添加FTP站点"对话框的"FTP站点名称"文本框中输入"Test FTP"，物理路径设为"C:\ftp"，单击"下一步"按钮，如图10-4所示。

STEP 3 在图10-5所示的"绑定和SSL设置"界面的"IP地址"文本框中输入"192.168.10.1"，端口设为"21"，在"SSL"中选中"无SSL"单选按钮，单击"下一步"按钮。

STEP 4 在图10-6所示的"身份验证和授权信息"界面中进行相应设置。本例允许匿名访问，也允许特定用户访问。单击"完成"按钮，重新启动FTP服务器。

图 10-3 "添加 FTP 站点"选项

图 10-4 "添加 FTP 站点"对话框

图 10-5 "绑定和 SSL 设置"界面

图 10-6 "身份验证和授权信息"界面

注意 ① 访问 FTP 服务器主目录的最终权限由此处的权限与用户对 FTP 主目录的 NTFS 权限共同作用，哪一个严格就采用哪一个。

② 安装完 FTP 服务器并重新启动后，防火墙会默认自动开启 FTP 服务；也可以暂时关闭防火墙，或者新建开放 21 端口的入站规则。

（3）测试 FTP 站点

在 WIN10-1 上选择"开始"→"Windows 系统"→"文件资源管理器"选项，输入"ftp://192.168.10.1"并按 Enter 键，可以访问 Test FTP 网站。在浏览器地址栏中输入"ftp://192.168.10.1"并按 Enter 键，也可以访问 Test FTP 网站。

2. 创建使用域名访问的 FTP 站点

创建使用域名访问的 FTP 站点的具体步骤如下。

（1）在 DNS 区域中创建别名

STEP 1 以管理员账户登录到 DNS 服务器 DNS1 上，打开"DNS 管理器"窗口，在左侧的树状列表中依次展开服务器和"正向查找区域"选项，选中"long60.cn"区域并单击鼠标右键，在弹出的快捷菜单中选择"新建别名(CNAME)"选项，弹出"新建资源记录"对话框。

STEP 2 在"别名(如果为空则使用父域)"文本框中输入"ftp"，在"目标主机的完全合格的域名(FQDN)"文本框中输入 FTP 服务器的完全合格的域名，在此输入"DNS1.long60.cn"，如图 10-7 所示。

图 10-7　新建别名记录

STEP 3 单击"确定"按钮，完成别名记录的创建。

（2）测试 FTP 站点

在 WIN10-1 上打开"文件资源管理器"窗口或浏览器，输入"ftp://ftp.long60.cn"并按 Enter 键，即可访问刚才建立的 FTP 站点，如图 10-8 所示。

图 10-8　使用域名访问 FTP 站点

任务 10-2　创建虚拟目录

使用虚拟目录可以在服务器硬盘中创建多个物理目录，或者引用其他计算机中的主目录，从而为不同上传或下载服务的用户提供不同的目录，并为不同的目录分别设置不同的权限，如读取、写入等。使用 FTP 虚拟目录时，由于用户不知道文件的具体存储位置，所以文件存储更加安全。

在 FTP 站点上创建虚拟目录 xunimulu 的具体步骤如下。

（1）准备虚拟目录内容

以管理员账户登录到 DNS 服务器 DNS1 上，创建文件夹 C:\xuni，作为 FTP 虚拟目录的主目录，在该文件夹中存入一个文件 test1.txt 供用户在客户端计算机上下载。

（2）创建虚拟目录

STEP 1　在"Internet Information Services(IIS)管理器"窗口中依次展开"DNS1"和"网站"选项，选中刚才创建的站点"Test FTP"并单击鼠标右键，在弹出的快捷菜单中选择"添加虚拟目录"选项，弹出"添加虚拟目录"对话框。

STEP 2　在"别名"文本框中输入"xunimulu"，在"物理路径"文本框中输入"C:\xuni"，单击"确定"按钮，如图 10-9 所示。

图 10-9　"添加虚拟目录"对话框

（3）测试 FTP 站点的虚拟目录

在 WIN10-1 上打开"文件资源管理器"窗口或浏览器，输入"ftp://ftp.long60.cn/xunimulu"或"ftp://192.168.10.1/xunimulu"并按 Enter 键，即可访问刚才建立的 FTP 站点的虚拟目录。

> **特别提示** 在各种服务器的配置中，要时刻注意账户的 NTFS 权限，避免由于 NTFS 权限设置不当而无
> 法完成相关配置，同时注意防火墙的影响。

任务 10-3 安全设置 FTP 服务器

FTP 服务的配置主要是站点的安全性设置，包括指定不同的授权用户，如允许不同权限的用户访问，允许来自不同 IP 地址的用户访问，或限制不同 IP 地址的不同用户的访问等。FTP 服务器也要设置 FTP 站点的主目录和性能等。

1. 设置 IP 地址和端口

STEP 1 在"Internet Information Services(IIS)管理器"窗口中依次展开"DNS1"和"网站"选项，选中 FTP 站点"Test FTP"，单击"操作"窗格中的"绑定"，弹出"添加网站绑定"对话框；选择"ftp"条目后，单击"编辑"按钮，在"编辑网站绑定"对话框中完成 IP 地址和端口号的更改，如将端口号改为 2121，如图 10-10 所示。

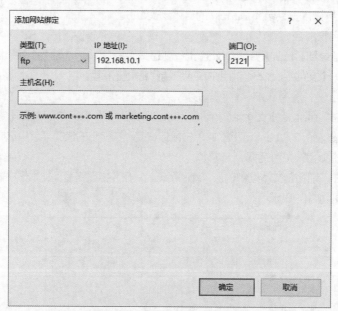

图 10-10 "添加网站绑定"对话框

STEP 2 测试 FTP 站点。在 WIN10-1 上打开"文件资源管理器"窗口或浏览器，输入"ftp://192.168.10.1:2121"并按 Enter 键，即可访问刚才建立的 FTP 站点。

STEP 3 为了继续完成后面的实训，测试完毕，请将端口号改为默认的 21。

>
>
> **提示** 如果访问不成功，则一定是防火墙的原因。请参照任务 2-4 设置防火墙的方法，建立基于端口的入
> 站规则，允许 TCP 端口 2121 通过防火墙。当然，也可以关闭 DNS1 的防火墙。

2. 其他配置

在"Internet Information Services(IIS)管理器"窗口中展开 FTP 服务器选项，选择 FTP 站点"Test FTP"。在"Test FTP 主页"窗格中，可以分别进行"FTP SSL 设置""FTP 当前会话""FTP 防火墙

支持""FTP 目录浏览""FTP 请求筛选""FTP 日志""FTP 身份验证""FTP 授权规则""FTP 消息"
"FTP 用户隔离" 等内容的设置或浏览，如图 10-11 所示。

图 10-11 "Test FTP 主页" 窗格

在 "操作" 窗格中，可以进行 "浏览" "编辑权限" "绑定" "基本设置" "查看应用程序" "查看虚拟
目录" 等操作。

任务 10-4　创建虚拟主机

1. 虚拟主机

一个 FTP 站点是由一个 IP 地址和一个端口号唯一标识的，改变其中任意一项均会标识不同的 FTP 站
点。但是在 FTP 服务器上，通过 "Internet Information Services(IIS)管理器" 窗口只能创建一个 FTP 站
点。在实际应用环境中，有时需要在一台服务器中创建两个不同的 FTP 站点，这就涉及虚拟主机的问题。

对于在一台服务器中创建的两个 FTP 站点，默认只能启动其中一个站点，用户可以通过更改 IP 地
址或端口号这两种方法来解决这个问题。

可以使用多个 IP 地址和多个端口号来创建多个 FTP 站点。尽管使用多个 IP 地址来创建多个站点是常
见并且推荐的操作，但在默认情况下，使用 FTP 时，客户端会调用端口 21。这样情况会变得非常复杂。
因此，如果要使用多个端口号来创建多个 FTP 站点，就需要将新端口号通知用户，以便其 FTP 客户端
能够找到并连接到该端口。

2. 使用相同 IP 地址、不同端口号创建两个 FTP 站点

在同一台服务器中使用相同 IP 地址、不同端口号（21、2121）创建两个 FTP 站点，具体步骤如下。

STEP 1　以域管理员账户登录 FTP 服务器 DNS1，创建 C:\ftp2 文件夹作为第 2 个 FTP 站点
的主目录，并在该文件夹中存放一些文件。

STEP 2　创建第 2 个 FTP 站点，站点的创建可参见任务 10-1 的相关内容，只是端口号要设为
2121。

STEP 3 测试 FTP 站点。在 WIN10-1 上打开"文件资源管理器"窗口或浏览器，输入 "ftp://192.168.10.1:2121"并按 Enter 键，即可访问刚才建立的第 2 个 FTP 站点。

3. 使用两个不同的 IP 地址创建两个 FTP 站点

在同一台服务器中使用相同端口号、不同 IP 地址（192.168.10.1、192.168.10.5）创建两个 FTP 站点，具体步骤如下。

（1）设置 FTP 服务器网卡的两个 IP 地址

前面已在 DNS1 上设置了两个 IP 地址，即 192.168.10.1、192.168.10.5，此处不赘述。

（2）更改第 2 个 FTP 站点的 IP 地址和端口号

STEP 1 在"Internet Information Services(IIS)管理器"窗口中展开 FTP 服务器选项，选择 FTP 站点"FTP2"，单击"操作"窗格中的"绑定"，弹出"添加网站绑定"对话框。

STEP 2 选择"ftp"类型后，单击"编辑"按钮，将 IP 地址改为"192.168.10.5"，端口改为 "21"，如图 10-12 所示，单击"确定"按钮完成更改。

图 10-12 "添加网站绑定"对话框

STEP 3 选择"开始"→"Windows 系统"→"控制面板"→"系统和安全"→"Windows Defender 防火墙"→"启用或关闭 Windows Defender 防火墙"选项，关闭所有防火墙。

> **试一试** 选择"开始"→"Windows 系统"→"控制面板"→"系统和安全"→"Windows Defender 防火墙"→"高级设置"选项，新建基于端口的"入站规则"，允许 TCP 2121 端口通过防火墙。

（3）测试 FTP 的第 2 个站点

在 WIN10-1 上打开浏览器，在其地址栏中输入"ftp://192.168.10.5"并按 Enter 键，即可访问刚才建立的第 2 个 FTP 站点。

> **试一试** 请读者参照任务 9-4 中的"2. 使用不同主机头名架设多个 Web 站点"的相关内容，自行完成"使用不同主机头名架设多个 FTP 站点"的实训。

任务 10-5　实现活动目录环境下多用户隔离 FTP

1. 任务需求

某公司已经搭建好域环境，业务部因业务需求，需要在服务器中存储相关业务数据，但是业务部希望各用户目录相互隔离（仅允许访问自己的目录而无法访问他人的目录），每一个业务员允许使用的 FTP 空间大小为 100MB，公司决定通过活动目录中的 FTP 隔离来实现此应用。

建立基于域的隔离用户 FTP 站点并使用磁盘配额技术可以实现本任务。在实现本任务前，请将前面所做的 FTP 站点删除或停止，以避免影响本任务。

2. 创建业务部组织单位及用户

以域用户身份登录到 FTP 站点时，FTP 站点需要从 Active Directory 域服务数据库中读取登录用户的 msIIS-FTPRoot 与 msIIS-FTPDir 属性，以便得知其主目录的位置。但 FTP 站点需要提供有效的用户账户和密码，才可以读取这两个属性。这里将建立一个域用户账户 sales_master，使此账户有权限读取登录用户的这两个属性，并设置让 FTP 站点通过此账户来读取登录用户的这两个属性。

STEP 1 在 DNS1 中新建一个名为 sales 的组织单位，在 sales 中新建用户，用户名分别为 salesuser1、salesuser2、sales_master，用户密码为 P@ssw0rd，建立账户时取消勾选"用户下次登录时须更改密码"复选框，同时勾选"用户不能更改密码"复选框。

STEP 2 选中"sales"选项并单击鼠标右键，在弹出的快捷菜单中选择"委派控制"选项，单击"下一步"→"添加"按钮，添加 sales_master 用户，如图 10-13 所示；再单击"下一步"按钮，勾选"读取所有用户信息"复选框，如图 10-14 所示。

图 10-13　设置委派控制的用户

图 10-14　委派权限

STEP 3 单击"下一步"→"完成"按钮。这样就委派了 sales_master 用户对"sales"组织单位有读取所有用户信息的权限（sales_master 为 FTP 的服务账户）。

3. FTP 服务器配置

STEP 1 仍使用 long60\administrator 登录 FTP 服务器 DNS1（该服务器集域控制器、DNS 服务器和 FTP 服务器于一身，在真实环境中可能需要设置单独的 FTP 服务器）。FTP 服务器角色和功能已经添加。

STEP 2 在 C 盘（或其他任意盘）中建立主目录 FTP_sales，在 FTP_sales 中分别建立与用户名对应的文件夹 salesuser1、salesuser2，如图 10-15 所示。为了测试方便，请事先在两个文件夹中新建一些文件或文件夹。

图 10-15　新建文件夹

STEP 3 选择"服务器管理器"→"工具"→"Internet Information Services(IIS)管理器"选项，在弹出的对话框中选中"网站"选项并单击鼠标右键，在弹出的快捷菜单中选择"添加 FTP 站点"选项，在弹出的"添加 FTP 站点"对话框中设置 FTP 站点名称并选择其物理路径，如图 10-16 所示。

STEP 4 在"绑定和 SSL 设置"界面中选择绑定的"IP 地址"，在"SSL"中选中"无 SSL"单选按钮，如图 10-17 所示。

图 10-16　"添加 FTP 站点"对话框　　　　　图 10-17　"绑定和 SSL 设置"界面

STEP 5 在"身份验证和授权信息"界面的"身份验证"中勾选"基本"复选框，在"允许访问"下拉列表中选择"所有用户"选项，在"权限"中勾选"读取"和"写入"复选框，单击"完成"按钮，如图 10-18 所示。

STEP 6 在"Internet Information Services(IIS)管理器"窗口的 FTP_sales 的"FTP Test 主页"窗格中选择"FTP 用户隔离"选项，如图 10-19 所示。

STEP 7 在"FTP 用户隔离"窗格中选中"在 Active Directory 中配置的 FTP 主目录"单选按钮，单击"设置"按钮，添加用户 sales_master，再单击"应用"，如图 10-20 所示。

图 10-18 "身份验证和授权信息"界面

图 10-19 选择"FTP 用户隔离"选项

图 10-20 配置 FTP 用户隔离

STEP 8 在 DNS1 上选择"服务器管理器"→"工具"→"ADSI 编辑器"→"操作"→"连接到"选项，在弹出的"连接设置"对话框中单击"确定"按钮，如图 10-21 所示。

图10-21 "连接设置"对话框

STEP 9 在ADSI编辑器的左侧树状列表中选中sales组织单位中的salesuser1用户并单击鼠标右键，在弹出的快捷菜单中选择"属性"选项，在弹出的属性对话框中找到msIIS-FTPDir属性，该属性用于设置用户对应的目录，将其修改为C:\FTP_sales\salesuser1；再找到msIIS-FTPRoot属性，该属性用于设置用户对应的路径，将其设为C:\FTP_sales，如图10-22所示。

> **注意** msIIS-FTPRoot对应用户的FTP根目录，msIIS-FTPDir对应用户的FTP主目录，用户的FTP主目录必须是FTP根目录的子目录。

STEP 10 使用同样的方式配置salesuser2用户。

4. 配置磁盘配额

在DNS1上打开"文件资源管理器"窗口，选中C盘并单击鼠标右键，在弹出的快捷菜单中选择"属性"选项，在弹出的属性对话框中选择"配额"选项卡，单击"显示配额设置"按钮，在"（C:）的配额设置"对话框中勾选"启用配额管理"和"拒绝将磁盘空间给超过配额限制的用户"复选框，并将"将磁盘空间限制为"设置为100MB，将"将警告等级设为"设置为90MB，勾选"用户超出配额限制时记录事件"和"用户超过警告等级时记录事件"复选框，依次单击"应用"→"确定"按钮，如图10-23所示。

图10-22 修改隔离用户属性

图10-23 启用磁盘配额

5. 测试验证

STEP 1 在 WIN10-1 的"文件资源管理器"窗口中输入"ftp://192.168.10.1"并按 Enter 键，使用 salesuser1 用户账户和密码登录 FTP 服务器，如图 10-24 所示。

图 10-24　在客户端登录 FTP 服务器

> **注意** 必须使用 long60\salesuser1 或 salesuser1@long60.cn 登录 FTP 服务器。为了不受防火墙的影响，建议暂时关闭所有防火墙。

STEP 2 在 WIN10-1 上使用 salesuser1 用户访问 FTP 服务器，并成功上传文件，如图 10-25 所示。

STEP 3 在空白处单击鼠标右键，在弹出的快捷菜单中选择"登录"选项，使用 salesuser2 用户访问 FTP 服务器并成功上传文件，如图 10-26 所示。

图 10-25　salesuser1 访问 FTP 服务器并成功上传文件　图 10-26　salesuser2 访问 FTP 服务器并成功上传文件

STEP 4 当 salesuser1 用户上传的文件大小超过 100MB 时，系统会提示上传失败。例如，将大于 100MB 的 Administrator 文件夹上传到 FTP 服务器时会上传失败，如图 10-27 所示。

图 10-27　提示上传失败

STEP 5 在 DNS1 上打开"文件资源管理器"窗口，选中 C 盘并单击鼠标右键，在弹出的快捷菜单中选择"属性"选项，在弹出的属性对话框中选择"配额"选项卡，单击"配额项"按钮可以查看用户使用的空间，如图 10-28 所示。

图10-28　查看用户使用的空间

10.4　拓展阅读　中国的"龙芯"

你知道"龙芯"吗？你知道"龙芯"的应用水平吗？

通用处理器是信息产业的基础部件，是电子设备的核心器件。通用处理器是关系到国家命运的战略产业之一，其发展直接关系到国家技术创新能力，关系到国家安全，是国家的核心利益所在。

"龙芯"是我国最早研制的高性能通用处理器系列，于2001年在中国科学院计算技术研究所开始研发，得到了"863""973""核高基"等项目的大力支持，完成了10年的核心技术积累。2010年，中国科学院和北京市政府共同牵头出资，龙芯中科技术股份有限公司（简称龙芯中科）正式成立，开始市场化运作，旨在将龙芯处理器的研发成果产业化。

龙芯中科研制的处理器产品包括龙芯一号、龙芯二号、龙芯三号这三大系列。为了将国家重大创新成果产业化，龙芯中科努力探索，在国防、教育、工业、物联网等行业取得了重大市场突破，龙芯处理器产品取得了良好的应用效果。

目前龙芯处理器产品在各领域取得了广泛应用。在安全领域，龙芯处理器已经通过了严格的可靠性实验，作为核心元器件应用在几十种系统中，2015年，龙芯处理器成功应用于北斗二代导航卫星。在通用领域，龙芯处理器已经应用在个人计算机、服务器及高性能计算机、行业计算机终端，以及云计算终端等方面。在嵌入式领域，基于龙芯CPU的防火墙等网络安全系列产品已达到规模销售；应用于国产高端数控机床等系列的工业控制产品显著提升了我国的工业控制领域的自主化程度和产业化水平；龙芯提供了IP设计服务，在国产数字电视领域也与国内多家知名厂家展开合作，其IP地址授权量已达百万以上。

10.5　习题

一、填空题

1. FTP 服务就是_____服务，FTP 的英文全称是_____。

2. FTP 服务通过使用一个共同的用户名_____、密码不限的管理策略，让任何用户都可以很方便地从公开提供软件下载的服务器上下载软件。

3. FTP 服务有两种工作模式：_____和_____。

4. FTP 命令的格式为_____。

5. 打开 FTP 服务器的命令是_____，浏览其下目录列表的命令是_____。如果匿名登录，则在用户名（ftp.long60.cn:(none)）处输入匿名账户_____，在密码处输入_____或直接按 Enter 键，即可登录 FTP 站点。

6. 比较常用的 FTP 客户端软件有_____、_____和_____等。

7. FTP 身份验证方法有两种：_____和_____。

二、选择题

1. 虚拟主机技术不能通过（　　）架设网站。

    A. 计算机名　　　　　　B. TCP 端口　　　　　　C. IP 地址　　　　　　D. 主机头名

2. 虚拟目录不具备的特点是（　　　）。

    A. 便于扩展　　　　　B. 增删灵活　　　　　C. 易于配置　　　　　D. 动态分配空间

3. FTP 服务使用的端口是（　　　）。

    A. 21　　　　　　　　B. 23　　　　　　　　C. 25　　　　　　　　D. 53

4. 从 Internet 上获得软件通常采用（　　　）服务。

    A. Web　　　　　　　B. Telnet　　　　　　C. FTP　　　　　　　D. DNS

三、判断题

1. 若 Web 站点中的信息非常敏感，则为防止其中途被人截获，可采用 SSL 加密方式。（　　　）

2. IIS 提供的基本服务包括发布信息、传输文件、支持用户通信和更新这些服务所依赖的数据存储等。（　　　）

3. 虚拟目录是一个文件夹，一定位于主目录内。（　　　）

4. 当使用"用户隔离"模式时，所有用户的主目录都在单一 FTP 主目录下，每个用户均被限制在自己的主目录中，且用户名必须与相应的主目录匹配，不允许用户浏览除自己主目录之外的其他内容。（　　　）

四、简答题

1. 非域用户的隔离和域用户隔离的主要区别是什么？

2. 能否使用不存在的域用户进行多用户配置？

3. 磁盘配额的作用是什么？

10.6　项目实训　配置与管理 FTP 服务器

一、实训目的

- 掌握 FTP 服务器的安装方法。
- 掌握 FTP 服务器的配置方法。
- 掌握活动目录隔离用户 FTP 服务器的配置方法。

二、项目环境

本项目实训根据图 10-2 所示的环境来部署 FTP 服务器。

三、项目要求

根据图 10-2，完成如下任务。

（1）安装 FTP 服务器。

（2）创建和访问 FTP 站点。

（3）创建虚拟目录。

（4）安全设置 FTP 服务器。

（5）创建虚拟主机。

（6）配置与使用客户端。

（7）设置活动目录隔离用户 FTP 服务器，测试用户为 Jane 和 Mike。参考任务 10-5。

四、做一做

根据项目实训视频进行项目的实训，检查学习效果。

项目11
配置与管理VPN服务器

11

作为网络管理员，必须熟悉有关网络安全保护的各种策略及可以采取的安全措施，这样才能合理地进行安全管理，使网络和计算机处于安全状态。

虚拟专用网络（Virtual Private Network，VPN）可以让远程用户通过 Internet 来安全地访问公司内部网络的资源。

学习要点

- 理解 VPN 的基本概念和基本原理。
- 理解远程访问 VPN 的构成和连接过程。
- 掌握配置并测试远程访问 VPN 的方法。
- 掌握 VPN 服务器的网络策略的配置方法。

素质要点

- 国产操作系统前途光明！只有瞄准核心技术埋头攻关，助力我国软件产业从价值链中低端向高端迈进，才能为高质量发展和国家信息产业安全插上腾飞的"翅膀"。
- 广大青年一定要勇于创新创造。正所谓"苟日新，日日新，又日新"。生活总是将更多机遇留给善于创新和勇于创新的人们。青年是社会上最富活力、最具创造性的群体，理应走在创新创造的前列。

11.1 项目基础知识

11-1 微课　VPN
服务器

远程访问（Remote Access）技术也称为远程接入技术，通过这种技术，可以将远程或移动的用户连接到组织内部网络中，这样远程或移动的用户可以像其计算机物理地连接到内部网络中一样工作。实现远程访问常用的技术就是 VPN 技术。目前，Internet 中的多个企业网络常常选择 VPN 技术（通过加密技术、验证技术、数据确认技术的共同应用）连接起来，这样就可以轻松地在 Internet 上建立一个专用网络，使远程用户通过 Internet 来安全地访问企业内部的网络资源。

VPN 是指在公共网络（通常为 Internet）中建立的一个虚拟的、专用的网络，是 Internet 与 Intranet（内联网）之间的专用通道，能为企业提供一个高安全性、高性能、简便、易用的环境。当远程的 VPN 客户端通过 Internet 连接到 VPN 服务器时，它们之间传送的信息会被加密，所以即使信息在 Internet 传送的过程中被拦截，也会因为信息已被加密而无法被识别，因此可以确保信息的安全性。

11.1.1 VPN 的构成

VPN 的构成如下。

1. 远程访问 VPN 服务器

远程访问 VPN 服务器用于接收并响应 VPN 客户端的连接请求，并建立 VPN 连接。它可以是专用的 VPN 服务器，也可以是运行 VPN 服务的主机。

2. VPN 客户端

VPN 客户端用于发起连接 VPN 的请求，通常为 VPN 连接组件的主机。

3. 隧道协议

VPN 的实现依赖于隧道协议。通过隧道协议，VPN 可以将一种协议用另一种协议或相同协议封装，同时可以提供加密、认证等安全服务。VPN 服务器和 VPN 客户端必须支持相同的隧道协议，以便建立 VPN 连接。目前常用的隧道协议有 PPTP 和 L2TP。

（1）点到点隧道协议（Point-to-Point Tunneling Protocol，PPTP）是点到点协议（Point-to-Point Protocol，PPP）的扩展，并协调使用 PPP 的身份验证、压缩和加密机制。PPTP 的客户端支持内置于 Windows XP 操作系统的远程访问客户端中。只有 IP 网络（如 Internet）才可以建立 PPTP 的 VPN。若两个局域网之间通过 PPTP 来连接，则两端直接连接到 Internet 的 VPN 服务器必须执行 TCP/IP，但网络内的其他计算机不一定需要支持 TCP/IP，它们可执行 TCP/IP、互联网分组交换（Internetwork Packet Exchange，IPX）或 NetBEUI 通信协议。因为当它们通过 VPN 服务器与远程计算机通信时，这些不同通信协议的数据包会被封装到 PPP 的数据包中，并经过 Internet 传送，数据包到达目的地后，再由远程的 VPN 服务器将其还原为 TCP/IP、IPX 或 NetBEUI 的数据包。PPTP 是利用微软点到点加密（Microsoft Point-to-Point Encryption，MPPE）技术来将信息加密的。PPTP 的 VPN 服务器支持内置于 Windows Server 2003 系列的成员中。PPTP 与 TCP/IP 一同安装，根据运行"路由和远程访问服务器安装向导"时所做的选择，PPTP 可以配置为 5 个或 128 个 PPTP 端口。

（2）第二层隧道协议（Layer 2 Tunneling Protocol，L2TP）是基于 RFC 的隧道协议，该协议是一种业内标准。L2TP 同时具有身份验证、加密与数据压缩的功能。L2TP 的验证与加密方法都是采用 IPSec。与 PPTP 类似，L2TP 也可以将 TCP/IP、IPX 或 NetBEUI 的数据包封装到 PPP 的数据包中。与 PPTP 不同的是，运行在 Windows Server 2022 服务器上的 L2TP 不利用 MPPE 来加密 PPP 的数据包。L2TP 依赖于加密服务的 IPSec。L2TP 和 IPSec 的组合被称为 L2TP/IPSec。L2TP/IPSec 提供支持专用数据的封装和加密的主要 VPN 服务。VPN 客户端和 VPN 服务器必须支持 L2TP 和 IPSec。在 VPN 客户端方面，L2TP 支持 Windows 8/10 操作系统的远程访问客户端。在 VPN 服务器方面，L2TP 支持 Windows Server 系列的成员。L2TP 与 TCP/IP 一同安装，根据运行"路由和远程访问服务器安装向导"时所做的选择，L2TP 可以配置为 5 个或 128 个 L2TP 端口。

4. Internet 连接

VPN 服务器和客户端必须都接入 Internet，并且能够通过 Internet 进行正常的通信。

11.1.2 VPN 应用场合

VPN 的实现可以分为软件和硬件两种方式。Windows 服务器版的操作系统以完全基于软件的方式实现了 VPN，成本低。无论身处何地，只要能连接到 Internet，就可以与企业网在 Internet 上的 VPN 相关联，登录到内部网络浏览或交换信息。VPN 常应用于以下两种场合。

1. 远程客户端通过 VPN 连接到局域网

总公司网络（局域网）已经连接到 Internet，而用户通过远程拨号连接 ISP 接入 Internet 后，就可以通过 Internet 来与总公司网络（局域网）的 VPN 服务器建立 PPTP 或 L2TP 的 VPN，并通过 VPN 来安全地传送信息。

2. 两个局域网通过 VPN 互连

两个局域网的 VPN 服务器都连接到 Internet，并通过 Internet 建立 PPTP 或 L2TP 的 VPN，它可以让两个网络之间安全地传送信息，不用担心在 Internet 上传送时泄密。

除了使用软件方式实现，VPN 的实现需要建立在交换机、路由器等硬件设备的基础上。目前，在 VPN 技术和产品方面，较具有代表性的公司当数华为和锐捷。

11.1.3 VPN 的连接过程

VPN 的连接过程如下。

（1）客户端向服务器连接 Internet 的接口发送建立 VPN 连接的请求。

（2）服务器接收到客户端建立 VPN 连接的请求之后，将对客户端的身份进行验证。

（3）如果身份验证未通过，则拒绝客户端的连接请求。

（4）如果身份验证通过，则允许客户端建立 VPN 连接，并为客户端分配一个内部网络的 IP 地址。

（5）客户端将获得的 IP 地址与 VPN 连接组件绑定，并使用该地址与内部网络进行通信。

11.1.4 认识网络策略

1. 什么是网络策略

部署网络访问保护（Network Access Protection，NAP）时，将向网络策略配置中添加健康策略，以便在授权的过程中使用网络策略服务器（Network Policy Server，NPS）执行客户端健康检查。

当处理作为远程身份认证拨号用户服务（Remote Authentication Dial-In User Service，RADIUS）服务器的连接请求时，NPS 对此连接请求既执行身份验证，又执行授权。在身份验证过程中，NPS 验证连接到网络的用户或计算机的身份。在授权过程中，NPS 决定是否允许用户或计算机访问网络。若允许，则 NPS 使用在 NPS 微软管理控制台（Microsoft Management Console，MMC）管理单元中配置的网络策略。NPS 还会检查 Active Directory 域服务中账户的拨入属性以执行授权。

可以将网络策略视为规则。每个规则都具有一组条件和设置。NPS 将规则的条件与连接请求的属性进行对比。如果规则和连接请求之间能够匹配，则规则中定义的设置会应用于连接。

当在 NPS 中配置了多个网络策略时，它们是一组有序的规则。NPS 根据列表中的第一个规则检查每个连接请求，并根据第二个规则进行检查，以此类推，直到找到匹配项为止。

每个网络策略都有"策略状态"设置，使用该设置可以启用或禁用网络策略。如果禁用网络策略，则授权连接请求时，NPS 不评估网络策略。

2. 网络策略属性

每个网络策略都有以下 4 种类别的属性。

（1）概述。使用概述属性可以指定是否启用网络策略、是允许还是拒绝访问网络策略，以及连接请求是需要特定网络连接方法，还是需要网络访问服务器类型。使用概述属性还可以指定是否忽略 Active Directory 域服务中的用户账户的拨入属性，如果选择忽略，则 NPS 只使用网络策略中的设置来确定是否授权连接。

（2）条件。使用条件属性可以指定为了匹配网络策略，连接请求必须具有的条件。如果网络策略中配置的条件与连接请求匹配，则 NPS 将把网络策略中指定的设置应用于连接。例如，如果将网络访问服务器（Network Access Server，NAS）IPv4 地址指定为网络策略的条件，并且 NPS 从具有指定 IP 地址的 NAS 接收连接请求，则网络策略中的条件与连接请求相匹配。

（3）约束。约束是匹配连接请求所需的网络策略的附加属性。如果连接请求与约束不匹配，则 NPS 自动拒绝该请求。与 NPS 对网络策略中不匹配条件的响应不同，如果约束不匹配，则 NPS 不评估附加网络策略，只拒绝连接请求。

（4）设置。使用设置属性可以指定在网络策略的所有条件都匹配时，NPS 应用于连接请求的设置。

11.2 项目设计与准备

1. 项目设计

本项目的所有任务将根据图 11-1 所示的环境部署远程访问 VPN 服务器。

DNS1、DNS2、WIN10-1 可以是 VMware 的虚拟机。内部网络的连接模式是 VMnet1，外部网络的连接模式是 VMnet2。VPN 客户端与内部网络的实际应用中应该有路由通道，图 11-1 所示仅是实训时所用的网络拓扑结构，请读者注意。

2. 项目准备

在部署远程访问 VPN 服务器之前，应做如下准备。

（1）使用提供远程访问 VPN 服务的 Windows Server 2022 网络操作系统。

图 11-1　架设 VPN 服务器的网络拓扑结构

（2）VPN 服务器 DNS1 至少要有两个网络连接模式，其对应的 IP 地址如图 11-1 所示。

（3）VPN 服务器 DNS1 必须与内部网络相连，因此需要配置与内部网络连接所需的 TCP/IP 参数（私有 IP 地址），该参数可以手动指定，也可以通过内部网络中的 DHCP 服务器自动分配。本例的 DNS1 的 IP 地址为 192.168.10.1/24。

（4）内部网络中的 DNS2 的 IP 地址为 192.168.10.2/24，默认网关为 192.168.10.1（必须！）。

（5）VPN 服务器必须同时与 Internet 相连，因此需要建立和配置与 Internet 的连接。VPN 服务器与 Internet 的连接通常采用较快的连接模式，如专线连接。本例 IP 地址为 200.200.200.1/24。

（6）合理规划分配给 VPN 客户端的 IP 地址。VPN 客户端在请求建立 VPN 连接时，VPN 服务器需要为其分配内部网络的 IP 地址。配置的 IP 地址也必须是内部网络中未使用的 IP 地址，地址的数量根据同时建立 VPN 连接的客户端数量来确定。在本项目中部署远程访问 VPN 服务器时，使用静态 IP 地址池为远程访问客户端分配 IP 地址，IP 地址范围为 192.168.100.100/24～192.168.100.200/24。

（7）VPN 客户端在请求建立 VPN 连接时，服务器要对其进行身份验证，因此应合理规划需要建立 VPN 连接的用户账户。VPN 客户端的 IP 地址为 200.200.200.2/24。

11.3 项目实施

任务 11-1 架设 VPN 服务器

11-2 课堂慕课
配置与管理 VPN
服务器

在架设 VPN 服务器之前，读者需要了解本任务实例的部署需求和实训环境。本任务使用 VMware 或 Hyper-V 构建虚拟环境。

1. 为 VPN 服务器 DNS1 添加第二块网卡

选中"DNS1(本地)"，选择 VMware 菜单栏中的"虚拟机"→"设置"选项，在弹出的对话框中单击"添加"按钮，进入"硬件类型"界面，选择"网络适配器"选项，如图 11-2 所示，单击"完成"按钮。将网卡的网络连接模式修改为自定义中的"VMnet2(仅主机模式)"，如图 11-3 所示，单击"确定"按钮。

图 11-2　选择硬件类型

图 11-3　修改网络连接模式

2. 未连接到 VPN 服务器时的测试（WIN10-1）

STEP 1 以管理员身份登录 WIN10-1，打开 Windows PowerShell，或者在"运行"对话框中输入"cmd"并单击"确定"按钮，打开命令提示符窗口。

STEP 2 在 WIN10-1 上使用 ping 命令测试其与 DNS1 和 DNS2 的连通性，其测试结果如图 11-4 所示。

3. 安装路由和远程访问角色

要配置 VPN 服务器，必须安装"路由和远程访问"服务。在 Windows Server 2022 中，路由和远程访问服务是远程访问角色的一个组成部分，并且默认没有安装。用户可以根据自己的需求选择安装需要的服务组件。

路由和远程访问角色的安装步骤如下。

STEP 1 以管理员身份登录服务器 DNS1，打开"服务器管理器"窗口，单击"仪表板"处的"添加角色和功能"，进入图 11-5 所示的"选择服务器角色"界面，勾选"网络策略和访问服务"和"远程访问"复选框。

图 11-4　未连接到 VPN 服务器时的测试结果

图 11-5　"选择服务器角色"界面

STEP 2　持续单击"下一步"按钮，直至进入"网络策略和访问服务"界面，网络策略和访问服务中包括"网络策略服务器""健康注册机构""主机凭据授权协议"角色服务，勾选"网络策略服务器"复选框。

STEP 3　单击"下一步"按钮，在"选择角色服务"界面的"角色服务"列表框中，将"角色服务"复选框全部勾选，如图 11-6 所示。

图 11-6　"选择角色服务"界面的"角色服务"列表框

STEP 4　单击"安装"按钮即可开始安装，安装完成后务必重新启动计算机。

4. 配置并启用 VPN 服务

在已经安装路由和远程访问角色的 DNS1 上，通过"路由和远程访问"窗口配置并启用路由和远程访问，具体步骤如下。

（1）弹出"路由和远程访问服务器安装向导"对话框

STEP 1　以域管理员账户登录到需要配置 VPN 服务的 DNS1 上，选择"开始"→"Windows管理工具"→"路由和远程访问"选项，打开图 11-7 所示的"路由和远程访问"窗口。

STEP 2　在左侧树状列表中选中"DNS1(本地)"选项并单击鼠标右键，在弹出的快捷菜单中选择"配置并启用路由和远程访问"选项，弹出"路由和远程访问服务器安装向导"对话框。

（2）选择 VPN 连接

STEP 1 单击"下一步"按钮，进入"配置"界面，在该界面中配置 NAT、VPN 及路由服务，在此选中"远程访问(拨号或 VPN)"单选按钮，单击"下一步"按钮，如图 11-8 所示。

图 11-7 "路由和远程访问"窗口

图 11-8 "配置"界面

STEP 2 在"远程访问"界面中选择创建拨号或 VPN 远程访问连接，在此勾选"VPN"复选框，单击"下一步"按钮，如图 11-9 所示。

（3）选择连接到 Internet 的网络接口

在"VPN 连接"界面中选择连接到 Internet 的网络接口，在此选择"Ethernet1"选项，单击"下一步"按钮，如图 11-10 所示。

图 11-9 "远程访问"界面

图 11-10 "VPN 连接"界面

（4）设置 IP 地址分配方式

STEP 1 在"IP 地址分配"界面中设置分配给 VPN 客户端的 IP 地址是从 DHCP 服务器获取还是来自一个指定的地址范围，在此选中"来自一个指定的地址范围"单选按钮，单击"下一步"按钮，如图 11-11 所示。

STEP 2 在"地址范围分配"界面中指定 VPN 客户端的 IP 地址范围。单击"新建"按钮，弹出"新建 IPv4 地址范围"对话框，在"起始 IP 地址"文本框中输入"192.168.100.100"，在"结束 IP 地址"文本框中输入"192.168.100.200"，单击"确定"按钮，如图 11-12 所示。

图 11-11 "IP 地址分配"界面

图 11-12 输入 VPN 客户端的 IP 地址范围

STEP 3 返回"地址范围分配"界面，可以看到已经指定了一段 IP 地址范围。

（5）结束 VPN 配置

STEP 1 单击"下一步"按钮，进入"管理多个远程访问服务器"界面。在该界面中指定身份验证的方法是路由和远程访问还是 RADIUS 服务器。在此选中"否，使用路由和远程访问来对连接请求进行身份验证"单选按钮，单击"下一步"按钮，如图 11-13 所示。在"摘要"界面中显示了之前步骤设置的信息。

STEP 2 单击"完成"按钮，再单击"确定"按钮。

（6）查看 VPN 服务器的状态

STEP 1 完成 VPN 服务器的创建，返回"路由和远程访问"窗口。由于目前已经启用了 VPN 服务，所以服务器图标上显示绿色向上箭头，如图 11-14 所示。

图 11-13 "管理多个远程访问服务器"界面

图 11-14 VPN 配置完成后的效果

STEP 2 在"路由和远程访问"窗口中展开服务器，选择"端口"选项，右侧窗格中显示所有端口的状态为"不活动"，如图 11-15 所示。

STEP 3 在"路由和远程访问"窗口中展开服务器，选择"网络接口"选项，右侧窗格中显示了VPN 服务器中的所有网络接口，如图 11-16 所示。

图 11-15　查看端口状态　　　　　　　　　　图 11-16　查看网络接口

5. 启动和停止 VPN 服务

要启动或停止 VPN 服务，可以使用 net 命令、"路由和远程访问"窗口或"服务"窗口，具体步骤如下。

（1）使用 net 命令

以域管理员账户登录到 VPN 服务器 DNS1，在命令提示符窗口中执行"net stop remoteaccess"命令停止 VPN 服务，执行"net start remoteaccess"命令启动 VPN 服务。

（2）使用"路由和远程访问"窗口

在"路由和远程访问"窗口中选中"DNS1(本地)"并单击鼠标右键，在弹出的快捷菜单中选择"所有任务"→"停止"或"启动"选项，即可停止或启动 VPN 服务。

VPN 服务停止以后，"路由和远程访问"窗口如图 11-7 所示，服务器图标上显示红色向下箭头。

（3）使用"服务"窗口

选择"服务器管理器"→"工具"→"服务"选项，打开"服务"窗口，选中"Routing and Remote Access"选项，单击"停止此服务"或"重启动此服务"链接即可停止或启动 VPN 服务，如图 11-17 所示。

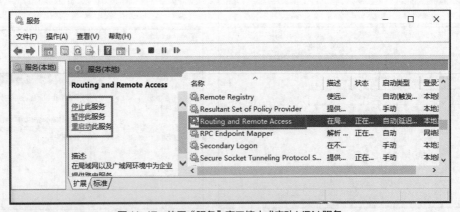

图 11-17　使用"服务"窗口停止或启动 VPN 服务

6. 配置域用户账户允许 VPN 连接

在域控制器 DNS1 上设置允许用户"Administrator@long60.cn"使用 VPN 连接到 VPN 服务器，具体步骤如下。

STEP 1 以域管理员账户登录到域控制器 DNS1，打开"Active Directory 用户和计算机"窗口。依次展开"long60.cn"和"Users"选项，选中"Administrator"选项并单击鼠标右键，在弹出的快捷菜单中选择"属性"选项，弹出"Administrator 属性"对话框。

STEP 2 在"Administrator 属性"对话框中选择"拨入"选项卡，在"网络访问权限"中选中"允许访问"单选按钮，单击"确定"按钮，如图 11-18 所示。

7. 在 VPN 客户端建立并测试 VPN 连接

在 VPN 客户端计算机 WIN10-1 上建立 VPN 连接并连接到 VPN 服务器，具体步骤如下。

（1）在 VPN 客户端计算机上建立 VPN 连接

STEP 1 以本地管理员账户登录到 VPN 客户端计算机 WIN10-1，选择"开始"→"Windows 系统"→"控制面板"→"网络和 Internet"→"网络和共享中心"选项，打开图 11-19 所示的"网络和共享中心"窗口，单击"设置新的连接或网络"。

图 11-18 "Administrator 属性"对话框　　　　图 11-19 "网络和共享中心"窗口

STEP 2 在"设置连接或网络"窗口中建立连接，以连接到 Internet 或专用网络。在此选择"连接到工作区"选项，单击"下一步"按钮，如图 11-20 所示。

STEP 3 在"连接到工作区"窗口的"你希望如何连接？"界面中指定是使用 Internet 还是拨号方式连接到 VPN 服务器。在此选择"使用我的 Internet 连接(VPN)"选项，如图 11-21 所示。

STEP 4 在"你想在继续之前设置 Internet 连接吗？"界面中设置 Internet 连接。由于本例的 VPN 服务器和 VPN 客户端是直接连接在一起的，所以选择"我将稍后设置 Internet 连接"选项，如图 11-22 所示。

STEP 5 在"键入要连接的 Internet 地址"界面的"Internet 地址"文本框中输入 VPN 服务器外部网卡的 IP 地址"200.200.200.1"，并设置目标名称为"VPN 连接"，单击"创建"按钮，如图 11-23 所示，创建 VPN 连接。

图11-20　建立连接

图11-21　指定连接方式

图11-22　设置 Internet 连接

图11-23　输入要连接的 Internet 地址

（2）连接到 VPN 服务器

STEP 1 选中"开始"菜单并单击鼠标右键，在弹出的快捷菜单中选择"网络连接"选项，打开"设置"窗口，选择"VPN"选项，单击"VPN 连接"→"连接"按钮，如图 11-24 所示，弹出图 11-25 所示的"Windows 安全中心"对话框。在该对话框中输入允许 VPN 连接的账户和密码，单击"确定"按钮，在此使用账户 long60\administrator 建立连接。

图11-24　设置 VPN 连接

图11-25　"Windows 安全中心"对话框

STEP 2 经过身份验证后即可连接到 VPN 服务器，此时，在"设置"窗口中可以看到"VPN 连接"的状态是"已连接"，其效果如图 11-26 所示。

图 11-26　已经连接到 VPN 服务器的效果

8. 验证 VPN 连接

当 VPN 客户端计算机 WIN10-1 连接到 VPN 服务器 DNS1 之后，即可访问公司内部局域网中的共享资源，具体步骤如下。

（1）查看 VPN 客户端获取到的 IP 地址信息

STEP 1 在 VPN 客户端计算机 WIN10-1 上，打开 Windows PowerShell 或者命令提示符窗口，使用 "ipconfig /all" 命令查看 IP 地址信息，如图 11-27 所示，可以看到 VPN 连接获得的 IP 地址为 "192.168.100.101。

STEP 2 先后使用 "ping 192.168.10.1" 和 "ping 192.168.10.2" 命令测试 VPN 客户端计算机和 VPN 服务器，以及内网计算机的连通性，但此时使用 "ping 200.200.200.1" 命令是不成功的，如图 11-28 所示。

图 11-27　查看 VPN 客户端获取到的 IP 地址信息

图 11-28　测试 VPN 连接

（2）在 VPN 服务器上进行验证

STEP 1 以域管理员账户登录到 VPN 服务器，在"路由和远程访问"窗口中展开服务器，选择"远程访问客户端(1)"选项，右侧窗格中将显示连接时间及连接的账户，这表明已经有一个客户端建立了 VPN 连接，如图 11-29 所示。

图 11-29　查看远程访问客户端

STEP 2　选择"端口"选项，在右侧窗格中可以看到其中一个端口的状态是"活动"，表明有客户端连接到 VPN 服务器。

STEP 3　双击该活动端口，弹出"端口状态"对话框。该对话框中显示了连接时间、用户，以及分配给 VPN 客户端计算机的 IP 地址，如图 11-30 所示。

（3）访问内部局域网的共享文件

STEP 1　以管理员账户登录到内部网络服务器 DNS2，在"文件资源管理器"窗口中创建文件夹"C:\share"作为测试目录，向该文件夹存入一些文件，并将该文件夹共享给"特定用户"，如 administrator。

STEP 2　以本地管理员账户登录到 VPN 客户端计算机 WIN10-1 上，选中"开始"菜单并单击鼠标右键，在弹出的快捷菜单中选择"运行"选项，在打开的"运行"对话框中输入内部网络服务器 DNS2 上共享文件夹的 UNC 路径"\\192.168.10.2"，单击"确定"按钮。

STEP 3　因为已经连接到 VPN 服务器上，所以可以访问内部局域网中的共享资源，但需要输入网络凭据。在"输入网络凭据"界面中单击"使用其他账户"，并输入 DNS2 的管理员账户和密码，不要输入错误，本例账户名应为"DNS2\administrator"，如图 11-31 所示。单击"确定"按钮后即可访问 DNS2 中的共享资源。

图 11-30　VPN 活动端口状态

图 11-31　"输入网络凭据"界面

（4）断开 VPN 连接

STEP 1　在 VPN 客户端计算机 WIN10-1 上单击"断开"按钮，断开客户端计算机的 VPN 连接。

STEP 2 以域管理员账户登录到 VPN 服务器 DNS1，在"路由和远程访问"窗口中依次展开服务器和"远程访问客户端(1)"选项，在右侧窗格中选中连接的远程客户端并单击鼠标右键，在弹出的快捷菜单中选择"断开"选项，即可断开客户端计算机的 VPN 连接。

任务 11-2　配置 VPN 服务器的网络策略

在 VPN 服务器 DNS1 上创建网络策略"VPN 策略"，使得用户在进行 VPN 连接时使用该网络策略。具体步骤如下。

1. 新建网络策略

STEP 1 以域管理员账户登录到 VPN 服务器 DNS1，选择"开始"→"Windows 管理工具"→"网络策略服务器"选项，打开图 11-32 所示的"网络策略服务器"窗口。

图 11-32　"网络策略服务器"窗口

STEP 2 选中"网络策略"选项并单击鼠标右键，在弹出的快捷菜单中选择"新建"选项，弹出"新建网络策略"对话框，在"指定网络策略名称和连接类型"界面中指定"策略名称"为"VPN 策略"，指定"网络访问服务器的类型"为"远程访问服务器(VPN 拨号)"，单击"下一步"按钮，如图 11-33 所示。

2. 指定网络策略条件——日期和时间限制

STEP 1 在"指定条件"界面中设置网络策略的条件，如日期和时间、用户组等。

STEP 2 单击"添加"按钮，弹出"选择条件"对话框。在该对话框中选择要配置的条件属性，选择"日期和时间限制"选项，单击"添加"按钮，如图 11-34 所示。该选项表示每周允许和不允许用户连接的时间和日期。

图 11-33　"指定网络策略名称和连接类型"界面

图 11-34　"选择条件"对话框

STEP 3   在弹出的"日期和时间限制"对话框中设置允许建立 VPN 连接的时间和日期，选中"允许"单选按钮，单击"确定"按钮，如图 11-35 所示。

STEP 4   返回"指定条件"界面，从中可以看到已经添加了一个网络条件，单击"下一步"按钮，如图 11-36 所示。

图 11-35 "日期和时间限制"对话框

图 11-36 "指定条件"界面

3. 授予远程访问权限

在"指定访问权限"界面中指定访问权限是允许还是拒绝，在此选中"已授予访问权限"单选按钮，如图 11-37 所示，单击"下一步"按钮。

图 11-37 "指定访问权限"界面

4. 配置身份验证方法

在图 11-38 所示的"配置身份验证方法"界面中指定身份验证的方法和可扩展认证协议（Extensible Authentication Protocol，EAP）类型。

5. 配置约束

单击"下一步"按钮，在图 11-39 所示的"配置约束"界面中配置网络策略的约束，如空闲超时、会话超时、被叫站 ID、日期和时间限制、NAS 端口类型等。

图 11-38 "配置身份验证方法"界面

图 11-39 "配置约束"界面

6. 配置设置

单击"下一步"按钮，在图 11-40 所示的"配置设置"界面中配置此网络策略的设置，如标准、供应商特定、多链路和带宽分配协议（Bandwidth Allocation Protocol，BAP）、IP 筛选器、加密、IP 设置等。

7. 完成网络策略的创建

单击"下一步"按钮，进入"正在完成新建网络策略"界面，单击"完成"按钮，即可完成网络策略的创建。

8. 设置用户远程访问权限

以域管理员账户登录到域控制器 DNS1，打开"Active Directory 用户和计算机"窗口，依次展开"long60.cn"和"Users"选项，选中"Administrator"选项并单击鼠标右键，在弹出的快捷菜单中选择"属性"选项，弹出"Administrator 属性"对话框。选择"拨入"选项卡，在"网络访问权限"中选中"通过 NPS 网络策略控制访问"单选按钮，如图 11-41 所示。设置完毕单击"确定"按钮。

图 11-40 "配置设置"界面

图 11-41 选中"通过 NPS 网络策略控制访问"单选按钮

9. 测试客户端能否连接到 VPN 服务器

以本地管理员账户登录到 VPN 客户端计算机 WIN10-1，打开 VPN 连接，以用户账户"administrator@long60.cn"连接到 VPN 服务器。此时是按网络策略进行身份验证的，如果验证成功，则连接到 VPN 服务器。如果验证不成功，而是弹出了图 11-42 所示的错误连接提示，则单击"更改适配器选项"链接，在弹出的对话框中选择"VPN 连接"→"属性"→"安全"选项，弹出"VPN 连接属性"对话框，选中"允许使用这些协议"单选按钮，勾选"Microsoft CHAP Version 2(MS-CHAP v2)"复选框，单击"确定"按钮，如图11-43所示。完成后，重新启动计算机即可。

图11-42　错误连接提示　　　　　　　　图11-43　"VPN连接属性"对话框

11.4　拓展阅读　国产操作系统"银河麒麟"

你了解国产操作系统银河麒麟 V10 吗？它的深远影响是什么？

国产操作系统银河麒麟 V10 面世引发了业界和公众关注。这一操作系统不仅可以充分适应"5G 时代"需求，其独创的 Kydroid 技术还支持海量安卓应用，将 300 余万款安卓适配软硬件无缝迁移到国产平台。银河麒麟 V10 作为国内安全等级最高的操作系统之一，是首款具有内生安全体系的操作系统，有能力成为承载国家基础软件的安全基石。

银河麒麟 V10 的推出，让人们看到了国产操作系统与日俱增的技术实力和不断攀登科技高峰的坚实脚步。

核心技术从不是别人给予的，必须依靠自主创新。从 2019 年 8 月华为发布自主操作系统鸿蒙，到 2020 年银河麒麟 V10 面世，我国操作系统正加速走向独立创新的发展新阶段。当前，麒麟操作系统在政府、金融、通信等很多领域得到应用，采用这一操作系统的机构和企业已经超过 1 万家。这一数字证明，麒麟操作系统已经获得了市场一定程度的认可。只有坚持开放兼容，让操作系统与更多产品适配，才能推动产品更新迭代，让用户拥有更好的使用体验。

操作系统的自主发展是一项重大而紧迫的课题。实现核心技术的突破，需要多方齐心合力、协同攻关，为创新创造营造更好的发展环境。只有瞄准核心技术埋头攻关、不断释放政策"红利"，助力我国软件产业从价值链中低端向高端迈进，才能为高质量发展和国家信息产业安全插上腾飞的"翅膀"。

11.5　习题

一、填空题

1. VPN 是_____的缩写，其中文全称是_____。

2. 一般来说，VPN 适用于以下两种场合：＿＿＿＿＿和＿＿＿＿＿。

3. VPN 使用的两种隧道协议是＿＿＿＿和＿＿＿＿。

4. 在 Windows Server 网络操作系统的命令提示符窗口中，可以使用＿＿＿＿命令查看本机的路由表信息。

5. 每个网络策略中都有以下 4 种类别的属性：＿＿＿＿、＿＿＿＿、＿＿＿＿和＿＿＿＿。

二、简答题

1. 什么是专用地址和公用地址？

2. 简述 VPN 的连接过程。

3. 简述 VPN 的构成及应用场合。

11.6 项目实训 配置与管理 VPN 服务器

一、实训目的

- 掌握远程访问服务的实现方法。
- 掌握 VPN 的实现方法。

二、项目环境

本项目实训根据图 11-1 所示的环境来部署 VPN 服务器。

三、项目要求

根据图 11-1，完成如下任务。

（1）部署架设 VPN 服务器的环境。

（2）为 VPN 服务器添加第二块网卡。

（3）安装路由和远程访问角色。

（4）配置并启用 VPN 服务。

（5）启动和停止 VPN 服务。

（6）配置域用户账户允许 VPN 连接。

（7）在 VPN 客户端建立并测试 VPN 连接。

（8）验证 VPN 连接。

（9）通过网络策略控制访问 VPN。

四、做一做

根据项目实训视频进行项目的实训，检查学习效果。

项目12

配置与管理NAT服务器

12

网络地址转换器（Network Address Translator，NAT）不仅能解决 IP 地址不足的问题，还能够有效避免来自网络外部的攻击，隐藏并保护网络内部的计算机。Windows Server 2022 的 NAT 让内部网络的多台计算机只需要共享一个公用 IP 地址，就可以同时连接 Internet、浏览网页与收发电子邮件。

学习要点

- 了解 NAT 的基本概念和基本原理。
- 了解 NAT 的工作过程。
- 掌握配置并测试 NAT 服务器的方法。

- 外部网络计算机访问内部 Web 服务器的实现方法。
- DHCP 分配器与 DNS 中继代理的相关知识。

素质要点

- 国产数据库系统前途光明。工业互联网、车联网、物联网等大规模产业和企业互联网，都为数据库创新提供了前所未有的机遇。

- 青年正处于学习的黄金时期，应该把学习作为首要任务，作为一种责任、一种精神追求、一种生活方式，树立梦想从学习开始，事业靠本领成就的观念，让勤奋学习成为青春远航的动力，让增长本领成为青春搏击的能量。

12.1 项目基础知识

12.1.1 NAT 概述

12-1 微课 NAT
服务器

NAT 位于使用专用地址的 Intranet 和使用公用地址的 Internet 之间。从 Intranet 传出的数据包由 NAT 将它们的专用地址转换为公用地址，从 Internet 传入的数据包由 NAT 将它们的公用地址转换为专用地址。这样在内部网络中，计算机使用未注册的专用 IP 地址，而在与外部网络通信时使用注册的公用 IP 地址，大大降低了连接成本。同时，NAT 起到了将内部网络隐藏起来以保护内部网络的作用，因为对于外部用户来说，只有使用公用 IP 地址的 NAT 才是可见的。

12.1.2　NAT 的工作过程

（1）NAT 的工作过程主要有以下 4 个步骤，如图 12-1 所示。

① 客户端将数据包发送给运行 NAT 的计算机。

② NAT 将数据包中的端口号和专用 IP 地址转换成它自己的端口号和公用 IP 地址，并将数据包发送给外部网络的目的主机，同时记录一个跟踪信息在映像表中，以便向客户端发送回答信息。

③ 外部网络发送回答信息给 NAT。

④ NAT 将收到的数据包的端口号和公用 IP 地址转换为客户端的端口号和内部网络使用的专用 IP 地址并转发给客户端。

以上步骤对于网络内部的主机和网络外部的主机都是透明的，对它们来讲就如同直接通信。运行 NAT 的计算机有两块网卡、两个 IP 地址。其中，IP 地址 1 为 192.168.0.1，IP 地址 2 为 202.162.4.1。

图 12-1　NAT 的工作过程

（2）下面举例来说明。

① IP 地址为 192.168.0.2 的计算机（客户端）使用 Web 浏览器连接到 IP 地址为 202.202.163.1 的 Web 服务器，计算机将创建带有下列信息的 IP 数据包。

- 目的 IP 地址：202.202.163.1。
- 源 IP 地址：192.168.0.2。
- 目的端口：TCP 端口 80。
- 源端口：TCP 端口 1350。

② IP 数据包被转发到运行 NAT 的计算机上，该计算机将传出的数据包地址转换成下面的形式，用自己的 IP 地址重新打包后转发。

- 目的 IP 地址：202.202.163.1。
- 源 IP 地址：202.162.4.1。
- 目的端口：TCP 端口 80。
- 源端口：TCP 端口 2500。

③ NAT 协议在表中保留了{192.168.0.2,TCP 1350}到{202.162.4.1,TCP 2500}的映射，以便回传。

④ 转发的 IP 数据包是通过 Internet 发送的。Web 服务器响应通过 NAT 协议发回和接收。当接收时，数据包包含以下信息。

- 目的 IP 地址：202.162.4.1。
- 源 IP 地址：202.202.163.1。
- 目的端口：TCP 端口 2500。
- 源端口：TCP 端口 80。

⑤ NAT 协议检查转换表，将公用地址映射到专用地址，并将数据包转发给 IP 地址为 192.168.0.2 的计算机。转发的数据包包含以下信息。

- 目的 IP 地址：192.168.0.2。
- 源 IP 地址：202.202.163.1。
- 目的端口：TCP 端口 1350。
- 源端口：TCP 端口 80。

> **说明** 对于来自 NAT 协议的传出数据包，源 IP 地址（专用地址）被映射到 ISP 分配的地址（公用地址），且 TCP/IP 端口号会被映射到不同的 TCP/IP 端口号。对于到 NAT 协议的传入数据包，目的 IP 地址（公用地址）被映射到源 Internet 地址（专用地址），且 TCP/UDP 端口号被重新映射回源 TCP/UDP 端口号。

12.2 项目设计与准备

在架设 NAT 服务器之前，读者需要了解 NAT 服务器配置实例部署的需求和实训环境。

1. 部署需求

在部署 NAT 服务器前需做以下准备工作。

- 设置 NAT 服务器的 TCP/IP 属性，手动指定 IP 地址、子网掩码、默认网关和 DNS 服务器的 IP 地址等。
- 部署域环境，域名为 long60.cn。

2. 部署环境

所有实例都被部署在图 12-2 所示的网络环境下。DNS1、DNS 2、DNS 3、WIN10-1 是 VMware 的虚拟机。架设 NAT 服务器的网络拓扑结构如图 12-2 所示。

图 12-2　架设 NAT 服务器的网络拓扑结构

NAT 服务器主机名为 DNS1，该服务器连接内部局域网网卡的 IP 地址为 192.168.10.1/24，连接外部网络网卡的 IP 地址为 200.200.200.1/24；NAT 客户端主机名为 DNS2，同时是内部 Web 服务器，其 IP 地址为 192.168.10.2/24，默认网关的 IP 地址为 192.168.10.1/24；Internet 上的 Web 服务器主机名为 DNS3，IP 地址为 200.200.200.2/24；NAT 客户端 2 即计算机 WIN10-1，本实训可以不进行配置。

12.3 项目实施

任务 12-1 安装路由和远程访问服务器

12-2 课堂慕课
配置与管理 NAT
服务器

1. 安装路由和远程访问角色

STEP 1 按照图 12-2 所示的网络拓扑结构配置各计算机的 IP 地址等参数。

STEP 2 在 DNS1 上通过 "服务器管理器" 窗口安装路由和远程访问角色，具体步骤参见任务 11-1。注意，安装的角色名称是 "远程访问"。

2. 配置并启用 NAT 服务

在 DNS1 上通过 "路由和远程访问" 窗口配置并启用 NAT 服务，具体步骤如下。

（1）禁用路由和远程访问

以管理员账户登录到需要添加 NAT 服务的 DNS1，打开 "服务器管理器" 窗口，选择 "工具" → "路由和远程访问" 选项，打开 "路由和远程访问" 窗口。选中 "DNS1(本地)" 并单击鼠标右键，在弹出的快捷菜单中选择 "禁用路由和远程访问" 选项（清除 VPN 实训的影响）。

（2）选择网络地址转换

选中 "DNS1(本地)" 并单击鼠标右键，在弹出的快捷菜单中选择 "配置并启用路由和远程访问" 选项，弹出 "路由和远程访问服务器安装向导" 对话框，单击 "下一步" 按钮，进入 "配置" 界面，在该界面中可以配置 NAT、VPN 及路由服务。在此选中 "网络地址转换(NAT)" 单选按钮，如图 12-3 所示。

（3）选择连接到 Internet 的网络接口

单击 "下一步" 按钮，进入 "NAT Internet 连接" 界面，在该界面中指定连接到 Internet 的网络接口，即 NAT 服务器连接到外部网络的网卡，在此选中 "使用此公共接口连接到 Internet" 单选按钮，并选择接口为 "Ethernet1"，如图 12-4 所示。

图 12-3 选择网络地址转换

图 12-4 选择连接到 Internet 的网络接口

（4）结束 NAT 配置

单击 "下一步" 按钮，进入 "正在完成路由和远程访问服务器安装向导" 界面，单击 "完成" 按钮，即可完成 NAT 服务的配置和启用。

3. 停止 NAT 服务

可以使用"路由和远程访问"窗口停止 NAT 服务，具体步骤如下。

STEP 1 以管理员账户登录到 NAT 服务器，打开"路由和远程访问"窗口，NAT 服务启用后，其图标将显示绿色向上箭头。

STEP 2 选中 NAT 服务器并单击鼠标右键，在弹出的快捷菜单中选择"所有任务"→"停止"选项，停止 NAT 服务。NAT 服务停止以后，其图标将显示红色向下箭头。

4. 禁用 NAT 服务

要禁用 NAT 服务，可以使用"路由和远程访问"窗口，具体步骤如下。

STEP 1 以管理员账户登录到 NAT 服务器，打开"路由和远程访问"窗口，选中服务器并单击鼠标右键，在弹出的快捷菜单中选择"禁用路由和远程访问"选项。

STEP 2 弹出"禁用 NAT 服务警告信息"界面，提示禁用路由和远程访问服务后，如要重新启用路由器，则需要重新配置。禁用路由和远程访问服务后，其图标将显示红色向下箭头。

任务 12-2 NAT 客户端计算机配置和测试

配置 NAT 客户端，并测试内部网络和外部网络计算机之间的连通性，具体步骤如下。

1. 设置 NAT 客户端的网关地址

以管理员账户登录 NAT 客户端 DNS2，在"Internet 协议版本 4(TCP/IPv4)属性"对话框中，设置"默认网关"的 IP 地址为 NAT 服务器的局域网网卡的 IP 地址，在此输入"192.168.10.1"，单击"确定"按钮，如图 12-5 所示。

图 12-5 设置 NAT 客户端的网关地址

2. 测试内部网络 NAT 客户端与外部网络计算机的连通性

在 NAT 客户端 DNS2 上打开命令提示符窗口，测试其与 Internet 上的 Web 服务器 DNS3 的连通性，分别使用"ping 200.200.200.1""ping 200.200.200.2"命令，如图 12-6 所示，结果显示能连通。

3. 测试外部网络计算机与 NAT 服务器、内部网络 NAT 客户端的连通性

以本地管理员账户登录到外部网络的 DNS3，打开命令提示符窗口，依次使用"ping 200.200.200.1"

"ping 192.168.10.1""ping 192.168.10.2"命令测试外部DNS3与NAT服务器外网卡和内网卡，以及内部网络计算机的连通性，如图12-7所示，除NAT服务器外部网卡外，均不能连通。

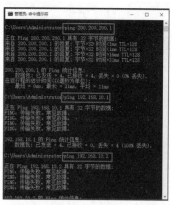

图12-6　测试内部网络NAT客户端与外部网络计算机的连通性　　图12-7　测试外部网络计算机与NAT服务器、内部网络NAT客户端的连通性

任务12-3　设置外部网络主机访问内部Web服务器

让外部网络的DNS3访问内部Web服务器DNS2的具体步骤如下。

1. 在内部网络的DNS2上安装Web服务器

在DNS2上安装Web服务器，请参考项目9的相关内容。

2. 将内部网络的DNS2配置为NAT客户端

以管理员账户登录NAT客户端DNS2，在"Internet协议版本4(TCP/IPv4)属性"对话框中，设置"默认网关"的IP地址为NAT服务器的内部网卡的IP地址，输入"192.168.10.1"，单击"确定"按钮即可。

>
> **特别注意**　使用端口映射等功能时，内部网络计算机一定要配置为NAT客户端。

3. 设置端口地址转换

STEP 1　以管理员账户登录到NAT服务器，打开"路由和远程访问"窗口，依次展开服务器"DNS1(本地)"和"IPv4"选项，选择"NAT"选项，在右侧窗格中选中NAT服务器的外部网卡"Ethernet1"并单击鼠标右键，在弹出的快捷菜单中选择"属性"选项，如图12-8所示。

图12-8　选择"属性"选项

STEP 2 在弹出的"Ethernet1 属性"对话框中，选择图 12-9 所示的"服务和端口"选项卡，在此可以设置将 Internet 用户重定向到内部网络中的服务。

STEP 3 勾选"服务"列表框中的"Web 服务器(HTTP)"复选框，弹出"编辑服务"对话框，在"专用地址"文本框中输入安装 Web 服务器的内部网络计算机的 IP 地址，在此输入"192.168.10.2"，如图 12-10 所示，单击"确定"按钮。

图12-9 "服务和端口"选项卡

图12-10 "编辑服务"对话框

STEP 4 返回"服务和端口"选项卡，可以看到"Web 服务器(HTTP)"复选框已被勾选，单击"应用"→"确定"按钮，即可完成端口地址转换的设置。

4. 从外部网络访问内部网络 Web 服务器

STEP 1 以管理员账户登录到外部网络的 DNS3。

STEP 2 打开 IE 浏览器，在地址栏中输入"http://200.200.200.1"并按 Enter 键，会打开内部网络 DNS2 上的 Web 站点。请读者试一试。

> **注意** 200.200.200.1 是 NAT 服务器外部网卡的 IP 地址。

5. 在 NAT 服务器上查看地址转换信息

STEP 1 以管理员账户登录到 NAT 服务器 DNS1，打开"路由和远程访问"窗口，依次展开服务器"DNS1(本地)"和"IPv4"选项，选择"NAT"选项，在右侧窗格中会显示 NAT 服务器正在使用的连接内部网络的网络接口。

STEP 2 选中"Ethernet1"选项并单击鼠标右键，在弹出的快捷菜单中选择"显示映射"选项，弹出图 12-11 所示的"DNS1-网络地址转换会话映射表格"对话框。该对话框中的信息表示 IP 地址为 200.200.200.2 的外部网络计算机访问到 IP 地址为 192.168.10.2 的内部网络计算机的 Web 服务，NAT 服务器将 NAT 服务器外部网卡的 IP 地址 200.200.200.1 转换成内部网络计算机的 IP 地址 192.168.10.2。

图12-11 "DNS 1-网络地址转换会话映射表格"对话框

任务 12-4　配置筛选器

数据包筛选器用于 IP 数据包的过滤。数据包筛选器分为入站筛选器和出站筛选器，分别对应接收到的数据包和发出去的数据包。对于某一个接口而言，入站数据包指的是从此接口接收到的数据包，而不论此数据包的源 IP 地址和目的 IP 地址；出站数据包指的是从此接口发出的数据包，而不论此数据包的源 IP 地址和目的 IP 地址。

可以在入站筛选器和出站筛选器中定义 NAT 服务器只允许筛选器中定义的 IP 数据包或者允许除了筛选器中定义的 IP 数据包外的所有数据包通过。对于没有被允许的数据包，NAT 服务器默认会将此数据包丢弃。

任务 12-5　设置 NAT 客户端

前面已经设置过 NAT 客户端了，在这里进行汇总。局域网 NAT 客户端只要修改 TCP/IP 的设置即可。可以选择以下两种设置方式。

1. 自动获得 TCP/IP

此时客户端会自动向 NAT 服务器或 DHCP 服务器请求获取 IP 地址、默认网关、DNS 服务器的 IP 地址等参数。

2. 手动设置 TCP/IP

手动设置 IP 地址时，要求客户端的 IP 地址必须与 NAT 局域网接口的 IP 地址在相同的网段内，也就是网络 ID 必须相同；默认网关必须设置为 NAT 局域网接口的 IP 地址，本例中为 192.168.10.1；首选 DNS 服务器的 IP 地址可以设置为 NAT 局域网接口的 IP 地址，或是任何一台合法的 DNS 服务器的 IP 地址。

完成后，客户端的用户只要上网、收发电子邮件、连接 FTP 服务器等，NAT 就会自动通过以太网点到点协议（Point-to-Point Protocol over Ethernet，PPPoE）请求拨号来连接 Internet。

任务 12-6　配置 DHCP 分配器与 DNS 中继代理

NAT 服务器还具备以下两个功能。
* DHCP 分配器（DHCP Allocator）：用来分配 IP 地址给内部的局域网客户端计算机。
* DNS 中继代理（DNS Proxy）：可以替局域网内的计算机来查询 IP 地址。

1. DHCP 分配器

DHCP 分配器扮演着类似 DHCP 服务器的角色，用来给内部网络的客户端分配 IP 地址。要修改 DHCP 分配器的设置，可展开"IPv4"选项，选择"NAT"选项，单击"属性"按钮，在弹出的"NAT 属性"对话框中选择"地址分配"选项卡，如图 12-12 所示。

图 12-12　"地址分配"选项卡

> **注意** 在配置 NAT 服务器时，若系统检测到内部网络中有 DHCP 服务器，则不会自动启动 DHCP 分配器。

图 12-12 中 DHCP 分配器分配给客户端的 IP 地址为 192.168.10.0，这个默认值是根据 NAT 服务器内部网卡的 IP 地址（192.168.10.1）产生的。可以修改此默认值，但必须与 NAT 服务器内部网卡的 IP 地址保持一致，即网络 ID 需相同。

若内部网络中某些计算机的 IP 地址是手动输入的，且这些 IP 地址位于上述 IP 地址范围内，则通过 "NAT 属性" 对话框中的 "排除" 按钮来将这些 IP 地址排除，以免这些 IP 地址被发放给其他客户端计算机。

若内部网络包含多个子网或 NAT 服务器拥有多个专用网络接口，则由于 NAT 服务器的 DHCP 分配器只能分配一个网段的 IP 地址，因此其他网络中的计算机的 IP 地址需手动设置或另外通过其他 DHCP 服务器来分配。

2. DNS 中继代理

图 12-13 "名称解析" 选项卡

当内部计算机需要查询主机的 IP 地址时，它们可以将查询请求发送到 NAT 服务器，并由 NAT 服务器的 DNS 中继代理来替它们查询 IP 地址。可以通过图 12-13 中的 "名称解析" 选项卡来启动或修改 DNS 中继代理的设置，勾选 "使用域名系统(DNS)的客户端" 复选框，表示要启用 DNS 中继代理的功能，以后只要客户端要查询主机的 IP 地址（这些主机可能位于 Internet 或内部网络中），NAT 服务器就可以代替客户端来向 DNS 服务器查询。

NAT 服务器会向哪一台 DNS 服务器查询呢？它会向其 TCP/IP 配置处的首选 DNS 服务器（或备用 DNS 服务器）查询。若此 DNS 服务器位于 Internet 内，且 NAT 服务器是通过 PPPoE 请求拨号来连接 Internet 的，则勾选图 12-13 所示选项卡中的 "当名称需要解析时连接到公用网络" 复选框，以便让 NAT 服务器可以自动利用 PPPoE 请求拨号来连接 Internet。

12.4 拓展阅读　华为——高斯数据库

目前国产最强的三大数据库分别是华为、阿里巴巴、中兴旗下的产品。正是由于华为、阿里巴巴、中兴这些国产科技公司的不断研发、不断进步，才能够让越来越多的中国本土企业开始用上我们自己的数据库，从而进一步保障我国在信息数据上的安全。

华为到目前最新研发出来的数据库产品叫作高斯数据库（GaussDB），根据相关的统计数据显示，目前华为高斯数据库的总出货量已经突破了 3 万套，在整个国产数据库产品的应用总数量中位居首位。

华为从 2007 年就开始研发高斯数据库，在经过了多年的不断发展、完善之后，推出了 GaussDB 100、GaussDB 200、GaussDB 300。经历了 3 代数据库产品迭代后，如今华为高斯数据库已经正式得到了招商银行、工商银行的要求验证，同时也达到了国内三大运营商的使用标准，为人们的通信通话提供了安全保障。

12.5　习题

一、填空题

1. NAT 是_____的缩写，其中文全称是_____。

2. NAT 位于使用专用地址的_____和使用公用地址的_____之间。从 Intranet 传出的数据包由 NAT 将它们的_____地址转换为_____地址。从 Internet 传入的数据包由 NAT 将它们的_____地址转换为_____地址。

3. NAT 也起到了将_____网络隐藏起来以保护_____网络的作用，因为对于外部用户来说，只有使用_____地址的 NAT 才是可见的。

4. NAT 使位于内部网络的多台计算机只需要共享一个_____地址，就可以同时连接 Internet、浏览网页与收发电子邮件。

二、简答题

1. NAT 的功能是什么？

2. 简述网络地址转换的原理，即 NAT 的工作过程。

3. 下列不同技术有何异同？（可参考课程网站的补充资料。）

① NAT 与路由；②NAT 与代理服务器；③NAT 与 Internet 共享。

12.6　项目实训　配置与管理 NAT 服务器

一、实训目的

- 掌握使局域网内部的计算机连接到 Internet 的方法。
- 掌握使用 NAT 实现网络互连的方法。
- 掌握远程访问服务的实现方法。

二、项目环境

本项目实训根据图 12-2 所示的环境来部署 NAT 服务器。

三、项目要求

根据图 12-2，完成如下任务。

（1）部署架设 NAT 服务器的环境。

（2）安装路由和远程访问角色。

（3）配置并启用 NAT 服务。

（4）停止 NAT 服务。

（5）禁用 NAT 服务。

（6）配置并测试 NAT 客户端计算机。

（7）使用外部网络计算机访问内部 Web 服务器。

（8）配置筛选器。

（9）设置 NAT 客户端。

（10）配置 DHCP 分配器与 DNS 中继代理。

四、做一做

根据项目实训视频进行项目的实训，检查学习效果。

项目13

配置与管理证书服务器

13

对于大型的计算机网络，数据的安全和管理的自动化历来都是人们追求的目标。特别是随着 Internet 的迅猛发展，在 Internet 上处理事务、交流信息等越来越频繁，越来越多的重要数据在网络中传输，网络安全问题也越来越受到重视。尤其是在电子商务活动中，必须保证交易双方能够互相确认身份，安全地传输敏感信息，同时要防止被人截获、篡改，或者假冒交易等。因此，如何保证重要数据不受到恶意的损坏，成为网络管理最关键的问题之一。而部署公钥基础设施（Public Key Infrastructure，PKI），利用 PKI 提供的密钥体系来实现数字证书签发、身份认证、数据加密和数字签名等功能，可以确保电子邮件、电子商务交易、文件传送等各类数据传输的安全性。

学习要点

- 了解 PKI 概述。
- 掌握配置与管理证书的方法。

- SSL 网站证书实例。

素质要点

- 学生要树立正确的世界观、人生观、价值观。

- "博学之，审问之，慎思之，明辨之，笃行之。"学生要讲究学习方法，珍惜现在的时光，做到不负韶华。

///// 13.1 项目基础知识

13.1.1 PKI 概述

用户通过网络将数据发送给接收者时，可以利用 PKI 提供的以下 3 种功能来确保数据传输的安全性。

- 将传输的数据加密（Encryption）。
- 接收者计算机会验证收到的数据是不是由发件人本人发送来的，即认证（Authentication）。
- 接收者计算机会确认数据的完整性（Integrity），也就是检查数据在传输过程中是否被篡改。

13-1 微课 证书服务器

PKI 根据公钥加密（Public Key Cryptography）来提供上述功能，而用户需要拥有以下一组密钥来支持这些功能。

- 公钥：用户的公钥（Public Key）可以公开给其他用户。
- 私钥：用户的私钥（Private Key）是用户私有的，且存储在用户的计算机中，只有用户自己能够访问。

用户需要通过向证书颁发机构（Certification Authority，CA）申请证书（Certificate）的方法来拥有与使用这一组密钥。

1. 公钥加密

数据被加密后，必须经过解密才能读取数据的内容。PKI 使用公钥加密机制来对数据进行加密与解密。发件人利用收件人的公钥将数据加密，而收件人利用自己的私钥将数据解密。例如，图 13-1 所示为用户 Bob 发送一封经过加密的电子邮件给用户 Alice 的流程。

图13-1　用户 Bob 发送一封经过加密的电子邮件给用户 Alice 的流程

在图 13-1 中，Bob 必须先取得 Alice 的公钥，才可以利用此密钥来将电子邮件加密。而因为 Alice 的私钥只存储在她的计算机中，故只有她的计算机可以将电子邮件解密，只有她可以正常读取此邮件。其他用户即使拦截此邮件，也无法读取邮件的内容，因为他们没有 Alice 的私钥，无法将其解密。

注意　公钥加密体系使用公钥来加密，使用私钥来解密，此方法又称为非对称式（Asymmetric）加密。另一种加密方法是密钥加密（Secret Key Encryption），又称为对称式（Symmetric）加密，其加密、解密都使用同一个密钥。

2. 公钥验证

发件人可以利用公钥验证（Public Key Authentication）来对待发送的数据进行"数字签名"（Digital Signature），而收件人计算机在收到数据后，便能够通过此数字签名来验证数据是否确实是由发件人本人发出的，同时会检查数据在传输的过程中是否被篡改。

发件人是利用自己的私钥对数据进行签名的，而收件人计算机会利用发件人的公钥来验证此数据。例如，图 13-2 所示为用户 Bob 发送一封经过数字签名的电子邮件给用户 Alice 的流程。

图13-2　用户 Bob 发送一封经过数字签名的电子邮件给用户 Alice 的流程

由于图 13-2 中的电子邮件经过 Bob 的私钥签名，而公钥与私钥是一对的，因此收件人 Alice 必须先取得发件人 Bob 的公钥，才可以利用此密钥来验证这封邮件是不是由 Bob 本人发送过来的，并检查这封邮件是否被篡改过。

数字签名是如何产生的，又是如何用来验证用户身份的呢？具体流程如下。

STEP 1 发件人的电子邮件经过消息哈希算法（Message Hash Algorithm）的运算处理后，产生一个消息摘要（Message Digest），它是一个数字指纹（Digital Fingerprint）。

STEP 2 发件人的电子邮件软件利用发件人的私钥将此消息摘要加密，使用公钥加密算法（Public Key Encryption Algorithm），加密后的结果被称为数字签名。

STEP 3 发件人的电子邮件软件将原电子邮件与数字签名一并发送给收件人。

STEP 4 收件人的电子邮件软件会将收到的电子邮件与数字签名分开处理。

- 电子邮件重新经过消息哈希算法的运算处理后，产生一个新的消息摘要。
- 数字签名经过公钥加密算法的解密处理后，可得到发件人传来的原消息摘要。

STEP 5 新消息摘要与原消息摘要应该相同，否则表示这封电子邮件被篡改过或是他人冒用发件人身份发送的。

3. 网站安全连接

安全套接字层（Secure Socket Layer，SSL）是一个以 PKI 为基础的安全性通信协议。若要让网站拥有 SSL 安全连接功能，则需要为网站向 CA 申请 SSL 证书（Web 服务器证书），证书内包含公钥、证书有效期限、发放此证书的 CA、CA 的数字签名等数据。

在网站拥有 SSL 证书之后，浏览器与网站之间就可以通过 SSL 安全连接来通信，也就是将统一资源定位符（Uniform Resource Locator，URL）中的 http 改为 https。例如，若网站为 www.long60.cn，则浏览器是利用 https://www.long60.cn 来连接网站的。

以图 13-3 为例来说明浏览器与网站之间如何建立 SSL 安全连接。建立 SSL 安全连接时，会建立一个双方都同意的会话密钥（Session Key），并利用此密钥来将双方传送的数据加密、解密并确认数据是否被篡改。

图 13-3　浏览器与网站之间建立 SSL 安全连接

STEP 1 Web 客户端利用 https://www.long60.cn 来连接网站时，Web 客户端会先发送 Client Hello 信息给 Web 服务器。

STEP 2 Web 服务器会响应 Server Hello 信息给 Web 客户端，此信息内包含网站的证书信息（内含公钥）。

STEP 3 Web 客户端与网站双方开始协商 SSL 连接的安全等级。例如，选择 40 或 128 位加密密钥。密钥位数越多，越难破解，数据越安全，但网站性能也越差。

STEP 4 Web 客户端根据双方同意的安全等级来创建会话密钥，利用网站的公钥将会话密钥加密，并将加密过后的会话密钥发送给网站。

STEP 5 网站利用它自己的私钥来将会话密钥解密。

STEP 6 Web 客户端与网站双方利用会话密钥对要传送的所有数据进行加密与解密。

13.1.2 CA 概述与根 CA 的安装

无论是电子邮件保护还是 SSL 安全连接，都需要申请证书才可以使用公钥与私钥来执行数据加密与身份验证的操作。证书就好像是机动车驾驶证一样，必须是拥有机动车驾驶证（证书）的对象才能开车（使用密钥）。而负责发放证书的机构被称为 CA。

用户或网站的公钥与私钥是如何产生的呢？在申请证书时，需要输入姓名、地址与电子邮件地址等数据，这些数据会被发送到一个称为加密服务提供方（Cryptographic Service Provider，CSP）的程序，此程序已经被安装在申请者的计算机中或此计算机可以访问的设备中。

CSP 会自动创建一对密钥：一个公钥与一个私钥。CSP 会将私钥存储到申请者计算机的注册表中，并将证书申请数据与公钥一并发送给 CA。CA 检查这些数据无误后，会利用 CA 自己的私钥对要发放的证书进行签名，并发放此证书。申请者收到证书后，将证书安装到其计算机中。

证书内包含证书的颁发对象（用户或计算机）、证书有效期限、颁发此证书的 CA 与 CA 的数字签名（类似于机动车驾驶证上的盖章），以及申请者的姓名、地址、电子邮件地址、公钥等数据。

 注意 若用户计算机安装有读卡设备，则可以利用智能卡来登录，但需要通过类似的程序来申请证书，CSP 会将私钥存储到智能卡中。

1. CA 的信任

在 PKI 架构下，当用户利用某 CA 发放的证书来发送一封经过签名的电子邮件时，收件人的计算机应该要信任（Trust）由此 CA 发放的证书，否则收件人的计算机会将此电子邮件视为有问题的电子邮件。

同样，客户端利用浏览器连接 SSL 网站时，客户端计算机也必须信任发放 SSL 证书给此网站的 CA，否则浏览器会弹出警告信息。

系统默认已经自动信任一些商业 CA，而 Windows 10 操作系统的计算机可通过打开桌面版 IE 浏览器，选择"工具"（若没有显示"工具"菜单，则按 Alt 键）→"Internet 选项"选项，在弹出的对话框的"内容"选项卡中单击"证书"按钮，在"证书"对话框的"受信任的根证书颁发机构"选项卡中查看其已经信任的 CA，如图 13-4 所示。

用户可以向图 13-4 所示的商业 CA 申请证书，

图 13-4 "受信任的根证书颁发机构"选项卡

如 Verisign。但若公司只是希望在各分公司、事业合作伙伴、供货商与客户之间安全地通过 Internet 传送数据，则不需要向图 13-4 所示的商业 CA 申请证书，因为可以利用 Windows Server 2022 的 Active Directory 证书服务（Active Directory Certificate Services，AD CS）来自行配置 CA，利用此 CA 将证书发放给员工、客户与供货商等，并使其计算机信任此 CA。

2. AD CS 的 CA 种类

若使用 Windows Server 2022 的 AD CS 来提供 CA 服务，则可以选择将此 CA 设置为以下角色之一。

- 企业根 CA（Enterprise Root CA）。它需要 Active Directory 域，可以将企业根 CA 安装到域控制器或成员服务器中。它发放证书的对象仅限于域用户，当域用户申请证书时，企业根 CA 会从 Active Directory 域中得知该用户的账户信息并据此决定该用户是否有权限申请所需证书。企业根 CA 主要用于发放证书给企业从属 CA，虽然企业根 CA 还可以发放保护电子邮件安全、网站 SSL 安全连接等证书，但发放这些证书的工作最好交给企业从属 CA 来负责。

- 企业从属 CA（Enterprise Subordinate CA）。企业从属 CA 也需要 Active Directory 域，企业从属 CA 适合用来发放保护电子邮件安全、网站 SSL 安全连接等证书。企业从属 CA 必须从其父 CA（如企业根 CA）取得证书之后，才能正常工作。企业从属 CA 也可以发放证书给下一层的从属 CA。

- 独立根 CA（Standalone Root CA）。独立根 CA 类似于企业根 CA，但它不需要 Active Directory 域，扮演独立根 CA 角色的计算机可以是独立服务器、成员服务器或域控制器。无论是否为域用户，都可以向独立根 CA 申请证书。

- 独立从属 CA（Standalone Subordinate CA）。独立从属 CA 类似于企业从属 CA，但它不需要 Active Directory 域，扮演独立从属 CA 角色的计算机可以是独立服务器、成员服务器或域控制器。无论是否为域用户，都可以向独立从属 CA 申请证书。

13.2 项目设计与准备

1. 项目设计

实现网站的 SSL 连接访问的网络拓扑结构如图 13-5 所示。

角色：域控制器、DNS服务器、Web服务器
主机名：DNS1
IP地址：192.168.10.1/24
DNS：192.168.10.1
操作系统：Windows Server 2022

角色：成员服务器、独立根CA
主机名：DNS2
IP地址：192.168.10.2/24
DNS：192.168.10.1
操作系统：Windows Server 2022

角色：证书客户端、Web客户端
主机名：WIN10-1
IP地址：192.168.10.210/24
DNS：192.168.10.1
操作系统：Windows 10

图 13-5　实现网站的 SSL 连接访问的网络拓扑结构

在部署 CA 服务前需满足以下要求。

- DNS1：域控制器、DNS 服务器、Web 服务器，也可以部署企业 CA，IP 地址为 192.168.10.1/24，首选 DNS 服务器的 IP 地址为 192.168.10.1。
- DNS2：成员服务器（也可以是独立服务器），部署独立根 CA，IP 地址为 192.168.10.2/24，首选 DNS 服务器的 IP 地址为 192.168.10.1。
- WIN10-1：客户端（使用 Windows 10 操作系统），IP 地址为 192.168.10.210/24，首选 DNS 服务器的 IP 地址为 192.168.10.1，信任独立根 CA。

DNS1、DNS2、WIN10-1 可以是 VMware 的虚拟机，网络连接模式皆为"VMnet1"。

2. 项目准备

只有为网站申请了 SSL 证书，网站才会具备 SSL 安全连接的功能。若网站要向 Internet 用户提供服务，则需向商业 CA 申请证书；若网站只是向内部员工、企业合作伙伴提供服务，则可自行利用 AD CS 来配置 CA，并向此 CA 申请证书。下面利用 AD CS 来配置 CA，并通过以下步骤演示 SSL 网站的配置过程。

① 在 DNS2 上安装独立根 CA：DNS2-CA。可以在 DNS1 上安装企业 CA：long-DNS1-CA。

② 在 Web 客户端计算机上创建证书申请文件。

③ 利用浏览器将证书申请文件发送给 CA，并下载证书文件。

- 企业 CA：由于企业 CA 会自动发放证书，因此在将证书申请文件发送给 CA 后，就可以直接下载证书文件。
- 独立根 CA：独立根 CA 默认并不会自动发放证书，因此必须等 CA 管理员手动发放证书后，再利用浏览器来连接 CA 并下载证书文件。

④ 将 SSL 证书安装到 IIS 计算机中，并将其绑定（Binding）到网站，该网站便拥有 SSL 安全连接的功能。

⑤ 测试客户端浏览器与网站之间的 SSL 安全连接功能是否正常。

参照图 13-5 来练习 SSL 安全连接。

- 要启用 SSL 的网站为 DNS1 的 Web Test Site，其网址为 www.long60.cn，请先在此计算机上安装好 IIS 角色（提前做好）。
- DNS1 同时扮演 DNS 服务器角色，请安装好 DNS 服务器角色，并在其内建立正向查找区域 long60.cn。在该区域下建立 CNAME 记录 www 和 www1，分别对应 IP 地址 192.168.10.1 和 192.168.10.2。
- 独立根 CA 安装在 DNS2 上，其名称为 DNS2-CA。
- 需要在 WIN10-1 计算机上利用浏览器来连接 SSL 网站。CA2（DNS2）与 WIN10-1 计算机需指定首选 DNS 服务器的 IP 地址为 192.168.10.1。

13.3 项目实施

任务 13-1　安装证书服务并架设独立根 CA

在 DNS2 上安装证书服务并架设独立根 CA。

1. 安装证书服务

STEP 1 利用 Administrators 组成员的身份登录 DNS2，安装 CA2（若要安

13-2 课堂慕课
配置与管理证书
服务器

装企业根CA，则可利用域Enterprise Admins组成员的身份登录DNS1，安装CA）。

STEP 2 打开"服务器管理器"窗口，单击"仪表板"处的"添加角色和功能"，持续单击"下一步"按钮，直到进入图13-6所示的"选择服务器角色"界面，勾选"Active Directory证书服务"复选框，在弹出的对话框中单击"添加功能"按钮（如果没有安装Web服务器，则可在此一并安装）。

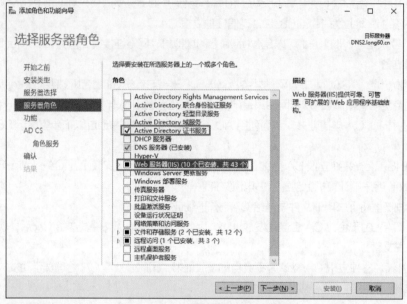

图13-6 "选择服务器角色"界面

STEP 3 持续单击"下一步"按钮，直到进入图13-7所示的"选择角色服务"界面，勾选"证书颁发机构"和"证书颁发机构Web注册"复选框，单击"安装"按钮，顺便安装IIS网站，以便让用户可以利用浏览器来申请证书。

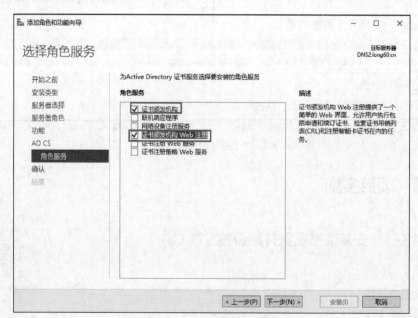

图13-7 "选择角色服务"界面

STEP 4 持续单击"下一步"按钮，直到进入确认安装所选内容界面，单击"安装"按钮。

STEP 5 单击"关闭"按钮，重新启动计算机。

2. 架设独立根 CA

STEP 1 打开"服务器管理器"窗口，首先单击"仪表板"处的"通知"按钮，然后单击"配置目标服务器上的 Active Directory 证书服务"链接，如图 13-8 所示。

图 13-8 配置目标服务器上的 Active Directory 证书服务

STEP 2 在打开的"AD CS 配置"窗口中单击"下一步"按钮，开始配置 AD CS。

STEP 3 在"角色服务"界面中勾选"证书颁发机构"和"证书颁发机构 Web 注册"复选框，单击"下一步"按钮，如图 13-9 所示。

图 13-9 选择要配置的角色服务

STEP 4 在图 13-10 所示的界面中指定 CA 的设置类型，单击"下一步"按钮。

 注意 若此计算机是独立服务器或用户不是利用域 Enterprise Admins 组的成员身份登录的，则无法选择企业 CA。

图 13-10　指定 CA 的设置类型

STEP 5 在图 13-11 所示的界面中选中"根 CA"单选按钮，单击"下一步"按钮。

图 13-11　指定 CA 类型

STEP 6 在图 13-12 所示的界面中指定私钥类型，这里选中"创建新的私钥"单选按钮，单击"下一步"按钮。此为 CA 的私钥，CA 必须拥有私钥后，才可以给客户端发放证书。

> **注意** 若是重新安装 CA（之前已经在这台计算机上安装过），则可以选择使用前一次安装时创建的私钥。

图 13-12　指定私钥类型

STEP 7 在"加密"界面中直接单击"下一步"按钮，采用默认的创建私钥的方法。

STEP 8 在"CA 名称"界面中将此 CA 的公用名称设置为"DNS2-CA"，单击"下一步"按钮，如图 13-13 所示。

图 13-13　指定 CA 名称

特别说明 因为 DNS2 是 long60.cn 的成员服务器，所以默认的 CA 的公用名称为 long60-DNS2-CA。为区别于企业 CA，在此将此 CA 的公用名称改为 DNS2-CA。

STEP 9 在"有效期"界面中单击"下一步"按钮，CA的有效期默认为5年。

STEP 10 在"证书数据库"界面中单击"下一步"按钮，采用默认设置即可。

STEP 11 在"确认"界面中单击"配置"按钮，进入"结果"界面时单击"关闭"按钮。

STEP 12 安装完成后，可按Windows键，选择"Windows 管理工具"→"证书颁发机构"选项，或在"服务器管理器"窗口中选择"工具"→"证书颁发机构"选项，进入证书颁发机构的管理界面，以此来管理CA。图13-14所示为独立根CA的管理界面。

图13-14　独立根CA的管理界面

若是企业CA，则它是根据证书模板（见图13-15）来发放证书的。例如，图13-15中右侧的用户模板中同时提供了可以用来加密文件的证书、保护电子邮件安全的证书与验证客户端身份的证书（读者可以在DNS1上安装企业CA：long-DNS1-CA）。

图13-15　企业CA的证书模板

任务13-2　DNS与测试网站准备

将网站建立在DNS1上。

STEP 1 在DNS1上配置DNS，新建CNAME记录。DNS1（IP地址为192.168.10.1）为www.long60.cn，DNS2（IP地址为192.168.10.2）为www1.long60.cn，如图13-16所示。

STEP 2 为了测试SSL网站是否正常，在网站主目录下（假设是C:\Web）利用记事本创建文件名为index.htm的主页文件，如图13-17所示。建议先在"文件资源管理器"窗口中选择"查看"菜单，勾选"扩展名"复选框，这样在建立文件时才不容易弄错扩展名，同时在图13-17中才能看到文件index.htm的扩展名为.htm。

图 13-16　配置 DNS

图 13-17　在主目录下创建的主页文件 index.htm

STEP 3　在 DNS1 上配置 Web 服务器，停用网站 Default Web Site，新建"SSL 测试网站"，其对应的 IP 地址为 192.168.10.1，网站的主目录是 C:\Web，如图 13-18 所示。

图 13-18　新建"SSL 测试网站"

任务 13-3　让浏览器计算机信任 CA

Web 服务器（DNS1）与运行浏览器的计算机 WIN10-1 都应该信任发放 SSL 证书的 CA（DNS2），否则浏览器在利用 SSL 连接网站时会弹出警告信息。

若是企业 CA，且网站与浏览器计算机都是域成员，则它们都会自动信任此企业 CA。然而，图 13-5 所示的 CA 为独立根 CA，且 WIN10-1 没有加入域，故需要在这台计算机上手动执行信任 CA 的操作。让图 13-5 所示的 Windows 10 操作系统的计算机 WIN10-1 信任图 13-5 所示的独立根 CA 的步骤如下。

STEP 1　在 WIN10-1 上打开 IE 浏览器，在地址栏中输入"http://192.168.10.2/certsrv"

并按 Enter 键。其中，192.168.10.2 为图 13-5 所示的独立根 CA 的 IP 地址，此处也可改为 CA 的 DNS 主机名（http://www1.long60.cn/certsrv）或 NetBIOS 计算机名称。

STEP 2 在图 13-19 所示的窗口中单击"下载 CA 证书、证书链或 CRL"链接。

图 13-19　下载 CA 证书、证书链或 CRL

> **注意** 若客户端操作系统为 Windows Server 2022，则应先将其 IE 增强的安全配置功能关闭，否则系统会阻挡其连接 CA 网站。具体操作如下：打开"服务器管理器"窗口，选择"本地服务器"选项，单击"IE 增强的安全配置"右侧的"启用"链接，选中"管理员"中的"关闭"单选按钮，如图 13-20 所示。

图 13-20　关闭 IE 增强的安全配置功能

STEP 3 在图 13-21 所示的窗口中单击"下载 CA 证书链"链接，在弹出的对话框中单击"保存"按钮右侧的下拉按钮，选择"另存为"选项，将证书下载并保存到本地 C:\cert 文件夹中。其默认的文件名为 certnew.p7b。

STEP 4 选中"开始"菜单并单击鼠标右键，在弹出的快捷菜单中选择"运行"选项，在弹出的"运行"对话框中输入"mmc"，单击"确定"按钮。选择"文件"→"添加/删除管理单元"选项，从"可用的管理单元"列表框中选择"证书"选项，单击"添加"按钮，在弹出的图 13-22 所示的"证书管理单元"对话框中选中"计算机账户"单选按钮，单击"下一步"→"完成"→"确定"按钮。

STEP 5 展开"受信任的根证书颁发机构"选项，选择"证书"选项并单击鼠标右键，在弹出的快捷菜单中选择"所有任务"→"导入"选项，如图 13-23 所示。

STEP 6 在弹出的"证书导入向导"对话框中单击"下一步"按钮。在图 13-24 所示的界面中选择之前下载的 CA 证书文件，单击"下一步"按钮。

图 13-21　下载并保存证书

图 13-22　"证书管理单元"对话框

图 13-23　选择"所有任务"→"导入"选项

图 13-24　选择之前下载的 CA 证书文件

STEP 7　单击"下一步"→"完成"→"确定"按钮。图 13-25 所示为操作完成后的界面。

图 13-25　操作完成后的界面

任务 13-4　在 Web 服务器上配置证书服务

在扮演网站 www.long60.cn 角色的 Web 计算机 DNS1 上执行以下操作。

1. 在网站上创建证书申请文件

STEP 1　选择"开始"→"Windows 管理工具"→"Internet Information Services(IIS)管理器"选项，打开"Internet Information Services(IIS)管理器"窗口。

STEP 2　选择"DNS1(LONG60\Administrator)"选项，双击"服务器证书"，单击"创建证书申请"链接，如图 13-26 所示。

图 13-26　创建证书申请

STEP 3　在图 13-27 所示的"可分辨名称属性"界面中输入网站的相关数据，单击"下一步"按钮。

特别注意　因为在"通用名称"文本框中输入的网址为"www.long60.cn"，故客户端需使用此网址来连接SSL 网站。

STEP 4　在图 13-28 所示的"加密服务提供程序属性"界面中直接单击"下一步"按钮。图 13-28 中的"位长"是用来定义网站公钥的位长的，位长值越大，安全性越高，但效率也越低。

图 13-27　"可分辨名称属性"界面

图 13-28　"加密服务提供程序属性"界面

STEP 5 在图 13-29 所示的界面中指定证书申请文件名与存储位置（本例为 C:\WebCert.txt），
单击"完成"按钮。

图 13-29　指定证书申请文件名与存储位置

2. 申请证书与下载证书

继续在扮演网站角色的 DNS1 上执行以下操作（以下是针对独立根 CA 的，但会附带说明企业 CA
的操作）。

STEP 1 将 IE 增强的安全配置功能关闭，否则系统会阻挡其连接 CA 网站，具体方法如下：打
开"服务器管理器"窗口，选择"本地服务器"选项，单击"IE 增强的安全配置"右侧的"启用"链接，
选中"管理员"中的"关闭"单选按钮。

STEP 2 打开 IE 浏览器，在其地址栏中输入"http://192.168.10.2/certsrv"并按 Enter 键。
其中，192.168.10.2 为图 13-5 所示的独立根 CA 的 IP 地址，此处也可改为 CA 的 DNS 主机名
www1.long60.cn 或 NetBIOS 计算机名称。

STEP 3 在图 13-30 所示的窗口中单击"申请证书"→"高级证书申请"链接。

图 13-30　申请一个证书

注意 若是向企业 CA 申请证书，则系统会先要求输入用户账户及其密码，此时请输入域管理员账户（如 long60\administrator）及其密码。

STEP 4 单击图 13-31 中框选的链接，续订证书申请。

图 13-31　续订证书申请

STEP 5 在开始下一个步骤之前，请先利用记事本打开前面的证书申请文件 C:\WebCert.txt，并复制整个证书申请文件，如图 13-32 所示。

图 13-32　复制整个证书申请文件

STEP 6 将复制下来的内容粘贴到图 13-33 所示界面的 "Base-64 编码的证书申请(CMC 或 PKCS # 10 或 PKCS # 7)" 文本框中，完成后单击 "提交" 按钮。

图 13-33　粘贴证书申请文件的内容

注意 若是企业 CA，则将复制下来的内容粘贴到图 13-34 所示界面的 "Base-64 编码的证书申请(CMC 或 PKCS # 10 或 PKCS # 7)" 文本框中，在 "证书模板" 下拉列表中选择 "Web 服务器" 选项并单击 "提交" 按钮，直接跳到 STEP 10。

图 13-34 企业 CA 的操作

STEP 7 因为独立根 CA 默认不会自动颁发证书，故按图 13-35 所示的要求，等 CA 系统管理员发放证书后，再来连接 CA 并下载证书。该证书 ID 为 2。

STEP 8 在 CA 计算机（DNS2）上按 Windows 键，选择 "Windows 管理工具"→"证书颁发机构"→"挂起的申请" 选项，选中图 13-36 所示的证书请求并单击鼠标右键，在弹出的快捷菜单中选择 "所有任务"→"颁发" 选项。颁发完成后，该证书由 "挂起的申请" 移动到 "颁发的证书" 中。

图 13-35 等待 CA 系统管理员发放证书

图 13-36 CA 系统管理员发放证书

STEP 9　回到网站计算机（DNS1）上，打开浏览器，连接到 CA 网页（如 http://192.168.10.2/certsrv），按图 13-37 所示的内容进行选择，查看挂起的证书申请的状态。

STEP 10　在图 13-38 所示的窗口中单击"下载证书"链接，在弹出的对话框中单击"保存"按钮，将证书保存到本地，其默认的文件名为 certnew.cer。

图 13-37　查看挂起的证书申请的状态

图 13-38　下载证书并保存到本地

> **注意**　该证书默认保存在用户的 Downloads 文件夹下，如 C:\Users\Administrator\Downloads\certnew.cer。如果单击"另存为"按钮，则可以更改保存位置。

3. 安装证书（DNS1）

将从 CA 下载的证书安装到 IIS 网站计算机（DNS1）上。

STEP 1　选择"DNS1(LONG\Administrator)"选项，双击"服务器证书"，单击"完成证书申请"链接，如图 13-39 所示。

STEP 2　在图 13-40 所示的"完成证书申请"对话框中选择前面下载的证书文件，为其设置一个好记的名称（如 Web Test Site Certificate）。将证书存储到"个人"证书存储区，单击"确定"按钮。图 13-41 所示为证书安装完成后的界面。

图 13-39　单击"完成证书申请"链接

图 13-40 "完成证书申请"对话框

图 13-41 证书安装完成后的界面

4. 绑定 HTTPS

STEP 1 单击"SSL 测试网站"选项右侧"操作"窗格中的"绑定"链接，如图 13-42 所示，将超文本传输安全协议（Hyper Text Transfer Protocol Secure，HTTPS）绑定到"SSL 测试网站"。

图 13-42 绑定 HTTPS

STEP 2 在"网站绑定"对话框中单击"添加"按钮，在"添加网站绑定"对话框的"类型"下拉列表中选择"https"选项，在"IP 地址"文本框中输入"192.168.10.1"，在"SSL 证书"下拉列表中选择"Web Test Site Certificate"选项，单击"确定"按钮，如图 13-43 所示，再单击"关闭"按钮。图 13-44 所示为绑定完成后的界面。

图 13-43　添加网站绑定

图 13-44　绑定完成后的界面

任务 13-5　测试 SSL 安全连接

STEP 1 利用 WIN10-1 来尝试与 SSL 网站建立 SSL 安全连接。打开桌面版 IE 浏览器，利用一般连接方式 http://192.168.10.1 来连接网站，此时会进入图 13-45 所示的界面。

STEP 2 利用 SSL 安全连接方式 https://192.168.10.1 来连接网站，此时会看到图 13-46 所示的警告界面，表示这台计算机并未信任发放 SSL 证书的 CA，此时仍然可以单击"转到此网页(不推荐)"链接来打开网页或先执行信任的操作后再来测试。

图 13-45　测试网站正常运行

图 13-46　利用 SSL 安全连接方式来连接网络

注意　如果确定所有的设置都正确，但是在这台计算机的浏览器界面中没有出现应该出现的结果，则可将 Internet 临时文件删除后再试试看，方法如下：选择"工具"（若没有显示"工具"菜单，则按 Alt 键）→"Internet 选项"选项，单击"浏览历史记录"中的"删除"按钮，确认"Internet 临时文件"复选框已勾选后单击"删除"按钮，或者按 Ctrl+F5 组合键要求它不要读取临时文件，而是直接连接网站。

STEP 3　系统默认并未强制客户端需要通过 HTTPS 的 SSL 安全连接方式来连接网站，因此也可以通过 HTTP 来连接网站。若要采取强制方式，则可以针对整个网站、单一文件夹或单一文件来设置。以整个网站为例，其设置方法如下：选择"SSL 测试网站"选项，双击"SSL 设置"，勾选"要求 SSL"复选框后单击"应用"链接，如图 13-47 所示。

图 13-47　设置整个网站的 SSL

注意 ① 如果仅针对某个文件夹进行设置，那么应选中要设置的文件夹而不是整个网站。

② 若要针对单一文件进行设置，则先单击文件所在的文件夹，单击中间窗格下方的"内容视图"按钮，再单击右侧窗格中的"切换至功能视图"链接，通过中间窗格中的"SSL 设置"来进行设置。

STEP 4 在 WIN10-1 上再次进行测试。打开浏览器，在其地址栏中输入"http://192. 168.10.1"或者"http://www.long60.cn"并按 Enter 键，由于需要 SSL 连接，所以出现错误，表明非 SSL 连接被禁止访问，如图 13-48 所示。

图 13-48　非 SSL 连接被禁止访问

STEP 5 打开浏览器，在其地址栏中输入"https://192.168.10.1"并按 Enter 键，此时会进入图 13-46 所示的警告界面，表示 WIN10-1 并未信任发放 SSL 证书的 CA，此时仍然可以通过单击"转到此网页(不推荐)"链接来打开网页，但在打开网页的同时，也会出现证书错误信息"不匹配的地址"提示对话框，如图 13-49 所示。因为在前面设置的通用名称是 www.long60.cn，而不是192.168.10.1。

图 13-49　证书错误信息：不匹配的地址

STEP 6 在浏览器地址栏中输入"https://www.long60.cn"并按 Enter 键，正常运行，可成功访问 SSL 网站，如图 13-50 所示。

图 13-50　成功访问 SSL 网站

13.4 拓展阅读 "苟利国家生死以，岂因祸福避趋之"

中华传统文化博大精深，学习和掌握其中各种思想的精华，对树立正确的世界观、人生观、价值观很有益处。"先天下之忧而忧，后天下之乐而乐"的政治抱负，"位卑未敢忘忧国""苟利国家生死以，岂因祸福避趋之"的报国情怀，"富贵不能淫，贫贱不能移，威武不能屈"的浩然正气，"人生自古谁无死？留取丹心照汗青""鞠躬尽瘁，死而后已"的献身精神等，都体现了中华民族优秀的传统文化和民族精神，我们都应该继承和发扬。我们还应该了解一些文学知识，通过提高文学鉴赏能力和审美能力，陶冶情操，培养高尚的生活情趣。许多老一辈革命家都有很深厚的文学素养，在诗词歌赋方面有很高的造诣。总之，学史可以看成败、鉴得失、知兴替；学诗可以情飞扬、志高昂、人灵秀；学伦理可以知廉耻、懂荣辱、辨是非。我们不仅要了解中华传统文化，还要睁眼看世界，了解世界上不同民族的历史文化，取其精华，去其糟粕，从中获得启发。

13.5 习题

一、填空题

1. 数字签名通常利用公钥加密方法实现，其中，发送者签名使用的密钥为发送者的_____。

2. 身份验证机构的_____可以确保证书信息的真实性，用户的_____可以保证数字信息传输的完整性，用户的_____可以保证数字信息的不可否认性。

3. 认证中心颁发的数字证书均遵循_____标准。

4. PKI 的中文全称是_____，英文全称是_____。

5. _____专门负责数字证书的发放和管理，以保证数字证书的真实、可靠，也称为_____。

6. Windows Server 2022 支持两类认证中心，即_____和_____，每类 CA 中都包含根 CA 和从属 CA。

7. 申请独立 CA 证书时，只能通过_____方式。

8. 独立 CA 在收到申请信息后，不能自动核准与发放证书，需要_____证书，此后客户端才能安装证书。

二、简答题

1. 对称密钥和非对称密钥的特点各是什么？

2. 什么是数字证书？

3. 证书的用途是什么？

4. 企业根 CA 和独立根 CA 有什么不同？

5. 安装 Windows Server 2022 网络操作系统认证服务的核心步骤是什么？

6. 证书与 IIS 结合实现 Web 站点的安全管理的核心步骤是什么？

7. 简述证书的颁发过程。

13.6 项目实训 实现网站的 SSL 连接访问

一、实训目的

- 掌握企业 CA 的安装与证书申请方法。
- 掌握数字证书的管理方法及技巧。

二、项目环境

本项目实训需要两台计算机，DNS 域为 long60.cn。一台安装 Windows Server 2022 企业版，用作 CA 服务器、DNS 服务器和 Web 服务器，IP 地址为 192.168.10.2/24，DNS 服务器的 IP 地址为 192.168.10.2，计算机名为 DNS2。另一台安装 Windows 10 操作系统作为客户端进行测试，IP 地址为 192.168.10.10，DNS 服务器的 IP 地址 192.168.10.2，计算机名为 WIN10-1。

另外，需要 Windows Server 2022 安装光盘或其镜像文件、Windows 10 操作系统安装光盘或其镜像文件。

三、项目要求

在默认情况下，IIS 使用 HTTP 以明文形式传输数据，没有采取任何加密措施，用户的重要数据很容易被窃取，如何才能保证局域网中重要数据的安全性呢？可以利用 CA 证书使用 SSL 增强 IIS 服务器的通信安全。

SSL 网站不同于一般的 Web 站点，它使用的是 HTTPS，而不是普通的 HTTP，因此它的 URL 格式为"https://网站域名"。

具体实现方法如下。

（1）在 DNS2 中安装证书服务。

安装独立根 CA，设置证书的有效期限为 5 年，指定证书数据库和证书数据库日志采用默认位置。

（2）在 DNS2 中利用 IIS 创建 Web 站点。

利用 IIS 创建一个 Web 站点。具体方法详见项目 9 的相关内容，在此不赘述。注意创建 www1.long60.cn（IP 地址为 192.168.10.2）的 A 记录。

（3）使浏览器计算机 WIN10-1 信任 CA。

（4）在服务器（Web 站点）安装证书。

① 在网站上创建证书申请文件。

设置参数如下。

- 此网站使用的方法是"新建证书"，并立即请求证书。
- 新证书的名称是 smile，加密密钥的位长是 512。
- 单位信息：组织名 jn（济南）和部门名称×××（数字工程学院）。
- 站点的公用名称：www1.long60.cn。
- 证书的地理信息：中国，山东省，济南市。

② 安装证书。

③ 绑定 HTTPS。强制客户端需要利用 HTTPS 的 SSL 方式来连接网站。

（5）进行安全通信（即验证实验结果）。

① 利用普通的 HTTP 浏览时，将会得到错误信息"该网页必须通过安全频道查看"。

② 利用 https://192.168.10.2 浏览时，系统将通过 IE 浏览器提示客户 Web 站点的安全证书问题，单击"确定"按钮，可以浏览该站点。

③ 利用 https://www1.long60.cn 浏览时，可以浏览该站点。

 提示 客户端将向 Web 站点提供自己从 CA 申请的证书，此后客户端和 Web 站点之间的通信就被加密了。

四、做一做

根据项目实训视频进行项目的实训，检查学习效果。

电子活页

1　利用 VMware Workstation 构建网络环境

h1-1　链接克隆虚拟机　　h1-2　修改系统 SID 和配置网络适配器　　h1-3　启用 LAN 路由　　h1-4　测试客户机和域服务器的连通性

2　使用组策略管理用户工作环境

h2-1　管理"计算机配置的管理模板策略"　　h2-2　管理"用户配置的管理模板策略"　　h2-3　配置账户策略　　h2-4　配置用户权限分配策略　　h2-5　配置安全选项策略

h2-6　登录/注销、启动/关机脚本　　h2-7　文件夹重定向　　h2-8　使用组策略限制访问可移动存储设备　　h2-9　使用组策略的首选项管理用户环境

3　利用组策略部署软件与限制软件的运行

h3-1　计算机分配软件部署　　h3-2　用户分配软件部署　　h3-3　用户发布软件部署　　h3-4　对软件进行升级和重新部署　　h3-5　对特定软件启用软件限制策略

4　管理组策略

h4-1　组策略的备份、还原与查看组策略　　h4-2　使用 WMI 筛选器　　h4-3　管理组策略的委派　　h4-4　设置和使用 Starter GPO

参 考 文 献

[1] 杨云，徐培镟. Windows Server 2016 网络操作系统项目教程（微课版）[M]. 北京：人民邮电出版社，2021.

[2] 杨云，徐培镟，杨昊龙. Windows Server 2016 网络操作系统企业应用案例详解[M]. 北京：清华大学出版社，2021.

[3] 戴有炜. Windows Server 2016 网络管理与架站[M]. 北京：清华大学出版社，2018.

[4] 戴有炜. Windows Server 2016 系统配置指南[M]. 北京：清华大学出版社，2018.

[5] 杨云，汪辉进. Windows Server 2012 网络操作系统项目教程[M]. 4 版. 北京：人民邮电出版社，2016.

[6] 杨云. Windows Server 2008 组网技术与实训[M]. 3 版. 北京：人民邮电出版社，2015.

[7] 杨云. Windows Server 2012 活动目录企业应用（微课版）[M]. 北京：人民邮电出版社，2018.

[8] 杨云，康志辉. 网络服务器搭建、配置与管理——Windows Server[M]. 2 版. 北京：清华大学出版社，2015.

[9] 黄君羡. Windows Server 2012 活动目录项目式教程[M]. 北京：人民邮电出版社，2015.

[10] 微软公司. Windows Server 2008 活动目录服务的实现与管理[M]. 北京：人民邮电出版社，2011.

[11] 韩立刚，韩立辉. 掌控 Windows Server 2008 活动目录[M]. 北京：清华大学出版社，2010.